高校生物の解き方をひとつひとつわかりやすく。

［改訂版］

Gakken

もくじ

この本の使い方

本書では，高校生物の内容を，学習順に並べてあります。

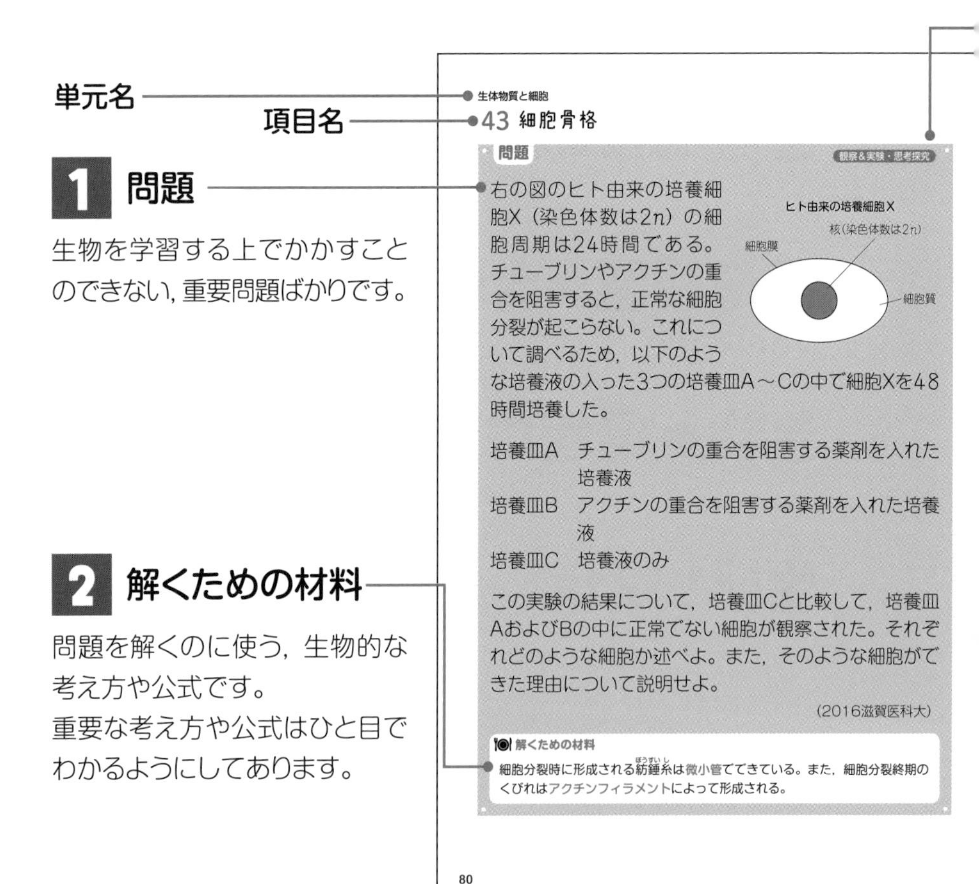

解き方

生物学では，ある物質のはたらきを調べる場合，その物質の合成を阻害してみるという手法がよく用いられます。本問も，そうした手法を用いた実験が題材となっています。

微小管は，αチューブリンとβチューブリンという球状のタンパク質が重合してできたものです。すなわち，培養皿Aは微小管のはたらきを調べた実験です。

細胞分裂に形成される紡錘糸は微小管でできています。紡錘糸は，染色体を細胞の両端に分離する役割をもっています。

もし，紡錘糸の形成を阻害すると，細胞分裂時に染色体が分離しないので核分裂が起こらず，染色体数が倍加した細胞がつくられます。

アクチンフィラメントは，アクチンという球状のタンパク質が重合してできたものです。すなわち，培養皿Bはアクチンフィラメントのはたらきを調べた実験です。

動物細胞の細胞分裂終期に形成されるくびれは，アクチンフィラメントによるものです。

もし，アクチンフィラメントの合成を阻害すると，このくびれが形成されないので細胞質分裂が起こらず，核を2個もつ細胞がつくられます。

培養皿A：**紡錘糸が形成されないので核分裂が起こらず，染色体が倍加した細胞になる。**
培養皿B：**くびれが形成されないので細胞質分裂が起こらず，核を2個もつ細胞になる。** ……答

細胞骨格のはたらき

アクチンフィラメント：筋収縮，アメーバ運動，細胞分裂時のくびれの形成
微小管：細胞小器官の移動，鞭毛運動，繊毛運動，細胞分裂時の紡錘糸の構成要素
中間径フィラメント：細胞や核などの形を保つ

生体物質と細胞

81

問題のタイプ

問題・計算・グラフ・観察&実験・思考探究・発展に分かれています。
自分が苦手なタイプを知って，上手に活用してください。

3 解き方

問題の解き方をステップをふんでわかりやすく説明しています。図や矢印，赤字でていねいに解説しているのでスイスイ理解できます。
▼では，補足内容を解説しています。

4 マーク

押さえておいた方がよい公式や用語を，まとめてあります。
しっかり覚えておきましょう。

はじめに

みなさんのなかには､高校の生物について「覚えることが多くて大変だ」「問題になるとなかなか解けなくて難しい」と感じている人も多いのではないでしょうか？

じつは生物では、暗記だけでは解決できないような、とても幅広いタイプの問題が出題されています。計算問題、グラフを使った問題、観察＆実験問題､そして思考探求型の問題……。これらの問題と対峙するためには、知識を活用して『解く』力が必要となります。

本書は、そんな生物を苦手に思っている人におすすめの本です。

取り組んだ分だけ力がつくように、本書は各単元の重要な問題の解き方を、やさしい言葉でていねいに解説しています。読み進めていくうちに、生物の基本をしっかりと身につけることができます。

また、予習・復習のときや、定期テストに向けた勉強をするときは、本書を「解き方辞典」のように使うことができます。

「どうやって問題を解くのかわからない……」
「なぜ、このような解き方をするんだろう……？」

このような疑問が出てきたときは、本書を開いて関連する箇所を読んでみてください。
基本に立ち返れば、きっと疑問が解決するはずです。

本書がみなさんの手助けとなることを願ってやみません。

学研編集部

生物の進化と系統

まとめ

▶1950年代のはじめ，**ミラー**らは当時原始地球の大気の主成分と考えられていたCH_4・NH_3・H_2O・H_2を混ぜて加熱・放電・冷却をくり返すことで，タンパク質をつくるのに必要なアミノ酸などの有機物の合成に成功した。
現在では，原始地球の大気の主成分はミラーらの実験とは異なり，CO_2・N_2・H_2Oが主成分だと考えられている。

▶生命誕生以前に，生命に必要な有機物が生み出された過程を**化学進化**という。

■化学進化

▶始原生物では，RNAが遺伝情報と酵素の両方の役割を果たしていたと考えられている。そのころの時代を**RNAワールド**という。

▶現在のようにDNAが遺伝情報を担い，タンパク質が酵素の役割を担っている時代を**DNAワールド**という。

▶光合成を行ってO_2を放出する**シアノバクテリア**が存在した痕跡は，20～30億年前の**ストロマトライト**とよばれる岩石から発見された。

▶ミトコンドリアや葉緑体は，それぞれ**好気性細菌**や**シアノバクテリア**が宿主細胞に**細胞内共生**することで生じた。このような考えを**細胞内共生説（共生説）**という。

▶光合成生物の出現によって，大気中の酸素濃度が高くなり，約5億年前までには成層圏に紫外線を吸収する**オゾン（O_3）層**が形成された。これにより，陸上は生物が生存できる環境になった。

1 ミラーの実験

問題 問題

ミラーの実験について説明した文として最も適当なものを，次の**ア**～**ウ**から1つ選べ。

ア　実験に用いた混合ガスに含まれる無機物は，二酸化炭素，水素，窒素である。

イ　実験によって炭水化物が合成された。

ウ　混合ガスには，高圧電流を流して放電した。

解くための材料

1953年，アメリカのミラーが行った実験によって，無機物から有機物であるアミノ酸を合成できることが示された。

解き方

ミラーの実験装置は右の図のようになります。

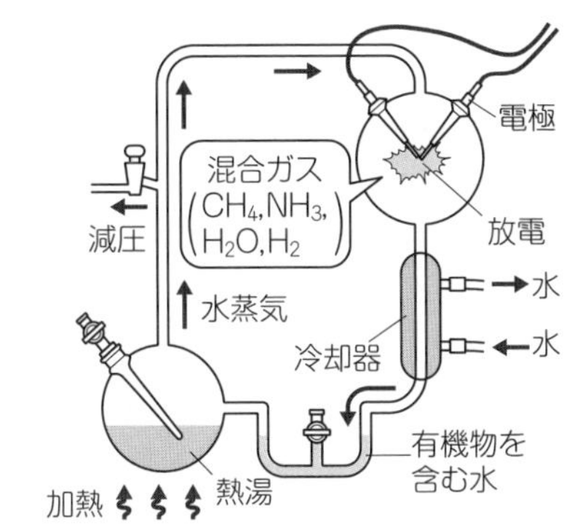

ア　誤った記述です。現在考えられている原始大気の組成は，二酸化炭素，水蒸気，窒素ですが，ミラーの実験で想定された原始大気は，水，水素，アンモニア，メタンでした。

イ　誤った記述です。実験によって合成されたのは，アミノ酸です。

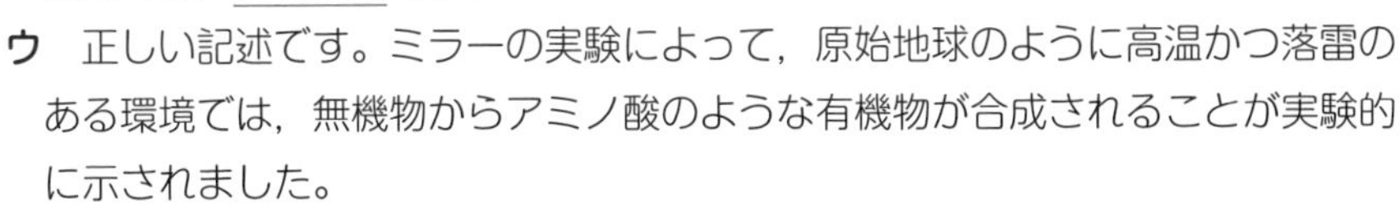

ウ　正しい記述です。ミラーの実験によって，原始地球のように高温かつ落雷のある環境では，無機物からアミノ酸のような有機物が合成されることが実験的に示されました。

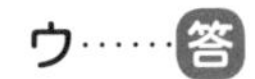

ウ……答

2 生命の起源

問題

問 題

生命の起源について説明した文として最も適当なものを，次の**ア**～**ウ**から１つ選べ。

ア　地球が誕生してから生命が誕生するまでに，約6億年かかったと考えられている。

イ　生命の誕生から現在の多様な生物の誕生までの過程を化学進化という。

ウ　タンパク質や核酸は生物によってつくられる物質なので，生物が出現する前には地球上に存在していなかった。

解くための材料

生物が出現する前に，地球上では化学進化が起こっていた。

解き方

ア　正しい記述です。約46億年前に地球が誕生し，約40億年前に生命が誕生したと考えられています。

イ　誤った記述です。生命誕生以前の有機物の生成過程を化学進化といいます。約6.5億年ほど前には，**エディアカラ生物群**とよばれる比較的大形で軟体質のからだをもつ多様な多細胞生物が繁栄していました。

ウ　誤った記述です。地球誕生後，熱水噴出孔周辺などでアミノ酸などの簡単な有機物が生じ，さらにそれらが結合してタンパク質や核酸などの複雑な有機物が生じたと考えられています。生命の誕生には，これらの有機物の存在が欠かせませんでした。

ア……**答**

3 細胞内共生説

問題

細胞内共生説について説明した文として最も適当なものを，次の**ア**～**ウ**から1つ選べ。

ア　ミトコンドリアは，シアノバクテリアが宿主細胞に取りこまれて共生した結果できたと考えられている。

イ　葉緑体は，シアノバクテリアが宿主細胞に取りこまれて共生した結果できたと考えられている。

ウ　細胞内共生説の根拠の1つとして，ミトコンドリアと葉緑体は，それぞれ核内の細胞と同じDNAをもっていることがあげられている。

解くための材料

ミトコンドリアの起源となった生物は好気性細菌であり，葉緑体の起源となった生物はシアノバクテリアである。

解き方

ア　誤った記述です。ミトコンドリアは，好気性細菌が宿主細胞に取りこまれて共生した結果できたと考えられています。

イ　正しい記述です。葉緑体は，シアノバクテリアが取りこまれて共生した結果できたと考えられています。

ウ　誤った記述です。ミトコンドリアと葉緑体は核内のDNAとは異なる独自のDNAをもっており，これが細胞内共生説の根拠の1つとなっています。

細胞内共生説の根拠は，ほかにもミトコンドリアや葉緑体が2枚の生体膜（リン脂質二重膜）で包まれている，細胞の分裂とは別に分裂してふえる，といったことがあげられています。

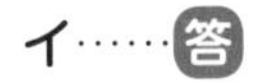

4 地球環境の変化

問題

問題

大気中のO_2濃度は，約40億年前から現在まで，右の図のように変化したと推定されている。

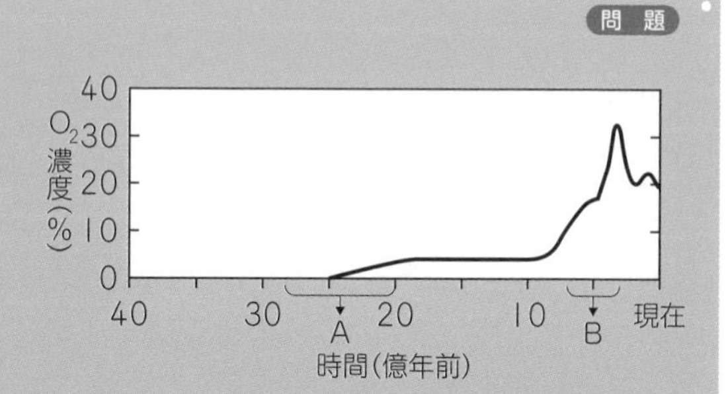

(1) 大気中のO_2濃度が低かった時代の生物に関する記述として最も適当なものを，次の**ア**～**ウ**から1つ選べ。

ア O_2濃度が低かった30億年前には，原核生物のみが生息していたと考えられている。

イ 呼吸にO_2を使う好気性細菌が出現したのは，約10億年前であると考えられている。

ウ 大気中のO_2濃度は，硫黄細菌の光合成によって増加したと考えられている。

(2) 図のA，Bの時期に起こった出来事として最も適当なものを，それぞれ次の**ア**～**ウ**から1つずつ選べ。

ア 藻類の繁栄によってオゾン層が出現した。

イ 光合成生物によってストロマトライトが形成された。

ウ 大気中のO_2濃度が増加し，大形の恐竜が繁栄した。

(2018センター試験追試)

解くための材料

大気中のO_2濃度の増加は，おもにシアノバクテリアと藻類による。

O_2濃度の変化と関連させて，生物の進化の流れを理解しておきましょう。

・約40億〜30億年前：大気中に酸素（O_2）は，ほとんどありませんでした。このころ，O_2を使わずに有機物からエネルギーを得る嫌気性細菌やO_2を発生しない光合成細菌，化学合成細菌が生息していたと考えられています。

・約27億年前：光合成の過程で，水を分解してO_2を発生する**シアノバクテリア**が誕生しました。シアノバクテリアが放出したO_2は，はじめ水中に多く存在した鉄イオンなどと結合し，酸化鉄として海底に沈殿していました。

・約22億〜20億年前：シアノバクテリアの光合成により，徐々に水中や大気中にO_2が蓄積されるようになりました。このころ，O_2を使って呼吸を行う好気性細菌が繁栄するようになったと考えられています。

・約19億〜15億年前：好気性細菌やシアノバクテリアが宿主細胞に細胞内共生し，真核生物が誕生しました。このとき，好気性細菌はミトコンドリアに，シアノバクテリアは葉緑体になりました。

・約5億年前：藻類が繁栄し，多量のO_2が放出されました。その結果，大気中のO_2濃度が大幅に増加し，成層圏には**オゾン（O_3）層**が形成されました。オゾン層は，生物にとって有害な紫外線をさえぎるため，生物の陸上進出が可能となりました。

(1)**ア**　正しい記述です。真核生物の出現前は，原核生物のみが生息していました。

イ　誤った記述です。好気性細菌が出現したのは約22億〜20億年前です。

ウ　誤った記述です。硫黄細菌は化学合成細菌なのでO_2を放出しません。

ア……**答**

(2)　Aの時期にO_2濃度が増加したのは，シアノバクテリアが出現したからです。このころの地層からは，群生したシアノバクテリアによってつくられた**ストロマトライト**とよばれる岩石が発見されています。

Bの時期にO_2濃度が大幅に増加したのは，藻類が繁栄したからです。これによりオゾン層が形成されました。

A：イ，B：ア……**答**

まとめ

- DNAの塩基配列や染色体の数，構造などが変化することを**突然変異**という。
- 生殖により次世代をつくる細胞を**生殖細胞**という。生殖細胞のDNAや染色体に突然変異が生じると，それが次世代に伝えられ，子は親と異なる遺伝情報をもつことになる。
- DNAの塩基配列における突然変異には，1つの塩基が別の塩基に置きかわる**置換**，新しい塩基が入りこむ**挿入**，塩基が失われる**欠失**がある。
- 1塩基の挿入や欠失が起こると，コドンの読みわくがずれて（**フレームシフト**），それより下流のアミノ酸配列が大きく変化する。
- 多くの生物集団において，個体間でゲノムを比較すると，軽微な塩基配列の違いが存在している。なかでも，1塩基単位で違いがみられることを**一塩基多型**（**SNP**）という。

- 2種類の細胞が合体して新しい個体をつくる生殖方法を**有性生殖**という。
- 卵や精子のように，合体して新しい個体をつくる生殖細胞を**配偶子**という。
- 1個の体細胞には形と大きさが同じ染色体が2本ずつある。この対をなす染色体を**相同染色体**という。
- ヒトの体細胞は，**23本**の染色体（22本は**常染色体**，1本は**性染色体**）のセットを，父親由来と母親由来の合計2組もつので，染色体数は合計**46本**である（$2n=46$）。
- ヒトのような性決定様式は，雄ヘテロ型の**XY型**と表される。
- 相同染色体の同じ**遺伝子座**にあり，異なる形質を担う遺伝子がある場合，それぞれの遺伝子を**対立遺伝子**（**アレル**）という。対立遺伝子は，*A*や*a*のようにアルファベットなどの記号で表される。これを**遺伝子型**という。

■ホモ接合とヘテロ接合

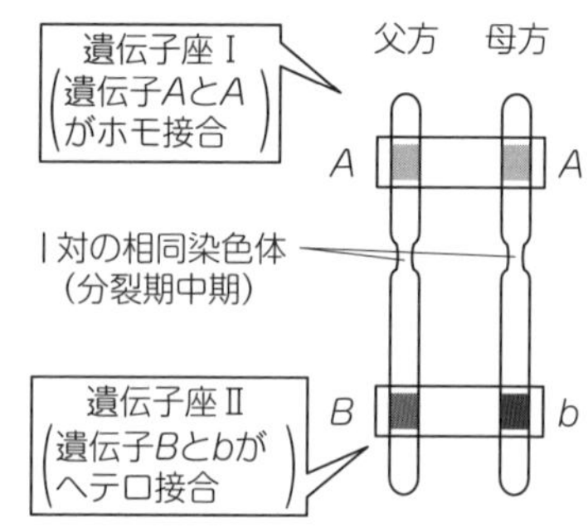

▶染色体の数が半減する特別な細胞分裂を**減数分裂**(げんすうぶんれつ)という。

▶減数分裂の流れ

・第一分裂前期：DNAが複製された相同染色体どうしが**対合**(たいごう)し，**二価染色体**(にかせんしょくたい)を形成する。このとき，相同染色体の間で，一部が交換される**乗換え**が起こることがある。乗換えが起こるときに相同染色体が交差する場所を**キアズマ**という。

・第一分裂中期～後期：二価染色体が**赤道面**に並び，両極へ移動する。

・第二分裂：DNAが複製されないまま各染色体が分離し，細胞質分裂が起こり，**4個**の娘細胞が生じる。

▶減数分裂では，第一分裂と第二分裂の2回の分裂が行われる。減数分裂で生じる4個の娘細胞のDNA量は母細胞の**半分**である。

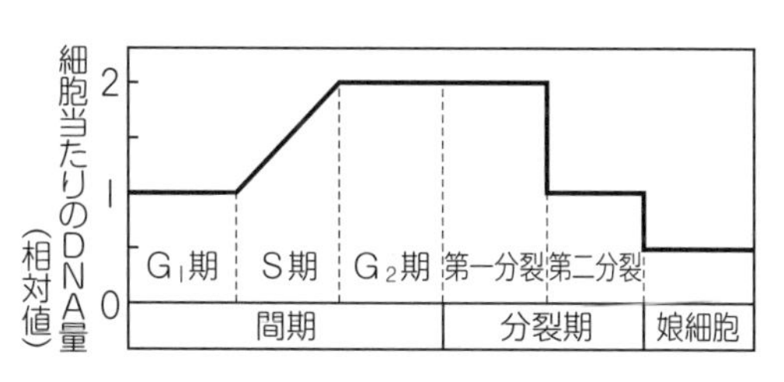

▶1本の染色体に複数の遺伝子が存在していることを，**連鎖**(れんさ)しているという。

▶異なる染色体に遺伝子が存在していることを，**独立**しているという。

▶乗換えを起こした相同染色体間で新たな遺伝子の組み合わせが生じることを**組換え**という。

■連鎖と独立

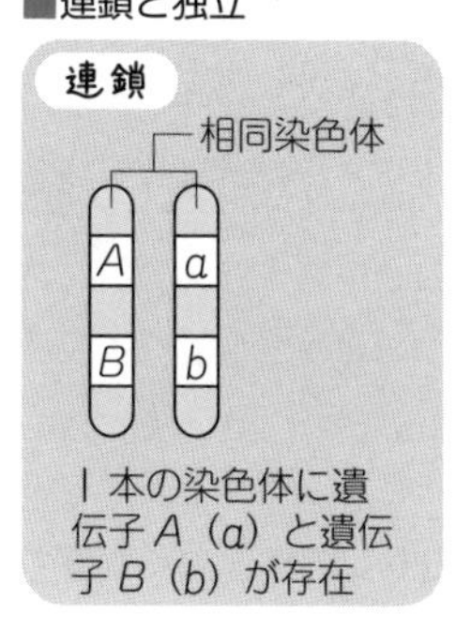

1本の染色体に遺伝子 A（a）と遺伝子 B（b）が存在

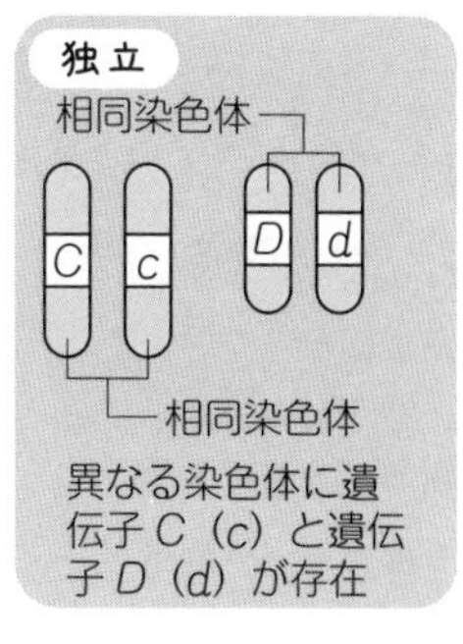

異なる染色体に遺伝子 C（c）と遺伝子 D（d）が存在

▶交配によって生じるすべての配偶子のうち，遺伝子の組換えを起こす配偶子の割合を**組換え価**という。

$$\text{組換え価（\%）} = \frac{\text{組換えを起こした配偶子の数}}{\text{全配偶子の数}} \times 100$$

5 遺伝情報の変化①

問題

問 題

ある遺伝子の配列情報の一部を，下の図に示す。このDNAの塩基配列のうち，＊印のついたGが欠失する突然変異が生じたとする。この変異型のDNAがmRNAの鋳型となる場合，図の波線部の塩基配列に関する記述として最も適当なものを，**ア**～**キ**から1つ選べ。

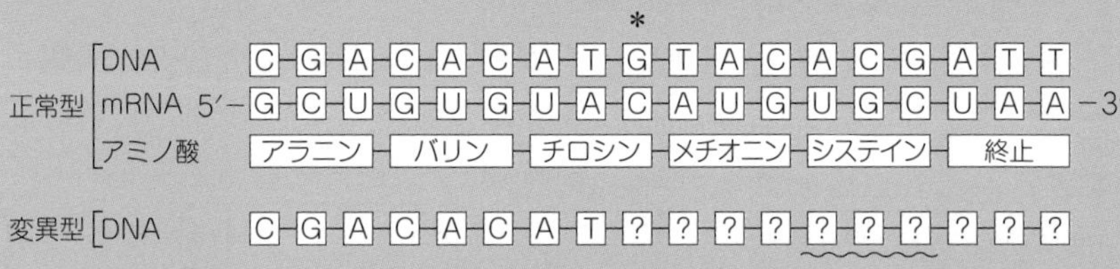

正常型	DNA	C-G-A-C-A-C-A-T-G(＊)-T-A-C-A-C-G-A-T-T
	mRNA	5′-G-C-U-G-U-G-U-A-C-A-U-G-U-G-C-U-A-A-3′
	アミノ酸	アラニン-バリン-チロシン-メチオニン-システイン-終止
変異型	DNA	C-G-A-C-A-C-A-T-?-?-?-?-?-?-?-?-?-?

（変異型DNAの13～15番目の?に波線）

ア　アラニンを指定する。
イ　バリンを指定する。
ウ　チロシンを指定する。
エ　メチオニンを指定する。
オ　システインを指定する。
カ　終止コドンとして機能し，翻訳を停止する。
キ　翻訳されない。

（2015センター試験追試）

解くための材料

塩基が1つ欠失すると，コドンの読みわくがずれるフレームシフトが起こる。

＊印のついたGが欠失すると，次の図のように読みわくがずれ，3番目のアミノ酸に対応するDNAの塩基配列ATGがATTに変化します。そして，この部分に対応するmRNAの塩基配列は，チロシンを指定するコドンUACからUAAに変化します。

正常型

DNA		CGA	CAC	ATG（＊G）	TAC	ACG	ATT
mRNA	5′−	GCU	GUG	UAC	AUG	UGC	UAA −3′
アミノ酸		アラニン	バリン	チロシン	メチオニン	システイン	終止

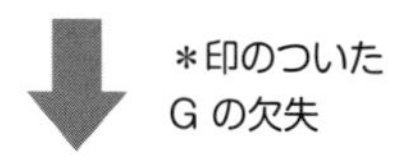

変異型

DNA		CGA	CAC	ATT	ACA	CGA	TT
mRNA	5′−	GCU	GUG	UAA	UGU	GCU	AA −3′
アミノ酸		アラニン	バリン	終止			

（DNAの CGA の部分に波線）

DNAの塩基配列の変化にともなって，コドンも変化する。

さて，UAAが何を指定するコドンであるかは，遺伝暗号表を見なくてもわかるようになっています。問題の図をよく見てみましょう。正常型mRNAの右端の塩基配列UAAが終止コドンであることが示されていますね。

つまり，＊印のついたGの欠失により，mRNAのコドンが終止コドンに変化し，ここで翻訳が終了するのです。

波線部の塩基配列は，新たに生じた終止コドンよりも下流にあるので，翻訳されることはありません。よって，**キ**が正解です。

キ……答

フレームシフトが起こると，合成されるポリペプチドが大きく変化するよ！

6 遺伝情報の変化②

問題

問 題

ある酵素Xには，いくつもの変異が見つけられてきた。この遺伝子の変異部分を含むDNAの塩基配列を下の図に示す。開始コドンは，1番の塩基から始まる。変異1，変異2のそれぞれの変異によって生じるタンパク質の一次構造への影響を，巻末の遺伝暗号表を参考にして，簡潔に説明せよ。

```
             1                   100                110                120
             |                    |                  |                  |
(正　常) 5′ … ATGT … // … GTGCCATATCGCTGATCTTCTCAC … 3′
(変異1) 5′ … ATGT … // … GTGCCATATCACTGATCTTCTCAC … 3′

             1                     330                340                350
             |                      |                  |                  |
(正　常) 5′ … ATGT … // … TTCACGAGATAAGAAGAAAGACAC … 3′
(変異2) 5′ … ATGT … // … TTCATGAGATAAGAAGAAAGACAC … 3′
```

（2016岡山県立大）

解くための材料

一般に，DNAの塩基配列は，センス鎖（非鋳型鎖）で示すことが多い。この塩基配列のTをUに置きかえたものがmRNAの塩基配列となる。

解き方

変異1：正常な塩基配列と見比べると，108番目の塩基GがAに変化しています。次に，開始コドンATGから順に塩基3個ずつ区切っていきます。3の倍数番目の塩基が，コドンの3番目の塩基となるので，次の図のようになります。

```
                    |                   100    108 110                  120
                    |                    |      ↓  |                     |
(正　常) 5′ … ATG|T … // … GT|GCC|ATA|TCG|CTG|ATC|TTC|TCA|C … 3′
(変異1) 5′ … ATG|T … // … GT|GCC|ATA|TCA|CTG|ATC|TTC|TCA|C … 3′
```

上の図から，DNAの塩基配列では，TCGがTCAに変化していることがわかります。つまり，mRNAのUCGがUCAに変化したということです。

遺伝暗号表より，どちらもセリンを指定するコドンなので，タンパク質の一次構造には影響がないことがわかります。

分子進化の傾向は P54

タンパク質の一次構造には影響がない。……答

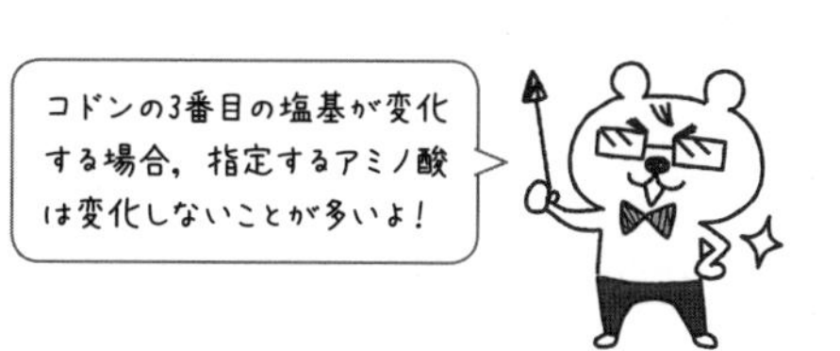

変異2：正常な塩基配列と見比べると，331番目の塩基CがTに変化しています。次に，開始コドンATGから順に塩基3個ずつ区切っていくと，下の図のようになります。

```
                    |                  330  331        340            350
                    |                   |   ↙          |               |
(正　常) 5′ … ATG|T … // … T|TCA|CGA|GAT|AAG|AAG|AAA|GAC|AC … 3′
(変異2) 5′ … ATG|T … // … T|TCA|TGA|GAT|AAG|AAG|AAA|GAC|AC … 3′
```

上の図から，DNAの塩基配列では，CGAがTGAに変化していることがわかります。つまり，mRNAのCGAがUGAに変化したということです。

遺伝暗号表より，アルギニンを指定するコドンが，終止コドンに変化しているので，正常なタンパク質よりも短くなることがわかります。

正常なタンパク質よりも短くなる。……答

7 SNP

問題

思考探究

健康な人の集団（対照群）と疾患Zの患者の集団（疾患群）について，それぞれ2000人以上の人を対象として，遺伝子W内に存在するSNP（以後，SNP Iとよぶ）を調べたところ，SNP Iの塩基はアデニン（A）またはシトシン（C）であった。SNP Iの遺伝子型は，ホモ接合体であるC/C，A/Aの場合，およびヘテロ接合体であるA/Cの場合があり，それぞれの頻度は下の表のようになった。

表の結果から導かれる考察として最も適当なものを，次の**ア**～**エ**から1つ選べ。

	頻度（%）	
SNP Iの遺伝子型	対照群	疾患群
C/C	91	74
A/C	9	23
A/A	0	3

ア　SNP IがC/Cの場合は，A/Cの場合に比べて疾患Zにかかりやすい。

イ　SNP IがC/Cの場合は，A/Aの場合に比べて疾患Zにかかりやすい。

ウ　SNP IがA/Cの場合は，最も疾患Zにかかりやすい。

エ　SNP IがA/Aの場合は，最も疾患Zにかかりやすい。

（2017センター試験追試）

解くための材料

個体間でゲノムを比較したときに，1塩基単位でみられる塩基配列の違いを一塩基多型（SNP（スニップ））という。

本問の調査では，2000人以上の健康な人と2000人以上の疾患Zの患者を対象として行っています。母集団中での健康な人と疾患Zの患者の比率を反映しているわけではないことに注意しましょう。例えば，SNP ⅠがA/Cの人のなかでは，疾患Zにかかっている人のほうが多いなどのように結論づけることはできません（母集団においては，健康な人のほうが多い可能性もあります）。

それでは，**ア**〜**エ**の内容が，それぞれ適当かどうか考えてみましょう。

ア　疾患Zの患者におけるC/Cの頻度（74%）は，健康な人におけるC/Cの頻度（91%）よりも低くなっています。一方，疾患Zの患者におけるA/Cの頻度（23%）は，健康な人におけるA/Cの頻度（9%）よりも高くなっています。

この結果から，SNP ⅠがA/Cの場合は，C/Cの場合に比べて疾患Zにかかりやすいと考えることができます（**ア**は誤り）。

イ　**ア**と同様に考えると，疾患Zの患者におけるA/Aの頻度（3%）は，健康な人におけるA/Aの頻度（0%）よりも高くなっているので，SNP ⅠがA/Aの場合は，C/Cの場合に比べて疾患Zにかかりやすいと考えることができます（**イ**は誤り）。

ウ・エ　**ア**，**イ**より，疾患Zにかかりやすいのは，SNP ⅠがA/CまたはA/Aの場合であることがわかりました。では，どちらの場合のほうが，より疾患Zにかかりやすいといえるでしょうか。単純に頻度が高いからといってA/Cを選んではいけません。

SNP ⅠがA/Cの人は，健康な人のなかにも，疾患Zの患者のなかにもある程度います。

一方，SNP ⅠがA/Aの人は，健康な人のなかにはまったくいませんが，疾患Zの患者のなかには一定数います。

つまり，A/Aの場合，必ず疾患Zにかかっているということができます。よって，最も疾患ZにかかりやすいSNP ⅠはA/Aです（**ウ**は誤り，**エ**は正しい）。

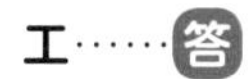

8 有性生殖①

問題

問題

次の文の空欄**ア**～**エ**を埋めよ。
2種類の細胞が合体して新しい個体をつくる生殖方法を［**ア**］という。［**ア**］を行う生物の体細胞内には，形や大きさの同じ染色体が2本ずつ含まれており，この対をなす染色体は［**イ**］という。
また，染色体に占める遺伝子の位置は［**ウ**］といい，同じ［**ウ**］に異なる形質を示す遺伝子が複数存在するとき，異なる遺伝子それぞれを［**エ**］という。

解くための材料

2種類の細胞が合体して新しい個体をつくる**有性生殖**では，子は両親からそれぞれ1セットずつ染色体を受け継ぐ。

解き方

有性生殖（**ア**）では，減数分裂によって新しい個体を形成するために必要な卵や精子などの**配偶子**がつくられます。それらが受精することによって親の遺伝子が子に受け継がれます。また，体細胞は両親からの染色体を1セットずつ受け継いだ合計2セットの染色体をもっており，その対になっている染色体を**相同染色体**（**イ**）といいます。

染色体上の遺伝子の位置は**遺伝子座**（**ウ**）といい，同じ遺伝子座に存在する2つの遺伝子である**対立遺伝子**（**エ**）によって生物の形質が現れます。

ア：**有性生殖**，**イ**：**相同染色体**，**ウ**：**遺伝子座**，
エ：**対立遺伝子**（**アレル**）……答

9 有性生殖②

問題

問題

次の文の空欄**ア**～**エ**を埋めよ。
キイロショウジョウバエの性決定様式はXY型であり，1個の体細胞に含まれる8本の染色体のうち2本は，性の決定にかかわる［ア］染色体である。したがって，雄の体細胞の染色体の構成を6＋XYと表すとすると，雌の体細胞の染色体の構成は［イ］と表される。また，雄がつくる精子の染色体の構成は，［ウ］または［エ］と表される。

解くための材料

性染色体の構成が，雄ではヘテロ型（XY），雌ではホモ型（XX）となっている性決定様式をXY型という。

解き方

ア　性の決定にかかわる染色体を**性染色体**といいます。

イ　雌では，性染色体の構成がホモ型（XX）なので，染色体の構成は6＋XXと表せます。なお，この式の「6」は常染色体の数を表しています。

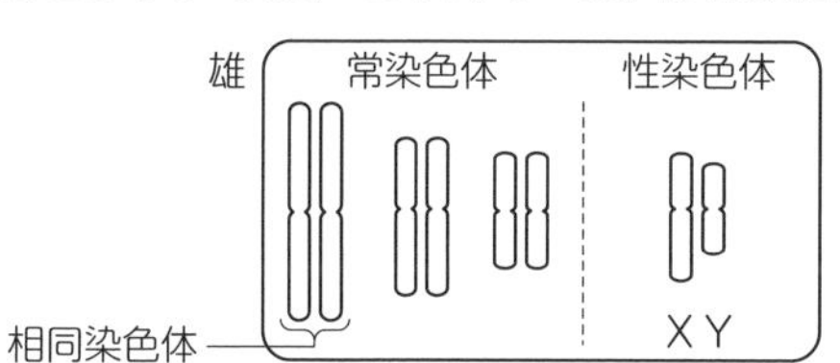

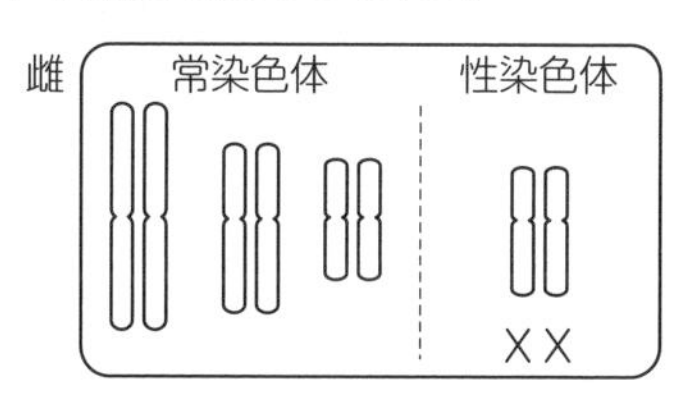

ウ・エ　減数分裂により配偶子が形成されるとき，母細胞（ぼさいぼう）がもつ各相同染色体の一方ずつが配偶子に渡されるので，染色体数は半分になります。雄が精子をつくる場合，精子に渡される性染色体はXかYのどちらかなので，精子の染色体の構成は3＋Xまたは3＋Yと表されます。

ア：**性（染色体）**，**イ**：**6＋XX**，
ウ：**3＋X**，**エ**：**3＋Y**（**ウ**と**エ**は順不同）……

10 減数分裂

問題

減数分裂は，生殖細胞が形成されるときに行われる細胞分裂であり，第一分裂と第二分裂の2回の分裂からなる。

(1) 減数分裂では，1個の母細胞から何個の娘細胞ができるか。

(2) 減数分裂が始まる前の間期から減数分裂の第二分裂終期までにどのようなことが起こるか。次の**ア**～**オ**から選び，順に並べよ。ただし，同じ記号をくり返し使っても構わない。

ア 染色体が両極に移動する。
イ 相同染色体どうしが対合する。
ウ 細胞質が分裂する。
エ 染色体が赤道面に並ぶ。
オ DNAが複製される。

(3) 右の図は，二価染色体を模式的に表したものである。減数分裂第一分裂で分離するのは，縦の裂け目と対合面のどちらか。

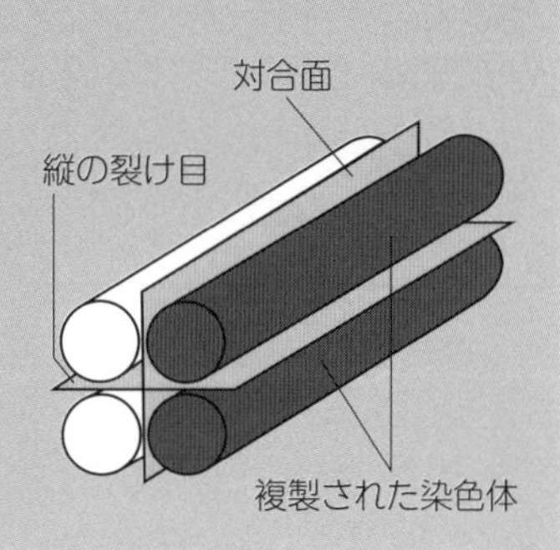

解くための材料

減数分裂では，分裂が2回起こり，染色体の数が半減する。

(1)　減数分裂では，分裂が2回起こるので，1個の母細胞から4個の娘細胞ができます。

4個……答

(2)　減数分裂は，下の図のようにして進行します。

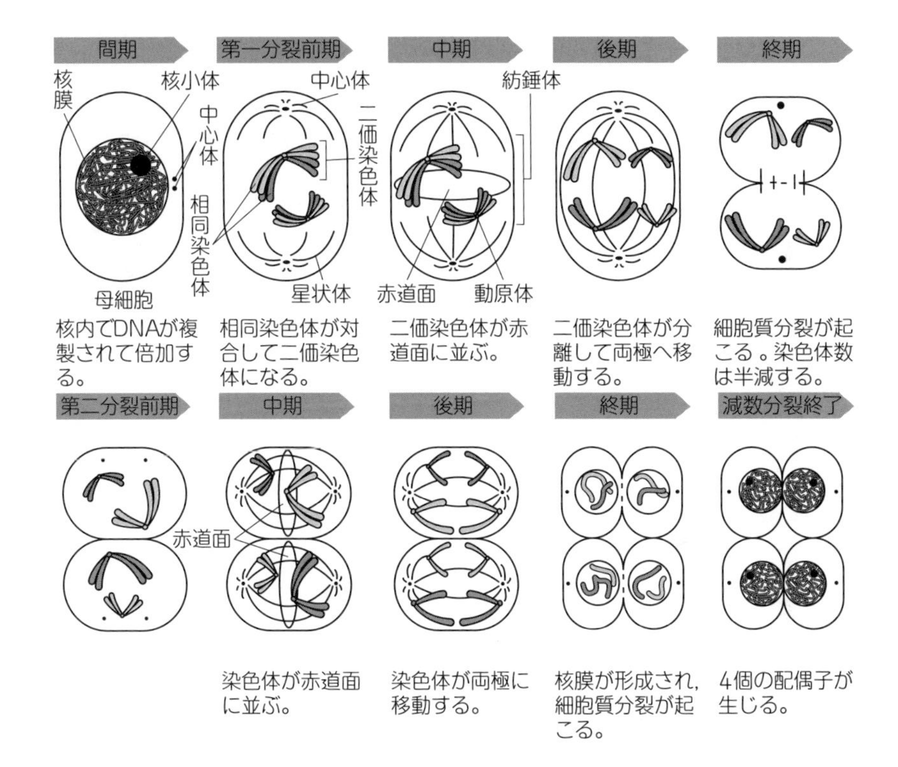

オ→イ→エ→ア→ウ→エ→ア→ウ……答

(3)　減数分裂の第一分裂前期に形成された**二価染色体**は，中期に赤道面に並び，後期には対合面で分離します。

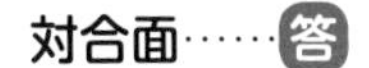

11 減数分裂とDNA量の変化

問題

問題・グラフ

(1) 体細胞の核相が$2n=16$である生物では，減数分裂の第一分裂中期に何本の二価染色体がみられるか。また，第二分裂中期には何本の染色体がみられるか。

(2) 母細胞のG_1期のDNA量を2とすると，減数分裂における細胞当たりのDNA量はどのように変化するか。その変化を示したグラフとして最も適当なものを，次の**ア**～**エ**から1つ選べ。ただし，分裂期の各時期は細かく分けていない。

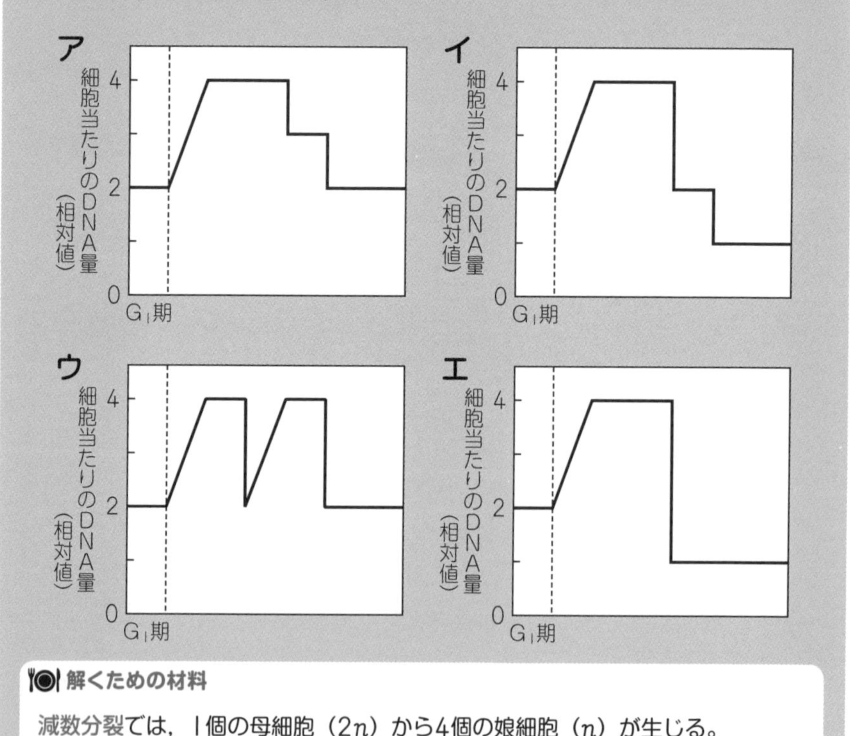

解くための材料

減数分裂では，1個の母細胞（$2n$）から4個の娘細胞（n）が生じる。

(1)　$2n=16$の生物の体細胞は，8種類の相同染色体を2組ずつ，計16本もっています（右の図①）。減数分裂前の間期には，DNAが複製されますが，複製された染色体どうしはくっついているので，この時点での染色体の本数は16本です（右の図②）。

やがて減数分裂の第一分裂前期になると，それぞれの相同染色体どうしが対合して二価染色体を形成するので，二価染色体の数は8本となります（右の図③）。

第一分裂後期には，二価染色体は対合面で分離して両極に移動し，第一分裂終期には細胞質が2つに分かれます。このとき，それぞれの細胞に含まれる染色体の本数は8本です（右の図④）。

第二分裂中期では，第一分裂で分離した染色体がそのまま赤道面に並ぶので，8本の染色体がみられます（右の図④）。

第二分裂後期には，これらの染色体が縦の裂け目で分離し，第二分裂終期に細胞質が分かれます。この結果，最終的に4個の娘細胞にはそれぞれ8本の染色体が含まれることになります（右の図⑤）。

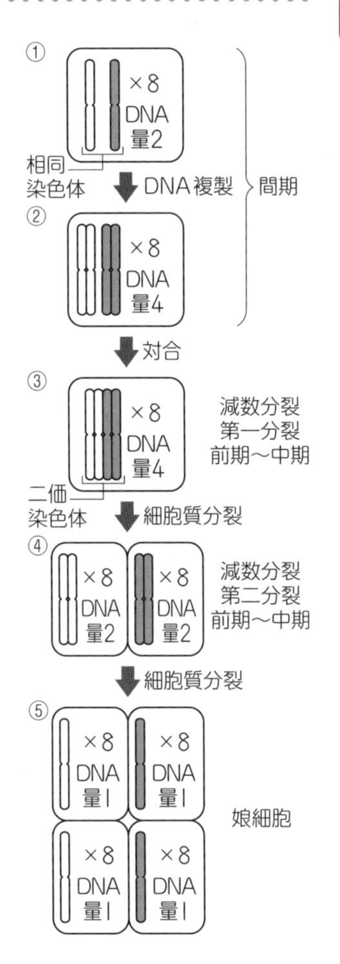

第一分裂中期：**8本**，第二分裂中期：**8本**……答

(2)　母細胞のG_1期におけるDNA量を2とすると，(1)の図，および右の図のように，細胞当たりのDNA量は，DNA複製により4に倍加し，第一分裂の細胞質分裂により2に半減し，さらに第二分裂の細胞質分裂により1に半減します。

イ……

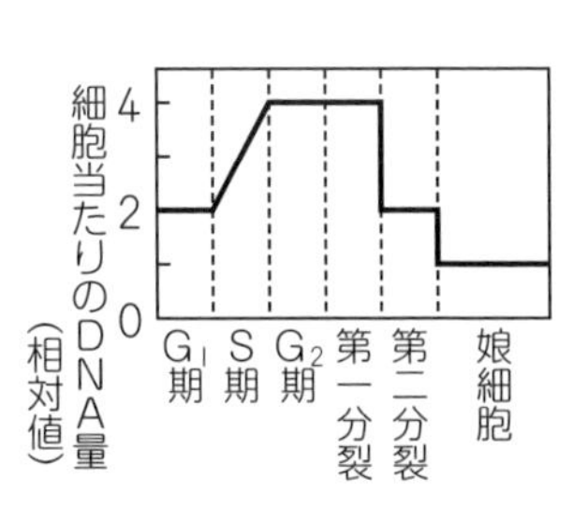

12 独　立

問題　計算

体細胞の核相が$2n=8$である生物において，4組の対立遺伝子A，aとB，bとC，cとD，dがそれぞれ異なる染色体に存在している場合，配偶子の遺伝子の組み合わせは何通りか。

解くための材料

異なる染色体に遺伝子が存在していることを，独立しているという。遺伝子が独立している場合，減数分裂で染色体が分離するとき，互いに影響することなく，独立に配偶子に入る。

解き方

体細胞では，下の図のように，各遺伝子は異なる染色体に存在しています。

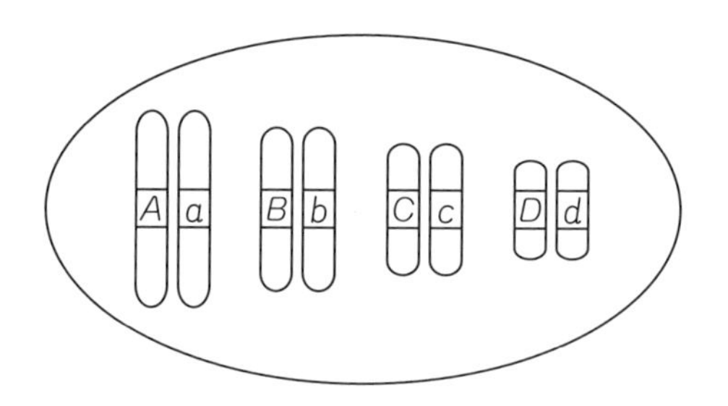

ここで対立遺伝子A，aの組に着目すると，配偶子へ入る遺伝子は，Aかaの2通りです。

同様に，ほかの対立遺伝子の組についても，配偶子への遺伝子の入り方はそれぞれ2通りずつあるので，配偶子の遺伝子の組み合わせは全部で$2^4=16$通りになります。

16通り……答

独立している遺伝子が，互いに影響することなく配偶子に入ることを独立の法則というよ！

13 連　鎖

問題

ある植物において，赤花の遺伝子*A*は白花の遺伝子*a*に対して顕性（優性）であり，丸葉の遺伝子*B*は細葉の遺伝子*b*に対して顕性（優性）である。いま，赤花・細葉の個体と白花・丸葉の個体を両親として交配すると，F_1はすべて赤花・丸葉となった。ただし，*A*（*a*）と*B*（*b*）は同一染色体上に存在し，組換えは起こらないものとする。

(1) 両親の遺伝子型を答えよ。

(2) F_1の体細胞で，*A*以外の遺伝子の位置を右の図に記入せよ。

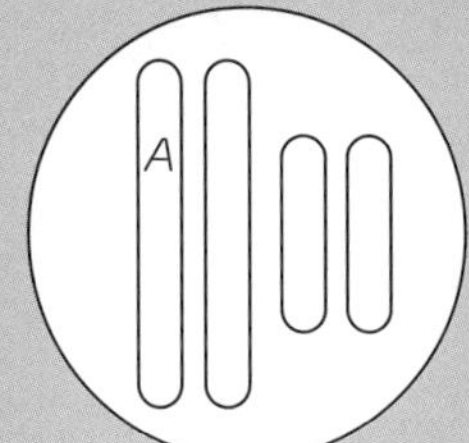

解くための材料

連鎖している遺伝子は，組換えが起こらないかぎり，行動をともにし，同じ配偶子に入る。

解き方

(1) 赤花・細葉の表現型を示す遺伝子型は，*AAbb*または*Aabb*であり，白花・丸葉の表現型を示す遺伝子型は，*aaBB*または*aaBb*です。これらのうち，F_1がすべて赤花・丸葉となる組み合わせは*AAbb*と*aaBB*です。

AAbb，aaBB……答

(2) (1)より，両親では*A*と*b*，および*a*と*B*が連鎖していることがわかります。F_1は，これらの染色体を1つずつ受け継ぐので，右の図のように，*A*と*b*が存在する染色体と*a*と*B*が存在する染色体をもつことになります。

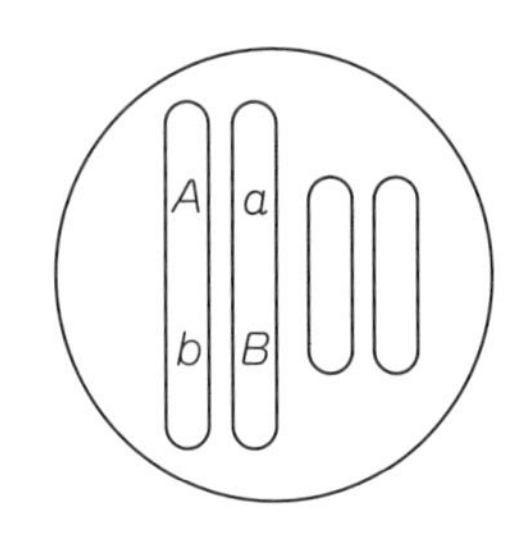

右の図参照……答

14 組換え価

問題

計算

(1) スイートピーには，花の色を紫色にする遺伝子*B*と赤色にする遺伝子*b*，花粉の形を長形にする遺伝子*L*と丸形にする遺伝子*l*がある。いま，紫花・長形花粉（*BBLL*）と赤花・丸形花粉（*bbll*）を両親と交配すると，F_1はすべて紫花・長形花粉となった。

① F_1の遺伝子型を答えよ。

② F_1を検定交雑すると，紫花・長形花粉183株，紫花・丸形花粉18株，赤花・長形花粉22株，赤花・丸形花粉177株が生じた。花の色と花粉の形の遺伝子間での組換え価を求めよ。

(2) この植物には，葉の形を丸葉にする遺伝子*D*と細葉にする遺伝子*d*がある。いま，紫花・丸葉（*BBDD*）と赤花・細葉（*bbdd*）の交配によって得られたF_1を検定交雑すると，組換え価は20%であった。理論上，F_1の自家受精によって得られるF_2の表現型とその比はどうなるか。

解くための材料

検定交雑とは，潜性（劣性）のホモ接合体（この実験の場合は*bbll*）を交配することにより，親の配偶子の遺伝子の組み合わせを調べることである。
検定交雑を行うことにより，組換え価を求めることができる。

$$\text{組換え価（\%）} = \frac{\text{組換えを起こした配偶子の数}}{\text{全配偶子の数}} \times 100$$

(1)① 紫花・長形花粉（$BBLL$）がつくる配偶子（BL）と，赤花・丸形花粉（$bbll$）がつくる配偶子（bl）が受精するので，F_1の遺伝子型は$BbLl$です。

$BbLl$……答

② F_1を検定交雑した結果，次世代の表現型の分離比は，

〔BL〕：〔Bl〕：〔bL〕：〔bl〕＝183：18：22：177

となりました。この分離比は，F_1の配偶子の割合が，

BL：Bl：bL：bl＝183：18：22：177

であったことを示しています。

もし，親から受け継いだBとL，bとlが完全に連鎖していたとしたら，BlやbLの組み合わせは生じません。つまり，BlとbLは組換えによって生じた配偶子なので，組換え価は，

$$\frac{18+22}{183+18+22+177}\times 100=\frac{40}{400}\times 100=10\%$$

10%……答

(2) 検定交雑したときの分離比を，〔BD〕：〔Bd〕：〔bD〕：〔bd〕＝n：1：1：nとすると，〔Bd〕と〔bD〕が組換えによって生じた表現型なので，

$$\frac{1+1}{n+1+1+n}\times 100=20\%$$

と表せます。これを解くと，$n=4$です。ここで，F_1の配偶子を縦横に並べた表をつくり，それぞれの組み合わせから生じるF_2の表現型とその数を記入します。

	4BD	1Bd	1bD	4bd
4BD	16〔BD〕	4〔BD〕	4〔BD〕	16〔BD〕
1Bd	4〔BD〕	1〔Bd〕	1〔BD〕	4〔Bd〕
1bD	4〔BD〕	1〔BD〕	1〔bD〕	4〔bD〕
4bd	16〔BD〕	4〔Bd〕	4〔bD〕	16〔bd〕

表中の表現型の数を合計すると，

〔BD〕：〔Bd〕：〔bD〕：〔bd〕＝66：9：9：16

〔BD〕：〔Bd〕：〔bD〕：〔bd〕＝66：9：9：16……答

15 組換え価と染色体地図

問題

計算

キイロショウジョウバエのある3組の対立遺伝子（*A*, *a*と*B*, *b*と*C*, *c*）は，同一染色体上に存在する。潜性（劣性）のホモ接合体（*aa*, *bb*, *cc*）とヘテロ接合体（*Aa*, *Bb*, *Cc*）を交配して，検定交雑を行ったところ，下の表のような結果が得られた。

表現型	〔*ABC*〕	〔*ABc*〕	〔*AbC*〕	〔*aBC*〕	〔*Abc*〕	〔*aBc*〕	〔*abC*〕	〔*abc*〕	合計
個体数	141	86	17	1	3	20	81	151	500

3つの遺伝子の染色体上の位置関係として最も適当なものを，次の**ア**～**カ**から1つ選べ。

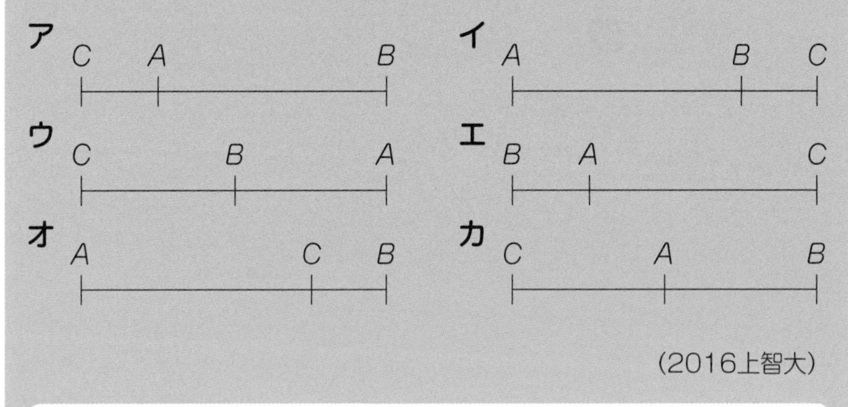

（2016上智大）

解くための材料

一般に，組換え価は，2つの遺伝子間の相対的な距離に比例していると考えられている。

一般に，同一染色体上に存在している2つの遺伝子間では，距離が大きくなるほど組換えが起こりやすくなります。そのため，組換え価は，遺伝子間の相対的な距離に比例していると考えられています。

このため，連鎖している遺伝子間の組換え価を求めることで，遺伝子の相対的な位置を示す**染色体地図**をつくることができます。

まずは，組換え価を求めるための準備段階として，本問の表から，2組の遺伝子ごとに表現型の分離比を求めましょう。

$A(a)$・$B(b)$については，

〔AB〕：〔Ab〕：〔aB〕：〔ab〕

＝（〔ABC〕＋〔ABc〕）：（〔AbC〕＋〔Abc〕）：（〔aBC〕＋〔aBc〕）：（〔abC〕＋〔abc〕）

＝（141＋86）：（17＋3）：（1＋20）：（81＋151）

＝227：20：21：232

同様にして，

〔BC〕：〔Bc〕：〔bC〕：〔bc〕＝142：106：98：154

〔AC〕：〔Ac〕：〔aC〕：〔ac〕＝158：89：82：171

次に，各遺伝子間の組換え価を求めます。

A−B間の組換え価は，$\dfrac{20+21}{227+20+21+232}\times100=8.2\%$

B−C間の組換え価は，$\dfrac{106+98}{142+106+98+154}\times100=40.8\%$

A−C間の組換え価は，$\dfrac{89+82}{158+89+82+171}\times100=34.2\%$

よって，遺伝子の位置関係は，下の図のようになっていると考えられます。

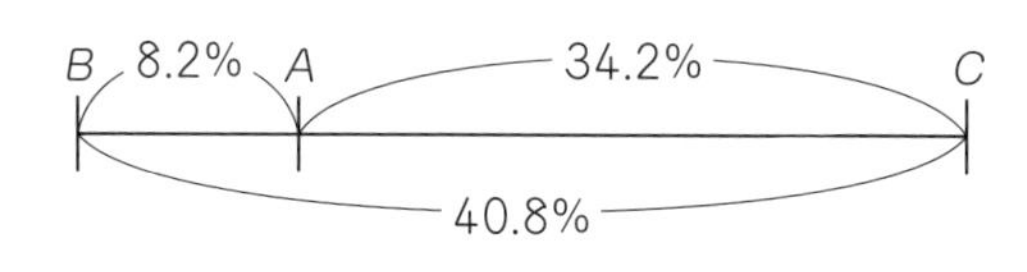

エ……答

本問でA-B間とA-C間の組換え価の和が，B-C間の組換え価と完全には等しくないように，実験値は，完全に理論通りにはいかないことが多いよ。

16 伴性遺伝

問題

計算・思考探究

配偶子がもつ遺伝子は，アルファベットなどの遺伝子記号で表される。健常な遺伝子をもつX染色体をX^A，遺伝性疾患の遺伝子をもつX染色体をX^aとして遺伝子を表記する。ヒトのある遺伝性疾患の2家系における発症の状況を，図で表した。ただし，□は健康な男性，○は健康な女性，■は遺伝性疾患を発症した男性を示す。両家系とも，染色体の乗換えは起こらず，突然変異はなく，またほかの遺伝性疾患の遺伝子をもっていないものとする。

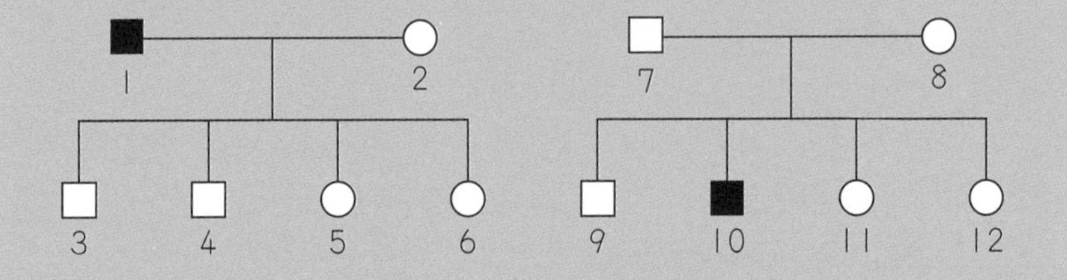

(1)　女性2，6，8の考えうるすべての遺伝子型を答えよ。

(2)　2家系における健康な女性6を母親に，健康な男性9を父親にもつ子の考えうる表現型とその分離比（健康：発症）を，男女別に答えよ。

（2017秋田大）

解くための材料

性染色体にある遺伝子による遺伝を伴性遺伝（はんせいいでん）という。伴性遺伝では，形質の現れ方が雌雄で違ってくる。

(1)　男性はX染色体を1本しかもたないので，もっている遺伝子がそのまま表現型として現れます。よって，健康な男性はX^AY，発症した男性はX^aYです。

女性はX染色体を2本もっているので，発症するのは遺伝子型がX^aX^aのときだけです。よって，健康な女性はX^AX^AまたはX^AX^aの2通りが考えられます。

ここで，男性1（X^aY）と女性2（$X^AX^?$）（？はAまたはa）を両親として生まれる子の遺伝子型を調べると，表1のようになります。女性2の遺伝子型がX^AX^AとX^AX^aのどちらであっても，健康な男性と健康な女性が生まれるので，問題の図と矛盾しません。よって，女性2の遺伝子型は，X^AX^AとX^AX^aの2通りが考えられます。

表1

	X^a	Y
X^A	X^AX^a（女性・健康）	X^AY（男性・健康）
$X^?$	$X^?X^a$（女性・不明）	$X^?Y$（男性・不明）

女性6は健康なので，遺伝子型として可能性があるのはX^AX^AとX^AX^aですが，表1より，X^AX^Aが生まれることはあり得ないので，遺伝子型はX^AX^aであることがわかります。

同様にして，男性7（X^AY）と女性8（$X^AX^?$）（？はAまたはa）を両親として生まれてくる子の遺伝子型を調べると，表2のようになります。問題の図では，発症した男性が生まれているので，表2中の$X^?Y$はX^aYであることがわかります。つまり，？＝aなので，女性8の遺伝子型はX^AX^aです。

表2

	X^A	Y
X^A	X^AX^A（女性・健康）	X^AY（男性・健康）
$X^?$	$X^AX^?$（女性・不明）	$X^?Y$（男性・不明）

女性2：$\mathbf{X^AX^A}$，$\mathbf{X^AX^a}$，女性6：$\mathbf{X^AX^a}$，女性8：$\mathbf{X^AX^a}$……答

(2)　男性9（X^AY）と女性6（X^AX^a）を両親として生まれる子の遺伝子型を調べると，表3のようになります。

表3

	X^A	Y
X^A	X^AX^A（女性・健康）	X^AY（男性・健康）
X^a	X^AX^a（女性・健康）	X^aY（男性・発症）

男性 **健康：発症＝1：1**，女性 **健康：発症＝1：0**……答

まとめ

▶同種において，個体間にみられる形質の違いを**変異**という。

▶遺伝しない変異を**環境変異**，遺伝する変異を**遺伝的変異**という。

▶遺伝的変異は，DNAの塩基配列の**突然変異**によって起こる。

▶集団内において，生存や生殖に有利な変異をもつ個体が，次世代により多くの子を残すことを**自然選択**という。

■自然選択の例

▶環境に対して，生物が生存や繁殖に有利な形質をもっていることを**適応**という。生存や繁殖における有利さの指標を**適応度**という。

▶生物集団が生存や繁殖に有利な形質をもつように進化することを**適応進化**という。

▶発生起源が同じであり，基本構造が共通している器官を**相同器官**(そうどうきかん)という。

▶共通の祖先をもつ生物が，さまざまな環境に適応して多様化することを**適応放散**(てきおうほうさん)という。

▶形態やはたらきが似ているが，発生起源が異なる器官を**相似器官**(そうじきかん)という。異なるグループの生物が，似た環境に適応した結果，似た形態をもつようになることを**収れん**(しゅう)という。

▶生物が，ほかの生物や周囲の風景と見分けがつかない形や色をもつことを**擬態**(ぎたい)という。

▶異性をめぐる繁殖行動によって自然選択が起こることを**性選択**という。

■相同器官

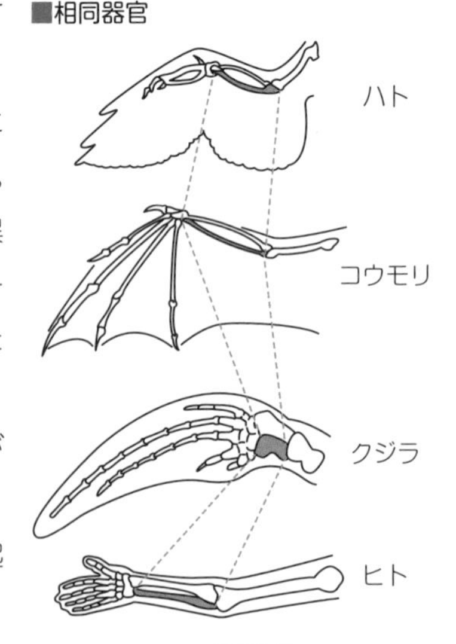

▶異種の生物どうしが，互いに影響し合いながら進化することを**共進化**という。

- 同種の集団中に存在する遺伝子の集合全体を**遺伝子プール**という。
- 遺伝子プールにおける対立遺伝子の頻度（割合）を**遺伝子頻度**（いでんしひんど）という。
- 交配に使用される配偶子の対立遺伝子が偶然偏ることにより，次世代の集団の遺伝子プールにおいて，遺伝子頻度が変化することを**遺伝的浮動**（いでんてきふどう）という。
- 生物集団の個体数が激減することで遺伝的浮動が強くはたらき，遺伝子頻度がもとの集団から大きく変化することを**びん首効果**という。
- 一定の条件が満たされているとき，世代が変わっても生物の集団における遺伝子頻度は変化しないという法則を**ハーディ・ワインベルグの法則**という。
- ハーディ・ワインベルグの法則が成り立っていて，遺伝子プールの遺伝子頻度が変化しない状態のことを**ハーディ・ワインベルグ平衡**という。
- ハーディ・ワインベルグの法則が成り立つための条件
  - 自由に交配する。／ • 自然選択がはたらいていない。／ • 突然変異が起こらない。／
  - 十分に大きな集団であり，遺伝的浮動の影響が無視できる。／ • ほかの集団との間で移出や移入がない。

- 同種の集団が，地理的な要因で隔離され，自由な交配ができなくなることを**地理的隔離**という。地理的隔離によって新しい種ができることを**異所的種分化**（いしょてきしゅぶんか）という。
- 2つの集団が同じ場所で生活していても，交配できない，または交配しても生殖能力のある子が生まれない状態を**生殖的隔離**という。生殖的隔離が成立して，新しい種ができることを**種分化**（しゅぶんか）という。
- 地理的に隔離されていない集団の中で起こる種分化を**同所的種分化**（どうしょてきしゅぶんか）という。
- 集団内の遺伝子頻度が変化するだけのような，種の形成には至らない進化を**小進化**，新しい種の形成に至るような進化を**大進化**という。

- DNAの塩基配列やタンパク質のアミノ酸配列の変化を**分子進化**という。
- 突然変異は，生存に有利でも不利でもない中立なものがほとんどであるという考えを**中立説**という。

17 進　化

問題

問題

次の①～③に関係する語句を，それぞれ下の**ア**～**オ**から1つずつ選べ。

① 毒をもたないハナアブと毒をもつハチは，同じような黒色と黄色のしま模様をもっている。

② クジラの胸びれとイヌの前肢は，骨格の構成が共通している。

③ オーストラリア大陸に生息するフクロオオカミと，そのほかの大陸に生息するオオカミは，姿がよく似ている。

ア 相同器官　　**イ** 相似器官　　**ウ** 共進化
エ 収束進化　　**オ** 擬態

解くための材料

フクロオオカミは有袋類（ゆうたいるい），オオカミは真獣類に属している。

解き方

① 毒をもたないハナアブは，毒をもつハチと似たしま模様をもつことで，捕食者から逃れやすくなっています。このように，生物が，ほかの生物や周囲の風景と見分けがつかない形や色をもつことを擬態（**オ**）といいます。

② クジラの胸びれとイヌの前肢のように，発生起源が同じで，基本構造が共通している器官を相同器官（**ア**）といいます。

③ フクロオオカミは有袋類，オオカミは真獣類であり，両者の姿は，共通祖先に由来しているわけではありません。両者は似た環境に適応した結果，似た形質をもつようになったと考えられます。このような現象を収束進化（**エ**）といいます。

①：**オ**，②：**ア**，③：**エ**……答

18 共進化

問題

次の文の**ア**〜**ウ**に当てはまるものを，それぞれ選べ。
蜜を吸うために花筒（かとう）の長い花を訪れる昆虫（訪花昆虫）においては，より長い口吻（こうふん）をもつ個体は，花筒の奥の蜜を吸いやすく，生存や繁殖において有利であるため，口吻は長くなる傾向にある。一方，植物においては，訪花昆虫の口吻より［**ア** 長い　短い］花筒をもつ個体は，蜜を吸われやすく，昆虫のからだに花粉が付着［**イ** しやすい　しにくい］ため，繁殖において［**ウ** 有利　不利］であり，結果として花筒も長くなる傾向にある。

（2015センター試験）

解くための材料

異種の生物どうしが，互いに影響し合いながら進化することを**共進化**という。

解き方

訪花昆虫は植物から蜜の供給を受け，植物は昆虫に花粉を運んでもらうというように，両者は**相利共生**の関係にあります。

この場合，昆虫にとっては口吻が長いほうが蜜を得やすく，生存や繁殖に有利であるため，口吻は長くなる傾向にあります。

一方，もし植物が，訪花昆虫の口吻よりも短い（**ア**）花筒をもっていたら，昆虫は花から簡単に蜜を得ることができます。この場合，昆虫が花に滞在する時間が短く，昆虫のからだに花粉が付着しにくいので（**イ**），繁殖において不利になります（**ウ**）。結果として，長い花筒をもつ植物がより多くの子孫を残すことになるので，植物の花筒は長くなる傾向にあります。

ア：**短い**，**イ**：**しにくい**，**ウ**：**不利**……**答**

19 工業暗化

問題

観察&実験

オオシモフリエダシャクには暗色型と明色型があるが，イギリスでは工業地帯で暗色型の頻度が高い一方で，田園地帯では明色型の頻度が高かった。これは，暗色型と明色型のどちらの生存率が高いかが，工業地帯と田園地帯で異なるためであると考えられた。つまり，工業地帯では［ア］が［イ］よりも生存率が高くなり，田園地帯では［ウ］が［エ］よりも生存率が高くなると予測される。下の表に示したケトルウェルが行った実験の結果は，まさにこの予測に合致するものであった。

工業地帯と田園地帯におけるオオシモフリエダシャクの暗色型と明色型の再捕獲実験（1955年）

場所	表現型	標識したあとに放した個体数	再捕獲した個体数
A	明色型	496	62
	暗色型	473	30
B	明色型	64	16
	暗色型	154	82

ア〜エに入る語句および表のAとBに入る語を答えよ。

（2012岐阜大）

解くための材料

$$再捕獲率（\%）= \frac{再捕獲した個体数}{標識したあとに放した個体数} \times 100$$

オオシモフリエダシャクというガには暗色型と明色型があり，イギリスの工業地帯では暗色型が多く，田園地帯では明色型が多くみられます。この現象のことを**工業暗化**（こうぎょうあんか）といいます。

田園地帯で明色型が多くみられるのは，木の幹に白っぽい地衣類が生育するため，ガが幹にとまったとき，明色型のほうが捕食者である鳥に見つかりにくく，生存率が高いからであると考えられます。一方，工業地帯で暗色型が多くみられるのは，大気汚染により木の幹に地衣類が生育しなくなり，さらに大気汚染によって幹が黒ずむために，暗色型のほうが鳥に見つかりにくく，生存率が高いからであると考えられます。

すなわち，工業地帯では暗色型（**ア**）が明色型（**イ**）よりも生存率が高くなり，田園地帯では明色型（**ウ**）が暗色型（**エ**）よりも生存率が高くなったのです。

イギリスのケトルウェルは，生存率の違いを確かめるため，工業地帯と田園地帯で，暗色型と明色型のガを放し，数日後，どれだけの割合で再捕獲できるかを調べました。この実験では，再捕獲率が高いほど，鳥に捕食されにくく，その形質は生存に有利であると考えられます。

それぞれの再捕獲率を計算すると，

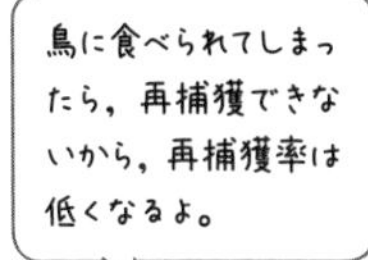

Aでの再捕獲率：明色型 $\frac{62}{496} \times 100 = 12.5\%$

暗色型 $\frac{30}{473} \times 100 \fallingdotseq 6.3\%$

Bでの再捕獲率：明色型 $\frac{16}{64} \times 100 = 25.0\%$

暗色型 $\frac{82}{154} \times 100 \fallingdotseq 53.2\%$

となり，Aでは明色型のほうが生存に有利であり，Bでは暗色型のほうが生存に有利であることがわかります。

よって，Aは田園地帯，Bは工業地帯です。

ア：**暗色型**，**イ**：**明色型**，**ウ**：**明色型**，**エ**：**暗色型**，
A：**田園地帯**，B：**工業地帯** ……

20 遺伝子頻度

問題

計算

対立遺伝子A，aについて，ある動物の集団中に対立遺伝子Aがp，対立遺伝子aがqの頻度で存在するとする（$p+q=1$）。遺伝子型AA，Aa，aaをもつ個体数が，それぞれ700，200，100であったとき，pとqはいくらか。小数で求めよ。

解くための材料

Aの遺伝子頻度$=\dfrac{遺伝子Aの数}{遺伝子A，aの総数}$，$a$の遺伝子頻度$=\dfrac{遺伝子aの数}{遺伝子A，aの総数}$

解き方

集団中に存在する対立遺伝子の総数を求める

この集団を構成する個体数は700＋200＋100＝1000個体です。1個体当たり対立遺伝子が2つずつ含まれているので，この集団中に存在する遺伝子A，aの総数は，1000×2＝2000です。

集団中に存在するAとaの数を求める

この集団の遺伝子型頻度は，$AA:Aa:aa=700:200:100$です。また，遺伝子型がAAの個体はAを2つ，Aaの個体はAとaを1つずつ，aaの個体はaを2つもちます。
したがって，集団中に存在するAの数は，700×2＋200＝1600，aの数は，100×2＋200＝400です。

遺伝子頻度を求める

よって，この集団の遺伝子頻度は，

$$p=\frac{1600}{2000}=0.8$$

$$q=\frac{400}{2000}=0.2$$

$p=0.8$，$q=0.2$……答

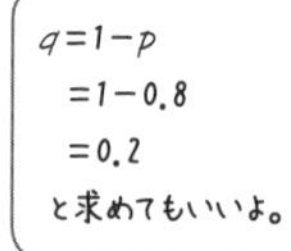

21 遺伝的浮動

問題

問題

遺伝子頻度の変化について説明した文として最も適当なものを，次の**ア**～**エ**から1つ選べ。

ア　遺伝的浮動は，特定の対立遺伝子をもつ個体が生殖に有利にはたらき，多く子を残すことによって起こる。

イ　個体数の少ない集団ほど，集団内の遺伝子頻度は偶然によって変化しやすい。

ウ　集団内の遺伝子頻度は，自然選択がはたらいたときだけ変化する。

エ　十分に個体数がある場合，集団内の遺伝子頻度は一定に保たれる。

解くための材料

集団内において，生存や生殖に有利な変異をもつ個体が，次世代により多くの子を残すことを**自然選択**という。

解き方

ア　誤った記述です。配偶子の対立遺伝子が偶然偏ることで，次世代の遺伝子頻度が変化することを**遺伝的浮動**といいます。特定の対立遺伝子により有利不利がある場合は，自然選択がはたらくので，遺伝的浮動とはいいません。

イ　正しい記述です。個体数の少ない集団ほど，遺伝的浮動の影響を受けやすく，遺伝子頻度は変化しやすいです。

ウ　誤った記述です。自然選択がはたらかなくても，遺伝的浮動により，偶然遺伝子頻度が変化することがあります。

エ　誤った記述です。個体数が大きい集団でも遺伝的浮動は起こり得ます。

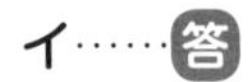

22 ハーディ・ワインベルグの法則①

問題　計算

ある生物の集団に対立遺伝子A，aが存在し，遺伝子Aの遺伝子頻度がp，遺伝子aの遺伝子頻度がqであるとする。ただし，$p+q=1$とする。また，この集団では，ハーディ・ワインベルグの法則が成り立っているものとする。

(1)　ハーディ・ワインベルグの法則が成り立つためには，次の5つの条件が必要である。**ア**〜**エ**に当てはまる語句を答えよ。

- 個体間で［ア］が行われている。
- ［イ］がはたらいていない。
- 対立遺伝子の［ウ］が起こらない。
- 十分に大きな集団であり，［エ］の影響が無視できる。
- ほかの集団との間で移出や移入がない。

(2)　遺伝子型AA，Aa，aaの頻度を，それぞれp，qを用いて表せ。

解くための材料

ハーディ・ワインベルグの法則が成り立っている集団では，世代が変わっても集団における遺伝子頻度は変化しない。

解き方

(1)　次の5つの条件が満たされている生物の集団では，世代が変わっても集団における遺伝子頻度は変化しないと考えることができます。これをハーディ・ワインベルグの法則といいます。

- 個体間で自由交配が行われている。

- 自然選択がはたらいていない。
- 対立遺伝子の突然変異が起こらない。
- 十分に大きな集団であり，遺伝的浮動の影響が無視できる。
- ほかの集団との間で移出や移入がない。

実際の生物集団では，競争に強い個体が優先的に交配したり，自然選択がはたらいたり，突然変異が起こったりします。ほとんどの場合，集団の大きさには限りがあるので，遺伝的浮動の影響を受けます。また，ほかの集団との間で移出や移入が起こることもあります。

つまり，自然界の生物の集団では，つねに遺伝子頻度が変化しており，それが進化につながっているといえます。

ア：自由交配，イ：自然選択，ウ：突然変異，エ：遺伝的浮動……

(2) 対立遺伝子Aの遺伝子頻度をp，対立遺伝子aの遺伝子頻度をq ($p+q=1$) とすると，ハーディ・ワインベルグの法則が成り立っている集団では，右の表より，遺伝子型AAの頻度はp^2，遺伝子型Aaの頻度は$2pq$，遺伝子型aaの頻度はq^2と表せます。

親世代の精子 ＼ 親世代の卵	$p(A)$	$q(a)$
$p(A)$	$p^2(AA)$	$pq(Aa)$
$q(a)$	$pq(Aa)$	$q^2(aa)$

遺伝子型AA の頻度：$\boldsymbol{p^2}$，
遺伝子型Aa の頻度：$\boldsymbol{2pq}$，……答
遺伝子型aa の頻度：$\boldsymbol{q^2}$

！ 次世代の遺伝子頻度

上の表より，次世代の対立遺伝子Aの頻度は，

$$\frac{2p^2+2pq}{2(p^2+2pq+q^2)}=\frac{2p(p+q)}{2(p+q)^2}=\frac{p}{p+q}=p$$

となる。同様に，次世代の対立遺伝子aの頻度はqとなり，親世代の遺伝子頻度と等しくなる。

23 ハーディ・ワインベルグの法則②

問題 計算

ある植物は，花の色を決める対立遺伝子A，aをもつ。遺伝子型AAは花の色が赤色，遺伝子型Aaは花の色が桃色，遺伝子型aaは花の色が白色になる。
この植物のある集団は，赤色型1000個体，桃色型800個体，白色型200個体で構成される。この集団について，あるとき生息環境が変化してハーディ・ワインベルグの法則が成り立つようになったとする。

(1) この集団における遺伝子Aの遺伝子頻度p_0，遺伝子aの遺伝子頻度q_0はそれぞれいくらか。ただし，$p_0+q_0=1$とする。

(2) この集団の次世代の個体数が5000個体であるとすると，赤色型，桃色型，白色型の個体数はそれぞれどうなると考えられるか。

(3) この集団の次世代における遺伝子Aの遺伝子頻度p_1，遺伝子aの遺伝子頻度q_1はそれぞれいくらか。

解くための材料

ハーディ・ワインベルグの法則が成り立っている場合，次世代の遺伝子型は右の表から求めることができる。

親世代の精子 ＼ 親世代の卵	$p(A)$	$q(a)$
$p(A)$	$p^2(AA)$	$pq(Aa)$
$q(a)$	$pq(Aa)$	$q^2(aa)$

(1)　この集団中に存在する遺伝子A，aの総数は，$(1000+800+200)\times2=4000$

遺伝子Aの数は，$1000\times2+800=2800$

よって，

$$p_0=\frac{\text{遺伝子}A\text{の数}}{\text{遺伝子}A,\ a\text{の総数}}=\frac{2800}{4000}=0.7,\ q_0=1-0.7=0.3$$

$p_0=0.7$，$q_0=0.3$……答

(2)　「解くための材料」の表より，

次世代の遺伝子型AA（赤色型）の頻度は，$p^2=0.7\times0.7=0.49$

遺伝子型Aa（桃色型）の頻度は，$2pq=2\times0.7\times0.3=0.42$

遺伝子型aa（白色型）の頻度は，$q^2=0.3\times0.3=0.09$

となることがわかります。

よって，それぞれの型の個体数は

赤色型の個体数＝$5000\times0.49=2450$個体

桃色型の個体数＝$5000\times0.42=2100$個体

白色型の個体数＝$5000\times0.09=450$個体

赤色型：**2450個体**，桃色型：**2100個体**，
白色型：**450個体**……答

(3)　次世代の集団中に存在する遺伝子A，aの総数は，$5000\times2=10000$

遺伝子Aの数は，$2450\times2+2100=7000$

よって，

$$p_1=\frac{\text{遺伝子}A\text{の数}}{\text{遺伝子}A,\ a\text{の総数}}=\frac{7000}{10000}=0.7,\ q_1=1-0.7=0.3$$

$p_1=0.7$，$q_1=0.3$……答

(1)と(3)の値が同じになったことから，世代が変わっても遺伝子頻度が変化していないことが確かめられたね。

24 自然選択と遺伝子頻度の変化

問題　計算

ハーディ・ワインベルグの法則が成り立っているある生物集団内で，1対の対立遺伝子（A，a）によって決まる形質があり，対立遺伝子Aは対立遺伝子aに対して顕性（優性）であるものとする。この生物は寿命が1年で，繁殖後に死亡する。いま，この集団内における対立遺伝子Aとaの存在比が6：4であったとして，以下の問いに答えなさい。

(1)　表現型〔A〕の個体の割合（%）を答えなさい。

(2)　突然の環境の変化により表現型〔a〕のうち繁殖期まで生き残った個体の割合が通常の半分になったとする。表現型〔A〕の個体は影響を受けず，ほかの条件は変わらなかったとすると，生まれてくる次世代のうちで，表現型〔a〕が占める割合（%）はいくらになると予測されるか。
小数第2位を四捨五入して答えなさい。

（2017北里大）

解くための材料

自然選択がはたらく集団では，ハーディ・ワインベルグの法則は成り立たない。

解き方

対立遺伝子Aの遺伝子頻度をp，対立遺伝子aの遺伝子頻度をq（$p+q=1$）とおいて考えましょう。

(1) 表現型〔A〕を示すのは，遺伝子型がAAまたはAaのとき，表現型〔a〕を示すのは，遺伝子型がaaのときです。

また，対立遺伝子Aとaの存在比が6：4ということは，$p=0.6$，$q=0.4$ということです。

ハーディ・ワインベルグの法則が成り立っている集団では，右の表より，遺伝子型AAの頻度はp^2，遺伝子型Aaの頻度は$2pq$，遺伝子型aaの頻度はq^2となるので，

親世代の精子＼親世代の卵	$p(A)$	$q(a)$
$p(A)$	$p^2(AA)$	$pq(Aa)$
$q(a)$	$pq(Aa)$	$q^2(aa)$

遺伝子型AAの頻度$=p^2=0.36$

遺伝子型Aaの頻度$=2pq=2\times0.6\times0.4=0.48$

遺伝子型aaの頻度$=q^2=0.16$

よって，表現型〔A〕の頻度は0.36＋0.48＝0.84となります。

割合（%）で問われているので，最後に100をかけてパーセントにするのを忘れないようにしましょう。

84%……答

(2) 表現型〔a〕のうち，繁殖期まで生き残った個体の割合が半分になるので，親世代における遺伝子型の個体数の比は，

$$AA:Aa:aa=0.36:0.48:(0.16\div2)$$
$$=0.36:0.48:0.08$$
$$=9:12:2$$

このとき，親世代における遺伝子頻度は，

$$p=\frac{\text{遺伝子}A\text{の数}}{\text{遺伝子}A,\ a\text{の総数}}=\frac{9\times2+12}{(9+12+2)\times2}=\frac{15}{23}\ ,q=1-\frac{15}{23}=\frac{8}{23}$$

よって，次世代の表現型〔a〕の頻度は，

$$q^2=\left(\frac{8}{23}\right)^2=\frac{64}{529}\fallingdotseq0.121$$

最後に100をかけて，割合（%）で答えましょう。

12.1%……答

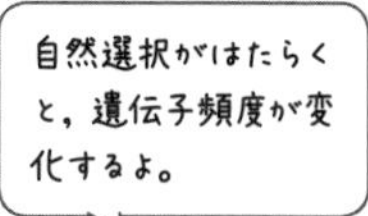

25 種分化

問題 実験＆観察

マダラヒタキ（マダラ）とシロエリヒタキ（シロエリ）の分布域は，一部が重なっている。右の図のように，異所的分布域のマダラの黒型雄はシロエリの雄とよく似ている。一方，同所的分布域のマダラの雄の体色は茶色が目立つ（茶型雄）。また，マダラとシロエリの交配によって生まれた雑種個体の繁殖力は低い。

これらのことから次の仮説を立てた。

「同所的分布域のマダラの雌はシロエリの雄とマダラの黒型雄との区別ができない。そのため，同所的分布域のマダラの雄ではシロエリの雄と間違われないような茶色の体色が進化し，同所的分布域のマダラの雌では茶型雄を選ぶような好みが進化した。」

この仮説を検証するために，マダラの雌に異なるタイプの雄を提示し，どちらかを選ばせる実験①～③を行った。

① 異所的分布域のマダラの雌9羽のそれぞれに，マダラの黒型雄1羽と茶型雄1羽を同時に提示した。

② 同所的分布域のマダラの雌12羽のそれぞれに，マダラの黒型雄1羽と茶型雄1羽を同時に提示した。

③　同所的分布域のマダラの雌12羽のそれぞれに，マダラの黒型雄1羽とシロエリの雄1羽を同時に提示した。
実験①～③の結果は，仮説を支持するものであった。それぞれどのような結果が得られたと考えられるか。

(2018センター試験)

解くための材料

マダラとシロエリは，自然状態では**生殖的隔離**が成立しているので，マダラの雌はマダラの雄を交配相手として選んでいるはずである。

解き方

同じマダラの雄でも，異所的分布域では黒型，同所的分布域では茶型と，色が違っています。本問では，この理由として，「同所的分布域のマダラの雄ではシロエリの雄と間違われないような茶型に進化し，同所的分布域のマダラの雌では茶型を選ぶような好みが進化した」という仮説が立てられています。

「実験①～③の結果は，仮説を支持するものであった」と書かれているので，仮説を支持できるような結果を考えましょう。

① 仮説にもとづいて考えると，異所的分布域の雄ではシロエリの雄と間違われることがないので茶型に進化せず，異所的分布の雌では茶型を選ぶような好みは進化しなかったと推測できます。よって，黒型雄を選んだ雌のほうが多かったと考えられます。

② 「同所的分布域のマダラの雌では茶型を選ぶような好みが進化した」という仮説が支持されたので，茶型雄を選んだ雌のほうが多かったと考えられます。

③ マダラの黒型雄とシロエリの雄のどちらを選んだ雌が多かったとしても，「同所的分布域のマダラの雌では茶型を選ぶような好みが進化した」という仮説は支持されません。しかし，どちらかを選ばせているので，どちらも選ばれなかったという結果も考えられません。よって，マダラの黒型雄とシロエリの雄を選んだ雌の数はほぼ同じだったと考えられます。

実験①：**マダラの黒型雄を選んだ雌のほうが多かった。**
実験②：**マダラの茶型雄を選んだ雌のほうが多かった。**　……答
実験③：**それぞれの雄を選んだ雌の数はほぼ同じだった。**

26 コムギ類の種分化

問題 思考探究

次の①～④の情報をもとに考えられる二粒系コムギとパンコムギの染色体数とゲノムの構成を答えよ。

① 二粒系コムギのゲノムを調べると，その半分はほぼ一粒系コムギ（染色体数：$2n=14$，ゲノムの構成：AA）のゲノムと同じであり，残りの半分は品種の確定していない野生型コムギ（染色体数：$2n=14$，ゲノムの構成：BB）とよく似ていた。

② パンコムギのゲノムを調べると，二粒系コムギのゲノムとタルホコムギ（染色体数：$2n=14$，ゲノムの構成：DD）という別のコムギのゲノムを合わせもっているということがわかった。

③ 二粒系コムギは，一粒系コムギと，野生型コムギが交雑してできた雑種が，さらに染色体の倍数化を起こしたものであると推定された。

④ パンコムギは，二粒系コムギとタルホコムギとの間で交雑が起き，さらに染色体の倍数化が起こって形成されたと考えられた。

（2016関西大）

解くための材料

染色体数が2倍になることを倍数化という。

①〜④から，二粒系コムギとパンコムギが形成された過程を推測しましょう。

まず，①と③の記述から，二粒系コムギは，一粒系コムギ（$2n=14$，AA）と野生型コムギ（$2n=14$，BB）が交雑してできた雑種（$n=14$，AB）が，さらに倍数化して形成されたことがわかります（右の図）。

すなわち，二粒系コムギの染色体数は$2n=28$，ゲノムの構成は$AABB$です。

一粒系コムギ $2n=14$，AA ／ 野生型コムギ $2n=14$，BB
↓
雑種のコムギ $n=14$，AB
↓ 倍数化
二粒系コムギ $2n=28$，$AABB$

次に，②と④の記述から，パンコムギは，二粒系コムギとタルホコムギ（$2n=14$，DD）が交雑してできた雑種（$n=21$，ABD）が，さらに倍数化して形成されたことがわかります（右の図）。

すなわち，パンコムギの染色体数は$2n=42$,ゲノムの構成は$AABBDD$です。

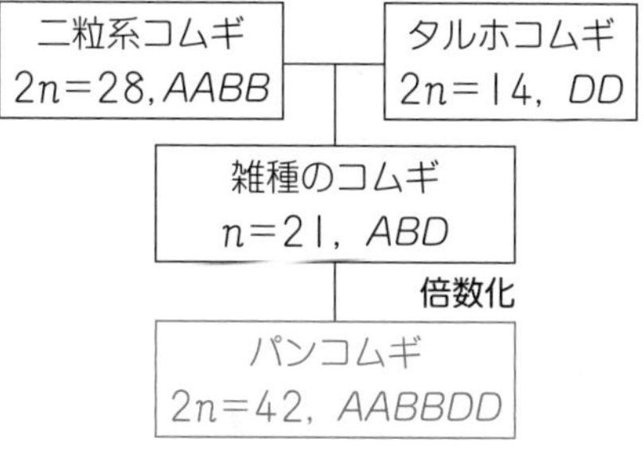

二粒系コムギ 染色体数：$\mathbf{2n=28}$，ゲノムの構成：***AABB***,
パンコムギ 染色体数：$\mathbf{2n=42}$，ゲノムの構成：***AABBDD*** ……

ABのように異なるゲノムをもつ雑種の場合，減数分裂時に相同染色体どうしが対合しないから，正常な配偶子をつくれず，有性生殖ができないよ。でも，倍数化すると有性生殖が可能になるんだ。

倍数体

体細胞の染色体数が，基本数の倍数になっている個体を**倍数体**といい，染色体数によって「〜倍体」というように表す。例えば，コムギの基本数は7であり，$2n=14$の一粒系コムギや野生型コムギ，タルホコムギは二倍体，$2n=28$の二粒系コムギは四倍体，$2n=42$のパンコムギは六倍体である。

27 分子進化の傾向

問題

問 題

分子進化について説明した文として最も適当なものを，次の**ア**～**ウ**から1つ選べ。

ア　酵素の活性部位をつくるアミノ酸配列は，比較的変化しにくい。

イ　エキソンの塩基配列はイントロンの塩基配列よりも変化速度が大きい。

ウ　mRNAのコドンにおける3番目の塩基は，1番目の塩基よりも変化速度が小さい。

解くための材料

重要な機能に関係するDNAの塩基配列やタンパク質のアミノ酸配列は，変化しにくい傾向がある。

解き方

ア　正しい記述です。酵素の活性部位は，基質と結合する重要な部分です。このため，ほかの部分と比較すると，変化が少ない傾向があります。

イ　誤った記述です。転写後，イントロンはスプライシングによって取り除かれ，エキソンだけがつながってmRNAがつくられます。このため，イントロンの塩基配列が変化しても，生物の形質にはほとんど影響がありません。よって，エキソンよりもイントロンのほうが，変化速度が大きい傾向があります。

ウ　誤った記述です。多くのコドンでは，3番目の塩基が変化しても，指定するアミノ酸は変化しません。このため，コドンの3番目の塩基の変化速度は大きい傾向があります。

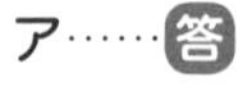

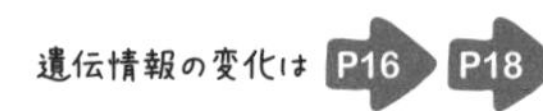

28 中立説

問題

問題

中立説について説明した文として適当なものを，次の**ア**～**ウ**からすべて選べ。

ア　生存に有利な突然変異は，生存に有利でも不利でもない突然変異よりも起こりやすい。

イ　生存に有利でも不利でもない突然変異が集団に広がるかどうかは，偶然によって決まる。

ウ　生存に有利でも不利でもない突然変異によって進化が起こることがある。

解くための材料

中立説によると，中立な突然変異は遺伝的浮動によって，集団に広がったり集団から消失したりする。

解き方

ア　誤った記述です。生存に有利な突然変異が起こることは非常にまれです。多くの突然変異は，生存に有利でも不利でもないもの（中立な突然変異），または生存に不利なものです。

イ　正しい記述です。中立な突然変異は，偶然に起こる遺伝子頻度の変化，すなわち遺伝的浮動によって集団に広がったり集団から消失したりします。一方，生存に不利な突然変異は，集団から排除されやすいです。

ウ　正しい記述です。中立説では，中立な突然変異が遺伝的浮動によって集団に広がることで進化が起こると考えられています。

まとめ

▶生物は共通性にしたがって，低位から順に，**種**，**属**，**科**，**目**，**綱**，**門**，**界**，**ドメイン**のように段階的に分類されている。各階級に属する生物群を**分類群**という。

▶生物の種の学名を，**属名**と**種小名**によって表現する方法を**二名法**という。

▶生物が進化してきた道すじは**系統**とよばれ，**系統樹**という図で表される。

▶進化の道すじにもとづいて生物を分類することを**系統分類**という。

▶DNAの塩基配列やタンパク質のアミノ酸配列の変化は，一定の速度で生じたと考えられることから**分子時計**とよばれる。分子時計は，2種が分岐した年代の推定に利用されている。

▶ウーズらは，生物を3つのドメインに分ける**3ドメイン説**を提唱した。

▶生物は，多くの原核生物を含む**細菌（バクテリア）**，極限環境に生息する原核生物が多い**アーキア（古細菌）**，それ以外の**真核生物（ユーカリア）**の3つのドメインに分けられる。

■3ドメイン説

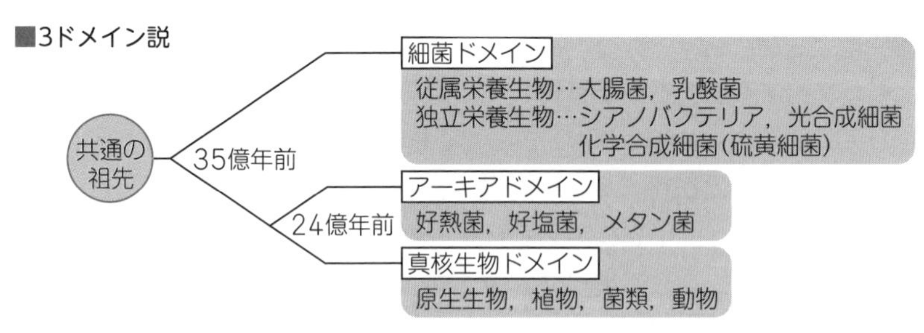

▶運動性が高い原生生物を**原生動物**という。ほかの生物や有機物を摂食するものが多い。

▶アメーバ状の単細胞の時期と,きのこ状の子実体の時期をくり返す原生生物を**粘菌類**という。粘菌類には，**変形菌**と**細胞性粘菌**がある。

▶葉緑体をもち光合成を行う原生生物を**藻類**という。

▶単細胞の藻類には，**ケイ藻類**や**渦鞭毛藻類**がある。

▶多細胞の藻類には，**褐藻類**，**紅藻類**，**緑藻類**，**シャジクモ類**がある。

- 維管束をもたず，胞子で繁殖する植物を**コケ植物**という。
- 維管束をもち，胞子で繁殖する植物を**シダ植物**という。
- 種子をつくる維管束植物を**種子植物**という。
- 胚珠がむき出しになっている種子植物を**裸子植物**という。
- 胚珠がめしべの子房内にある種子植物を**被子植物**という。

- 体外で有機物を分解して吸収する従属栄養の多細胞生物を**菌類**という。
- 菌類は，キチンからなる細胞壁をもち，からだが**菌糸**でできている。
- 菌類には，**ツボカビ類**，**接合菌類**，**子のう菌類**，**担子菌類**などがある。

- 三胚葉性の動物は，原口がそのまま口になる**旧口動物**と，原口またはその付近が肛門になる**新口動物**に分けられる。
- 旧口動物のうち，トロコフォア幼生の時期があるか，触手冠をもつものを**冠輪動物**，脱皮によって成長するものを**脱皮動物**という。

■動物の系統

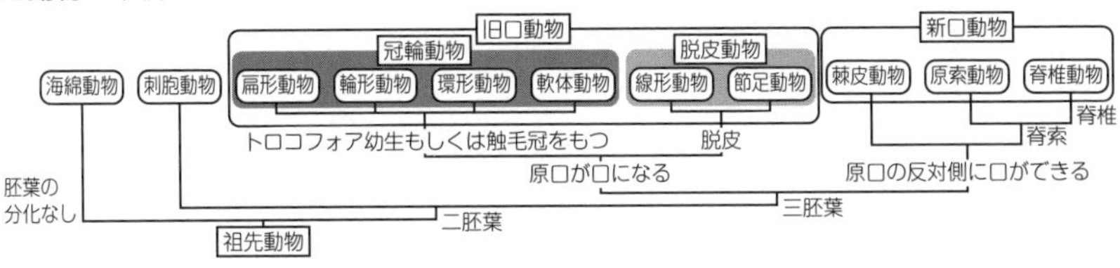

- 現在の人類は，ヒト属の**ヒト**（学名：**ホモ・サピエンス**）という種に分類される。
- ヒトは，手足に5本の指をもち，両眼が前方を向いていることで立体視できる動物群の**霊長類**（サルのなかま）に分類される。
- 霊長類のうち，直鼻猿類（ヒトや**類人猿**，ニホンザルなど）は親指（拇指）がほかの4本の指と向かい合うようになっている。これを**拇指対向性**という。
- ヒトは類人猿とは異なり**直立二足歩行**を行う。

29 学　名

問題

問　題

ヒマワリはキク科に属しており*Helianthus annuus*という学名がつけられている。

(1)　*Helianthus annuus*のように2語の組み合わせで種名を表現する方法を確立した人物名を答えよ。

(2)　下線部に関連して，*Erigeron annuus*という学名をもつ植物種や*Helianthus cucumerifolius*という学名をもつ植物種が存在する。これらの学名からわかることとして適当なものを，次の**ア**～**カ**からすべて選べ。

ア　*Erigeron annuus*の種小名はヒマワリと同じである。

イ　*Erigeron annuus*とヒマワリの学名の命名者は同じ人物である。

ウ　*Helianthus cucumerifolius*よりも*Erigeron annuus*のほうがヒマワリと近縁である。

エ　*Helianthus cucumerifolius*と*Erigeron annuus*は同じ属に分類されている。

オ　ヒマワリと*Helianthus cucumerifolius*は同じ科に分類されている。

カ　ヒマワリと*Erigeron annuus*は同じ目に分類されている。

解くための材料

学名は，属名と種小名からなる。このような命名法を二名法という。

(1) ヒマワリの学名は，「*Helianthus*」が属名，「*annuus*」が種小名を表しています。

このように，属名と種小名の2語の組み合わせで種名を表現する方法を二名法といいます。二名法は，スウェーデンの**リンネ**によって確立されました。学名には，多くの場合ラテン語が用いられます。

リンネ……答

(2)**ア** 正しい記述です。ヒマワリ*Helianthus annuus*と*Erigeron annuus*の種小名は，どちらも「*annuus*」です。このように，異なる種に同じ種小名がつけられることがありますが，種小名が同じであっても，系統的に関連があるわけではないことに注意しましょう。

イ 誤った記述です。属名と種小名からなる学名だけからは，命名者はわかりません。なお，*Helianthus annuus Linnaeus*のように，属名と種小名の後ろに命名者名をつけて表すこともあります。この場合の「*Linnaeus*」はリンネを表しています。

ウ 誤った記述です。ヒマワリと*Helianthus cucumeritolius*は，どちらも同じ*Helianthus*属に分類されているので，*Erigeron annuus*よりも*Helianthus cucumerifolius*のほうがヒマワリと近縁です。

エ 誤った記述です。*Helianthus cucumerifolius*は*Helianthus*属に，*Erigeron annuus*は*Erigeron*属に分類されています。

オ 正しい記述です。ヒマワリと*Helianthus cucumerifolius*は，同じ*Helianthus*属に分類されているので，属よりも上位である科も同じであることがわかります。

カ 誤った記述です。ヒマワリと*Erigeron annuus*は異なる属に分類されているので，属よりも上位である目が同じであるかどうかは，学名からはわかりません。

▼分類の階層

生物は，低位から順に，種，属，科，目，綱，門，界，ドメインに分類されている。

ア，オ……答

Helianthus cucumerifoliusはヒメヒマワリ，Erigeron annuusはヒメジョオンという植物だよ。じつは，みんな同じキク科に属しているんだけど，学名だけからはわからないね。

生物の進化と系統

30 分子系統樹の作成

問題

種a〜eの5種の系統関係を推定するために，ある特定のDNA領域の塩基配列を解析したところ，表1のような結果となった。
この結果をもとに5種間の系統関係を推定したところ図1のような分子系統樹が得られた。分子系統樹作成の際には，樹上で塩基配列の変異が生じた回数が最小となるように作成した。なお，種aはほかの4種と系統的に最も遠く離れていることがわかっているものとする。

表1　種a〜eの特定のDNA領域の塩基配列

種	塩基配列						
種a	C	A	G	C	T	A	C
種b	G	G	•	T	•	•	•
種c	G	•	•	•	•	•	T
種d	G	•	•	T	•	•	•
種e	G	G	•	T	•	•	T

種aと同じ塩基配列の場合は「•」で示している

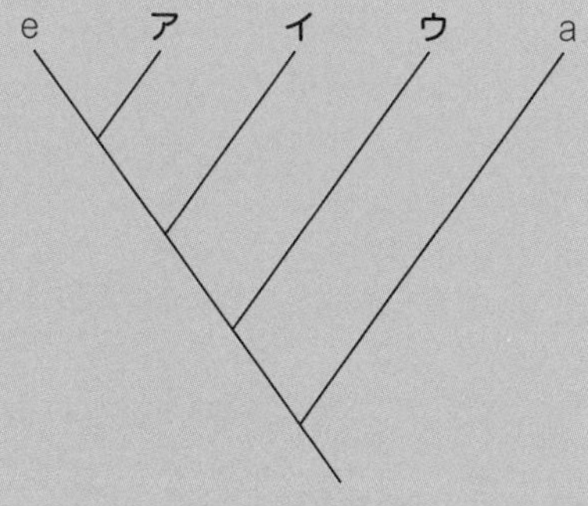

図1　種a〜eの5種の系統関係を表1の結果をもとに推定した分子系統樹

(1)　図1の**ア**〜**ウ**に入る最も適当な種をb〜dから選べ。
(2)　完成した分子系統樹上で想定される変異の回数を答えよ。

（2015横浜国立大）

解くための材料

DNAの塩基配列の違いの程度が小さいほど2種の生物は近縁と考えられる。

一般に，2種間のDNAの塩基配列の違いが小さいほど，2種の生物は近縁と考えられます。塩基配列の比較を多くの生物間で行うと，それぞれの生物が相対的にどれだけ近縁かがわかるので，進化の道すじを推定することができます。こうしてDNAの塩基配列にもとづいて作成した系統樹を**分子系統樹**といいます。

タンパク質のアミノ酸配列にもとづいてつくられることもある。

(1) 表1の情報をもとにして，系統樹を作成していきましょう。問題文で指示されているように，塩基配列の変異が生じた回数が最小となるように系統樹を作成します。この方法を**最節約法**といいます。

ここでは，表1の塩基配列の各塩基を左から①～⑦とします。

種aとの違いが最も多い種eから考えていきましょう。種eと種bは，塩基の相違数が1で，塩基⑦が違っているだけなので，種eに最も近縁なのは種bと考えられます。よって，**ア**は種bです。

次に，種e，bに共通している塩基①～⑥に着目します。この部分についていうと，種dは塩基②が違っているだけなので，種e，bに近縁なのは種dと考えられます。よって，**イ**は種dです。

そして，残った種cは，**ウ**に入ります。

ア：種b，イ：種d，ウ：種c……答

(2) 系統樹をかいて，進化の過程でどのように塩基が変異してきたかを考えてみましょう。塩基①がGに置換した場合を①Gと表記すると，系統樹は図2のようになります。

よって，分子系統樹上で想定される変異の回数は5回です。

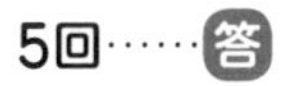

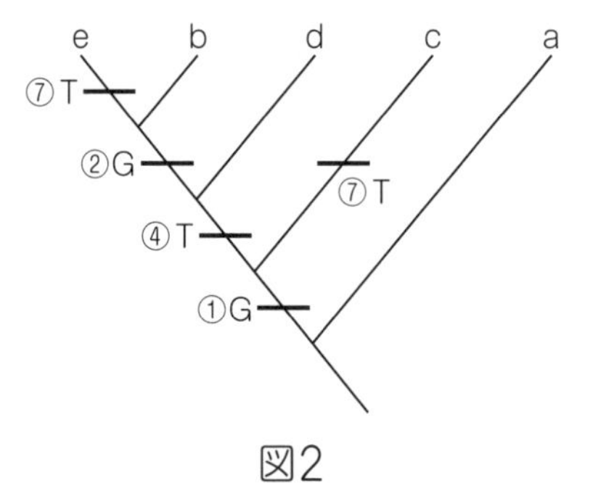

図2

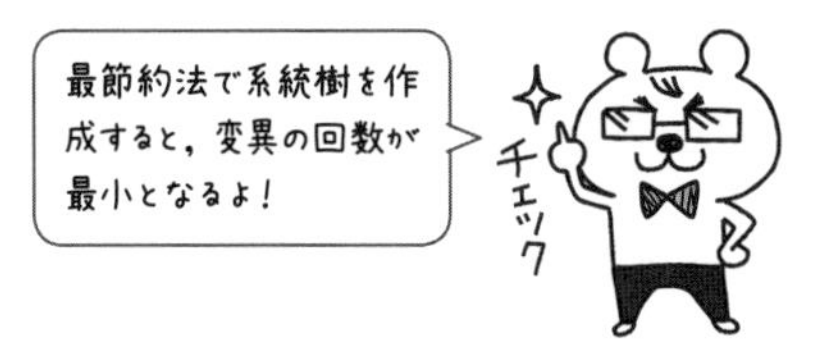

31 進化速度

問題

計算・思考探究

次の文の空欄**ア**〜**ウ**を埋めよ。

脊椎動物種A〜Fにおいて，タンパク質Zのアミノ酸配列を調べたところ，アミノ酸置換数が右の表のようになった。また，このアミノ酸配列をもとにして，分子系統樹を作成したところ，［ア］のようになった。種Aと最も近縁な種との分岐年代は1000万年前である。このことから，このタンパク質のアミノ酸が1個置換するのに要した時間は，平均すると［イ］年になる。また，種Aとその最も遠縁な種の共通祖先は，［ウ］年前に分岐したことが推定できる。なお，アミノ酸の置換速度は一定であり，同じ箇所でアミノ酸の置換は二度起こらなかったものとする。

(2017北里大)

タンパク質Zのアミノ酸置換数

	A	B	C	D	E	F
A	−	20	16	8	4	24
B	−	−	20	20	20	24
C	−	−	−	16	16	24
D	−	−	−	−	8	24
E	−	−	−	−	−	24
F	−	−	−	−	−	−

アの選択肢

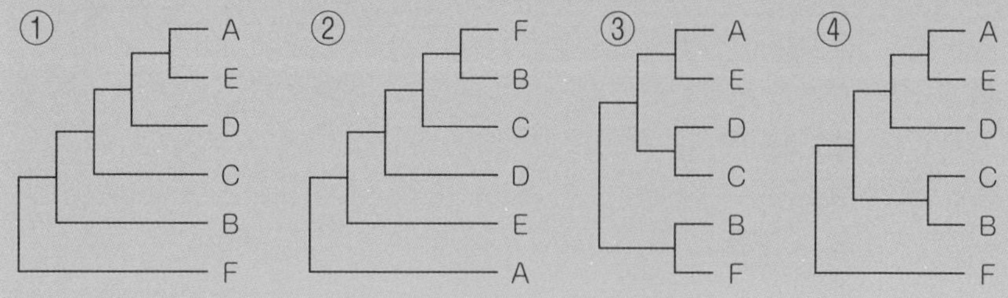

解くための材料

アミノ酸の置換速度は2種が分岐してからの時間に比例する。

ア　表より，アミノ酸置換数が最も少ないのは種A－E間なので，この2種が分岐したのがいちばん最近であることがわかります。

次にアミノ酸置換数が少ないのは，種A－D間および種E－D間です。よって，種A，Eが分岐する前に，これらの共通祖先と種Dが分岐していることがわかります。

同様に考えていくと，①が最も適当な系統樹であることがわかります。

イ　種Aと最も近縁な種は種Eで，この2種間のアミノ酸置換数は4個です。しかし，「1000万年前に分岐したあと，種Aでアミノ酸が4個置換した」と考えてはいけません。

アミノ酸の置換は，種Aでも種Eでも起こります。つまり，<u>1000万年前に種A，Eが分岐したあと，種Aでアミノ酸が2個，種Eでもアミノ酸が2個置換した</u>のです。この結果，2種間のアミノ酸置換数が合計4個となったのです。

1000万年の間に，それぞれの種でアミノ酸が2個置換したので，アミノ酸が1個置換するのに要した時間は，1000万年÷2＝500万年となります。

ウ　種Aと最も遠縁な種は種Fです。これらの種間のアミノ酸置換数は24個なので，種A，Fが分岐したあと，種Aでアミノ酸が12個，種Fでもアミノ酸が12個置換したと考えられます。

アミノ酸が1個置換するのに要する時間は500万年なので，アミノ酸が12個置換するのに要する時間は，500万年×12＝6000万年です。

よって，種A，Fが分岐したのは6000万年前とわかります。

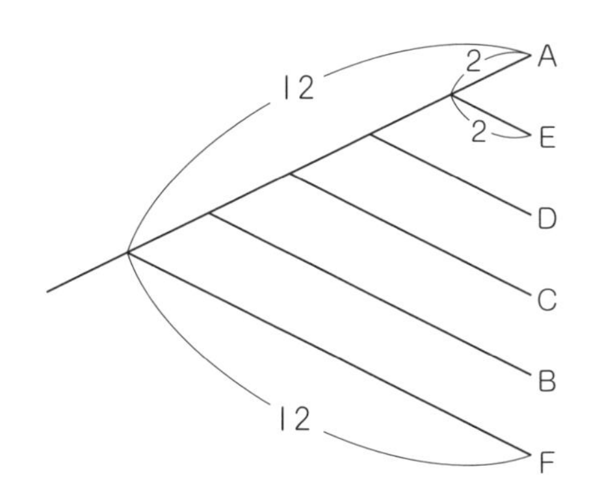

種A，Eが分岐したあと，それぞれの種でアミノ酸が2個ずつ置換したから，2種間のアミノ酸置換数は合わせて4個だよ。

ア：①，イ：500万（年），ウ：6000万（年前）……答

32 3ドメイン説

問題

問 題

3ドメイン説について説明した文として適当なものを，次の**ア**～**エ**からすべて選べ。

ア　3ドメイン説は，ウーズらによって提唱された。

イ　3ドメイン説は，tRNAの塩基配列を用いた解析にもとづいて提唱された。

ウ　アーキアは，真核生物よりも細菌と近縁である。

エ　アーキアには，極限環境に生息する原核生物が多く含まれている。

解くための材料

3ドメイン説により，生物は，細菌（バクテリア），アーキア（古細菌），真核生物（ユーカリア）の3つに分類された。

解き方

ア　正しい記述です。3ドメイン説は，アメリカのウーズらにより提唱されました。

イ　誤った記述です。3ドメイン説は，rRNA（リボソームRNA）の塩基配列を用いた解析にもとづいて提唱されました。

ウ　誤った記述です。3ドメイン説によると，アーキアは，細菌よりも真核生物と近縁です。

エ　正しい記述です。アーキアには，温泉や熱水噴出孔などに生息する超好熱菌，塩湖などに生息する高度好塩菌，嫌気的な環境である沼や湿地などに生息するメタン生成菌などが含まれています。

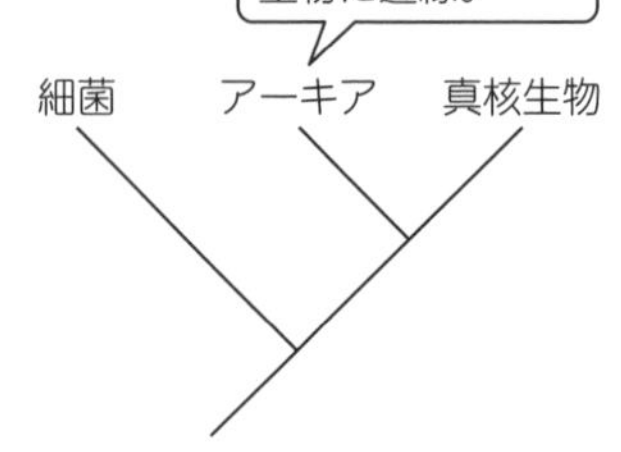

ア，エ……答

33 原生生物

問題

問題

原生生物について説明した文として最も適当なものを，次の**ア**～**エ**から1つ選べ。

ア　原生生物に分類される生物は，すべて単細胞生物である。

イ　原生生物に分類される生物には，独立栄養のものと従属栄養のものがある。

ウ　原生生物に分類される生物には，運動性をもっているものはない。

エ　原生生物に分類される生物のうち，えり鞭毛虫類のなかまから植物が進化したと考えられている。

解くための材料

原生生物には，原生動物，粘菌類，藻類などが分類されている。

解き方

ア　誤った記述です。藻類には，褐藻類，紅藻類，緑藻類，シャジクモ類のように多細胞生物も分類されています。

イ　正しい記述です。アメーバやゾウリムシなどの原生動物は，ほかの生物や有機物を摂食する従属栄養です。一方，ミドリムシ類や藻類は，光合成を行う独立栄養です。

ウ　誤った記述です。アメーバやゾウリムシなどの原生動物は，運動性をもちます。

エ　誤った記述です。植物は，原生生物のシャジクモ類のなかまから進化したと考えられています。一方，動物は，原生生物のえり鞭毛虫類のなかまから進化したと考えられています。

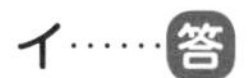

34 植物の系統

問題

植物の系統関係を示した下の図の①～④で，植物に起こった変化として最も適当なものを，それぞれ次の**ア**～**オ**から1つずつ選べ。

ア　気孔を獲得した。
イ　葉緑体を獲得した。
ウ　子房を獲得した。
エ　維管束を獲得した。
オ　花粉を獲得した。

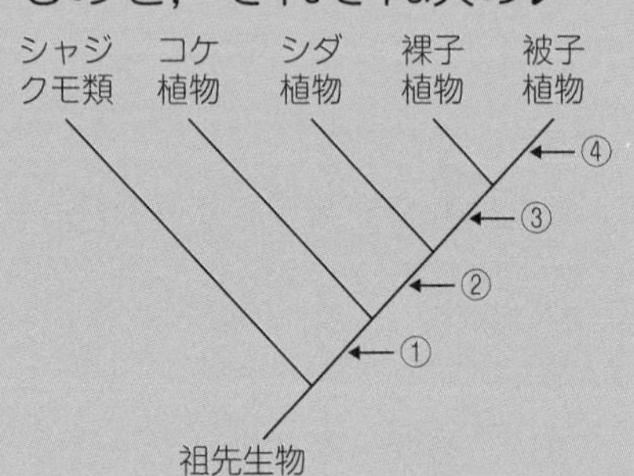

解くための材料

植物は，乾燥した陸上環境に適応したからだをもっている。

解き方

① 陸上生活をする植物は，気孔をもつことで葉の温度を調節できるつくりになっています。このため，植物の祖先は，水中生活をしていたシャジクモ類のなかまから分岐したあと，気孔を獲得して水中に比べ温度変化の大きい陸上生活に適応したと考えられます（**ア**）。

② コケ植物は**維管束**をもっていませんが，シダ植物・裸子植物・被子植物は維管束をもっています（**エ**）。

③ 裸子植物と被子植物は，どちらも種子をつくるので，これらをあわせて**種子植物**といいます。種子植物は，種子をつくるために，胚のうと花粉をつくります（**オ**）。

④ 被子植物の胚珠は**子房**で包まれていますが，裸子植物は子房をもたず，胚珠がむき出しになっています（**ウ**）。

なお，藻類も葉緑体をもつので，①～④に**イ**は当てはまりません。

①：**ア**，②：**エ**，③：**オ**，④：**ウ**……**答**

35 菌　類

問題

問題

菌類には，接合菌類として［①］が含まれ，子のう菌類には［②］が所属し，発酵食品の製造に利用される種も含まれている。一方，担子菌類には二次菌糸による子実体を形成する［③］が所属する。①～③に入る最も適当なものを，それぞれ次の**ア**～**キ**から1つずつ選べ。

ア　大腸菌，ブドウ球菌　**イ**　クモノスカビ，ケカビ
ウ　マツタケ，シイタケ　**エ**　酵母，粘菌
オ　アメーバ，ネンジュモ　**カ**　根粒菌，アゾトバクター
キ　コウジカビ，アカパンカビ

（2017東京農業大）

解くための材料

接合菌類は，通常は無性生殖を行うが，環境が悪化すると菌糸の一部どうしが接合して胞子を形成する。**子のう菌類**は，子実体に袋状の子のうをつくり，その中に胞子ができる。**担子菌類**は，大形の子実体（キノコ）をつくり，担子器という器官の上に胞子をつくる。

解き方

各菌類の代表的な種を覚えておきましょう。接合菌類には，クモノスカビやケカビ（**イ**）などがあります。子のう菌類には，コウジカビやアカパンカビ（**キ**）などがあります。コウジカビは，麹（こうじ）として味噌や醤油をつくるときに利用されます。担子菌類は，いわゆるキノコをつくる菌類で，マツタケやシイタケ（**ウ**）などがあります。なお，大腸菌，ブドウ球菌，ネンジュモ，根粒菌，アゾトバクターは細菌粘菌，アメーバは原生生物です。また，子のう菌類と担子菌類には，一生を単細胞で過ごすものがあり，これらはまとめて**酵母**とよばれます。

①：**イ**，②：**キ**，③：**ウ**……**答**

36 動物の系統

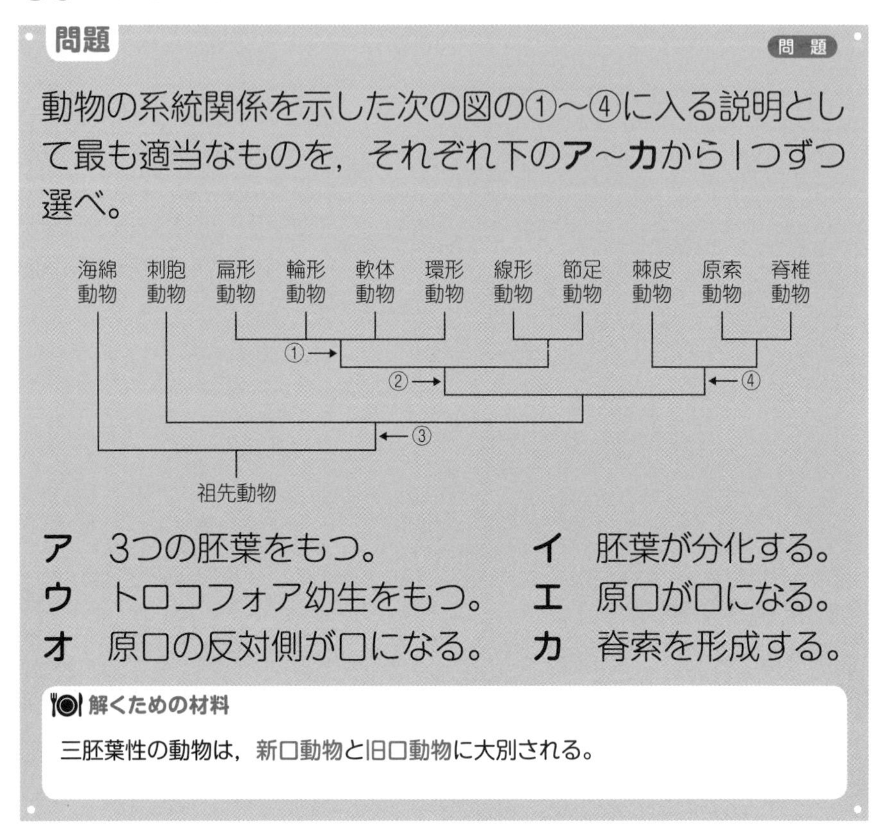

動物の系統関係を示した次の図の①～④に入る説明として最も適当なものを，それぞれ下の**ア**～**カ**から1つずつ選べ。

ア　3つの胚葉をもつ。　　**イ**　胚葉が分化する。
ウ　トロコフォア幼生をもつ。　　**エ**　原口が口になる。
オ　原口の反対側が口になる。　　**カ**　脊索を形成する。

解くための材料

三胚葉性の動物は，新口動物と旧口動物に大別される。

解き方

① 扁形動物，輪形動物，軟体動物，環形動物は，トロコフォア幼生の時期があるか，触毛冠をもつ動物で，まとめて**冠輪動物**とよばれます（**ウ**）。

② 冠輪動物と**脱皮動物**（線形動物，節足動物）は，旧口動物に分類されます。旧口動物は，原口がそのまま口になる動物です（**エ**）。

③ 海綿動物は，胚葉の区別がありませんが，そこから分岐した刺胞動物は，外胚葉と内胚葉の分化がみられる二胚葉性の動物です（**イ**）。

④ 棘皮動物，原索動物，脊椎動物は，原口の反対側が口になる新口動物です（**オ**）。

①：**ウ**，②：**エ**，③：**イ**，④：**オ**……**答**

37 無脊椎動物

問題

問題

次の①～④の説明に当てはまる動物として最も適当なものを，それぞれ下の**ア**～**エ**から1つずつ選べ。

① 細長いからだをもち，脱皮によって成長する。体節はもたない。

② へん平なからだをもち，からだ全体に排出器官である原腎管をもつ。

③ 脊索をもち，背側に管状の神経系が通る。

④ 細長いからだと多数の体節をもつ。脱皮は行わない。

ア ミミズ，ゴカイ　**イ** プラナリア，サナダムシ

ウ ナメクジウオ，ホヤ　**エ** センチュウ，カイチュウ

解くための材料

旧口動物は，冠輪動物と脱皮動物に大別される。

解き方

① センチュウやカイチュウ（**エ**）などの**線形動物**は，細長いからだをもちますが，体節はもちません。脱皮によって成長する脱皮動物に分類されています。

② プラナリアやサナダムシ（**イ**）などの**扁形動物**は，へん平なからだをもち，からだ全体に排出器官である原腎管をもちます。

③ ナメクジウオやホヤ（**ウ**）などの**原索動物**は，脊索をもち，背側に管状の神経系が通ります。

④ ミミズやゴカイ（**ア**）などの**環形動物**は，細長いからだと多数の体節をもちます。冠輪動物に分類され，脱皮は行いません。

①：**エ**，②：**イ**，③：**ウ**，④：**ア**……答

38 人類の変遷

問題

問題

人類に関する記述として適当なものを，次の**ア〜ク**から2つ選べ。

ア　アウストラロピテクスは，直立二足歩行を行わなかった。

イ　アウストラロピテクスでは，脳容積が類人猿の3倍近くまで増大した。

ウ　アウストラロピテクスの前肢の親指は，ほかの4本の指と向かい合うようになっていなかった。

エ　アウストラロピテクスは，約700万年前のアフリカに生息した。

オ　ヒト（ホモ・サピエンス）の顎(あご)は，類人猿の顎に比べて大きく発達する。

カ　ヒト（ホモ・サピエンス）の大後頭孔(だいこうとうこう)は，頭骨の真下にある。

キ　ヒト（ホモ・サピエンス）は，著しく発達した眼窩(がんか)上の隆起をもつ。

ク　ヒト（ホモ・サピエンス）は，約20万年前にアフリカで出現した。

（2016センター試験）

解くための材料

類人猿→アウストラロピテクス→ホモ・サピエンスの順に現れた。

人類の変遷の大まかな流れを押さえておきましょう。

- 1000万～600万年前：最初の人類がアフリカ大陸で出現
- 約400万年前：ラミダス猿人やアウストラロピテクスなどの**猿人**が出現
- 約200万年前：ホモ・エレクトスなどの**原人**が出現
- 40万～20万年前：**旧人**であるネアンデルタール人が出現
- 35万～25万年前：現生人類であるホモ・サピエンスが出現

ア　誤った記述です。ゴリラなどの類人猿は，**直立二足歩行**を行いませんが，アウストラロピテクスは，直立二足歩行を行っていたと考えられています。

イ　誤った記述です。アウストラロピテクスの脳容積は約500mLで，ゴリラとほぼ同じでした。なお，ホモ・エレクトスでは，脳容積が約1000mLに増大し，さらにネアンデルタール人では，脳容積が約1500mLで現生人類とほぼ同じでした。

ウ　誤った記述です。前肢の親指がほかの4本の指と向かい合うようになっていることを**拇指対向性**（ぼしたいこうせい）といいます。拇指対向性は，真猿類（ニホンザルなど）がすでに獲得しており，その後現れた類人猿やアウストラロピテクスもその特徴を受け継いでいます。

エ　誤った記述です。アウストラロピテクスは，約400万年前のアフリカに現れたと考えられています。

オ　誤った記述です。ホモ・サピエンスの顎や犬歯は，類人猿に比べて小さくなっています。

カ　正しい記述です。**大後頭孔**とは，頭骨にある脊髄の通り道のことです。ホモ・サピエンスでは，大後頭孔が真下に向いて開いています。このため，脊柱の真上に頭部が位置し，重い脳を支えられるようになっています。

キ　誤った記述です。類人猿では，眼の上の骨が隆起しており，これを**眼窩上隆起**といいます。ホモ・サピエンスには，眼窩上隆起はありません。

ク　正しい記述です。ホモ・サピエンスは，約20万年前にアフリカで出現し，その後約10万年前にアフリカを出て世界中に展開していったと考えられています。

カ，ク……答

> **！人類の進化**
>
> 人類は，直立二足歩行を行うようになったために，前肢を自由に使えるようになり，大後頭孔が真下を向くことで，重い脳を支えられるようになった。そして，道具や言語の使用により，大脳をさらに発達させていったと考えられている。

39 霊長類の特徴

問題

問 題

次の①〜③の説明に当てはまる生物として適当なものを，それぞれ下の**ア**〜**オ**からすべて選べ。

① 両眼が顔の前面に並び，平爪をもつ。

② 拇指対向性（ぼしたいこうせい）がある。

③ 直立二足歩行を行う。

ア ゴリラ　**イ** ニホンザル　**ウ** キツネザル
エ ツパイ　**オ** ヒト

解くための材料

人類は，600〜700年前にサルのなかまに分類される霊長類のなかから進化してきたと考えられている。

解き方

霊長類の系統樹は次のようになります。

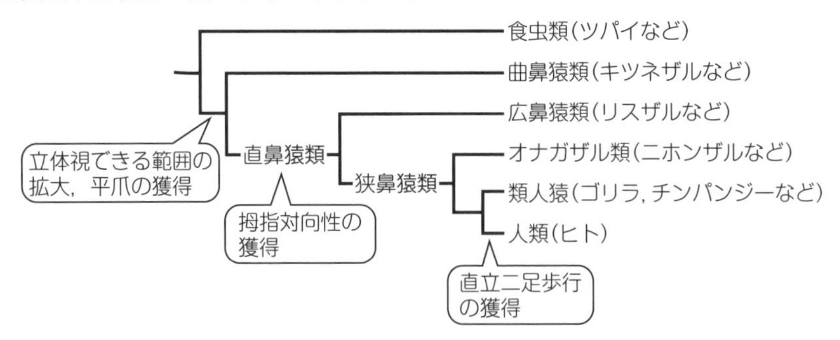

① 両眼が顔の前面に並ぶことで立体視できる範囲が広く，さらに平爪をもっているのは，**類人類**のゴリラ（**ア**），オナガザル類のニホンザル（**イ**），曲鼻猿類のキツネザル（**ウ**），人類のヒト（**オ**）です。

② **拇指対向性**があるのは，類人類のゴリラ（**ア**），オナガザル類のニホンザル（**イ**），人類のヒト（**オ**）です。

③ **直立二足歩行**を行うのは，人類のヒト（**オ**）のみです。

①：**ア・イ・ウ・オ**，②：**ア・イ・オ**，③：**オ**……答

生命現象と物質

まとめ

- 多細胞生物は，多数の**細胞**が集まって**組織**を形成している。
- いくつかの組織が集まって**器官**を形成し，それらが集まって1つの**個体**を形成している。
- 細胞を構成している物質のうち，最も多く含まれているのは**水**である。
- 細胞を構成するおもな有機物は，**タンパク質**，**脂質**（ししつ），**炭水化物**，**核酸**である。

■細胞を構成する物質の割合

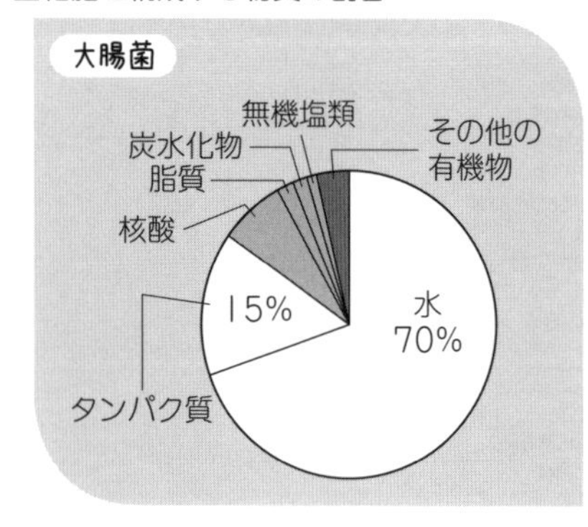

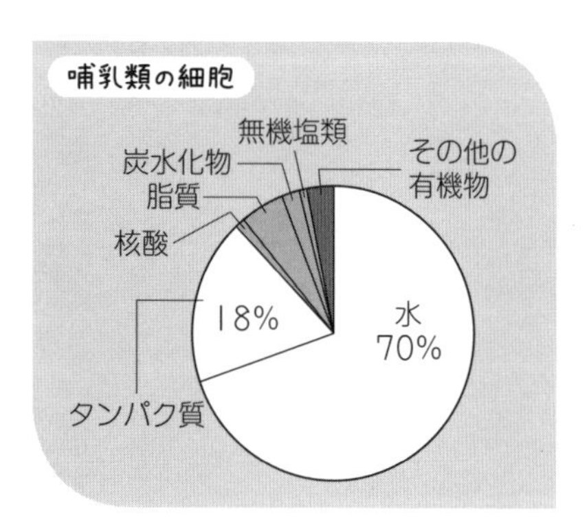

■有機物を構成する元素

有機物	構成元素	特　徴
タンパク質	C,H,O,N,S	酵素（こうそ）・抗体（こうたい）・ホルモンなどの成分であり，生体の構造や機能にかかわっている。
脂　質	C,H,O,P	生体膜の成分である**リン脂質**や，エネルギー源である**脂肪**などがある。
炭水化物	C,H,O	生体内のおもなエネルギー源である。単糖（たんとう）・二糖（にとう）・多糖（たとう）がある。
核　酸	C,H,O,N,P	遺伝情報を担う**DNA**や，タンパク質合成にはたらく**RNA**などがある。

- 核をもたない細胞を**原核細胞**といい，原核細胞からなる生物を**原核生物**という。
- 核をもつ細胞を**真核細胞**といい，真核細胞からなる生物を**真核生物**という。
- 真核細胞の内部にみられるさまざまな構造体を**細胞小器官**という。
- 細胞小器官の間は**細胞質基質（サイトゾル）**で満たされている。
- **核**は二重膜の核膜で包まれており，内部にはクロマチン（染色体）と1～数個の**核小体**が存在する。核膜には，多数の**核膜孔**がある。
- **ミトコンドリア**は，ほとんどの真核細胞に存在する細胞小器官で，**呼吸**の場としてはたらく。
- **葉緑体**は，植物細胞に存在する細胞小器官で，**光合成**の場としてはたらく。

■真核細胞の構造

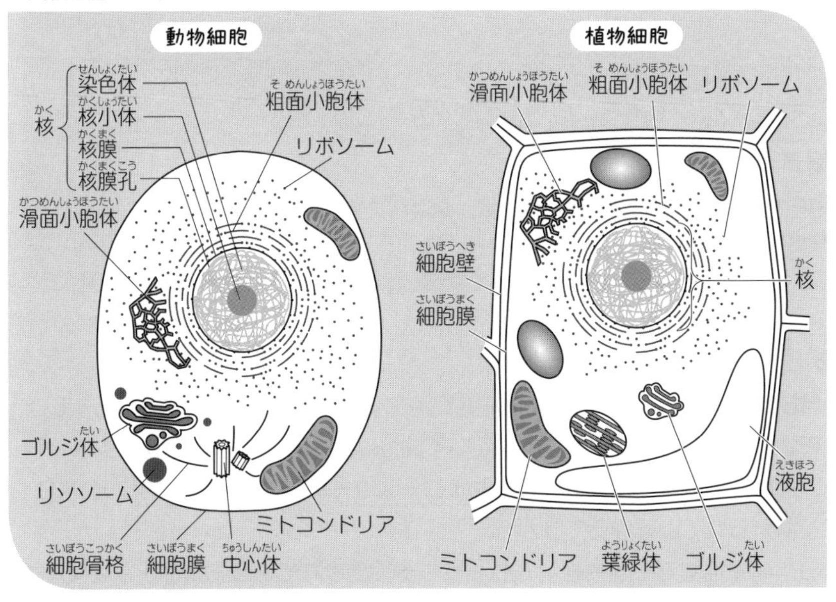

- 細胞の形や細胞内の構造を支えている繊維状のタンパク質を**細胞骨格**という。
- 細胞骨格は，太いものから順に，**微小管**，**中間径フィラメント**，**アクチンフィラメント**の3つがある。

40 生体を構成する物質

問題　グラフ

植物細胞と動物細胞を構成する物質の割合を図に示した。図で，物質Bは何を表しているか。

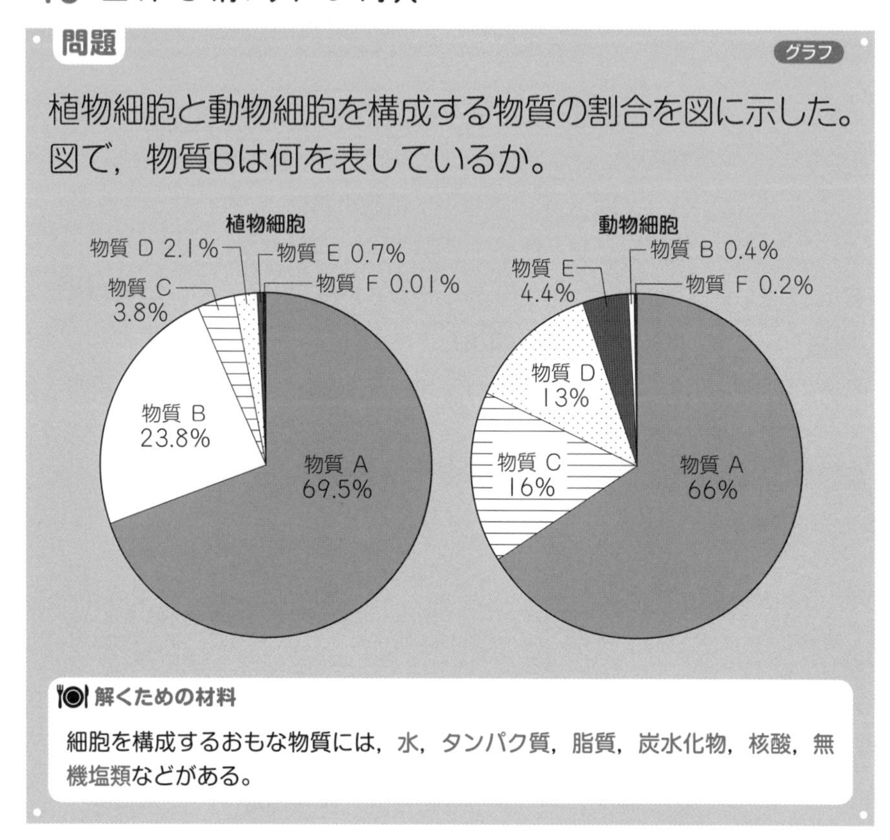

解くための材料

細胞を構成するおもな物質には，水，タンパク質，脂質，炭水化物，核酸，無機塩類などがある。

解き方

物質Bの割合が，植物細胞と動物細胞で大きく異なっていることに注目しましょう。植物細胞で2番目に多く含まれている成分は炭水化物です。植物に炭水化物が多いのは，細胞壁の主成分としてセルロースをもち，さらに細胞内にデンプンなどが蓄えられているからです。

なお，植物細胞でも動物細胞でも，最も多く含まれている物質は水（物質Aは水），動物細胞で2番目に多く含まれている物質はタンパク質（物質Cはタンパク質）です。物質Dは脂質，物質Eは無機塩類，物質Fは核酸を示しています。

炭水化物……答

41 細胞の構造

問題

問題

真核細胞の構造について説明した文として適当なものを，次の**ア**～**エ**からすべて選べ。

ア　ゴルジ体は，核膜の外側の膜と直接つながっている。

イ　小胞体には，リボソームが付着しているものと付着していないものがある。

ウ　ミトコンドリアは二重膜をもっている。

エ　リソソームは合成されたタンパク質を細胞外へ分泌する。

解くための材料

真核細胞は，核をはじめとするさまざまな細胞小器官をもっている。

解き方

ア　誤った記述です。核膜の外側の膜と直接つながっているのは**小胞体**です。**ゴルジ体**は袋状の構造が層状に重なった形をした細胞小器官です。

イ　正しい記述です。小胞体には，リボソームが付着している**粗面小胞体**と，付着していない**滑面小胞体**があります。

ウ　正しい記述です。二重膜をもつ細胞小器官は，**ミトコンドリア**のほかに，**葉緑体**，核があります。

エ　誤った記述です。**リソソーム**は分解酵素をもち，**オートファジー**という反応系によって不要物を分解するはたらきをもっています。合成されたタンパク質を細胞外へ分泌するのはゴルジ体です。

イ，ウ……答

42 細胞の比較

問題

問題

4種類の細胞a～dについて，各構造の有無を調べたところ，下の表のようになった。ただし，表中の＋は構造があることを，－はないことを表している。

	a	b	c	d
核膜	＋	－	＋	**ア**
ミトコンドリア	＋	－	＋	＋
葉緑体	＋	**イ**	－	－
細胞壁	＋	＋	－	＋
リボソーム	＋	**ウ**	＋	＋

(1) 次の①～④の細胞がもつ構造体の組み合わせは，それぞれ表のa～dのどれか。

① 酵母(こうぼ)　② オオカナダモの葉

③ ネンジュモ　④ ヒトの口腔上皮細胞(こうこうじょうひさいぼう)

(2) 表中の空欄**ア**～**ウ**には＋，－のどちらが入るか。それぞれ答えよ。

解くための材料

酵母は真核生物の菌類，オオカナダモは真核生物の植物，ネンジュモは原核生物，ヒトは真核生物の動物である。

解き方

(1) 各構造や物質の有無から，真核細胞と原核細胞を見分け，さらに真核細胞について，動物細胞，植物細胞，菌類の細胞を見分けます。

真核細胞と原核細胞を見分ける

真核細胞と原核細胞を見分けるときに着目するのは，核膜やミトコンドリアです。これらの構造は，ほとんどの真核細胞にみられますが，原核細胞にはありません。表より，核膜とミトコンドリアの有無は，

a→核膜あり，ミトコンドリアあり
b→核膜なし，ミトコンドリアなし
c→核膜あり，ミトコンドリアあり
d→核膜不明，ミトコンドリアあり

なので，a，c，dは真核細胞，bは原核細胞であることがわかります。

手順2

動物細胞と植物細胞と菌類の細胞を見分ける

動物細胞，植物細胞，菌類の細胞を見分けるときに着目するのは，葉緑体と細胞壁です。動物細胞ではどちらもみられませんが，植物細胞では葉緑体も細胞壁もみられます。菌類の細胞では，葉緑体はみられませんが，細胞壁はみられます。表より，葉緑体と細胞壁の有無は，

a→葉緑体あり，細胞壁あり
c→葉緑体なし，細胞壁なし
d→葉緑体なし，細胞壁あり

なので，aは植物細胞，cは動物細胞，dは菌類の細胞であることがわかります。

よって，真核細胞で植物細胞のaはオオカナダモの葉，原核細胞のbはネンジュモ，真核細胞で動物細胞のcはヒトの口腔上皮細胞，真核細胞で菌類のdは酵母です。

①：**d**，②：**a**，③：**b**，④：**c**……答

(2) (1)の答えから，各細胞が問われている構造や物質をもっているかどうかを考えます。

ア 菌類である酵母は，核膜をもっています。

イ 原核細胞であるネンジュモは，葉緑体をもっていません。

ウ リボソームは，原核細胞にも真核細胞にもみられます。

ア：＋，**イ**：－，**ウ**：＋……答

43 細胞骨格

問題

観察＆実験・思考探究

右の図のヒト由来の培養細胞X（染色体数は$2n$）の細胞周期は24時間である。チューブリンやアクチンの重合を阻害すると，正常な細胞分裂が起こらない。これについて調べるため，以下のような培養液の入った3つの培養皿A～Cの中で細胞Xを48時間培養した。

ヒト由来の培養細胞X

培養皿A　チューブリンの重合を阻害する薬剤を入れた培養液
培養皿B　アクチンの重合を阻害する薬剤を入れた培養液
培養皿C　培養液のみ

この実験の結果について，培養皿Cと比較して，培養皿AおよびBの中に正常でない細胞が観察された。それぞれどのような細胞か述べよ。また，そのような細胞ができた理由について説明せよ。

（2016滋賀医科大）

解くための材料

細胞分裂時に形成される紡錘糸（ぼうすいし）は微小管でできている。また，細胞分裂終期のくびれはアクチンフィラメントによって形成される。

生物学では，ある物質のはたらきを調べる場合，その物質の合成を阻害してみるという手法がよく用いられます。本問も，そうした手法を用いた実験が題材となっています。

微小管は，αチューブリンとβチューブリンという球状のタンパク質が重合してできたものです。すなわち，培養皿Aは微小管のはたらきを調べた実験です。
細胞分裂に形成される紡錘糸は微小管でできています。紡錘糸は，染色体を細胞の両端に分離する役割をもっています。
もし，紡錘糸の形成を阻害すると，細胞分裂時に染色体が分離しないので核分裂が起こらず，染色体数が倍加した細胞がつくられます。

アクチンフィラメントは，アクチンという球状のタンパク質が重合してできたものです。すなわち，培養皿Bはアクチンフィラメントのはたらきを調べた実験です。
動物細胞の細胞分裂終期に形成されるくびれは，アクチンフィラメントによるものです。
もし，アクチンフィラメントの合成を阻害すると，このくびれが形成されないので細胞質分裂が起こらず，核を2個もつ細胞がつくられます。

培養皿A：**紡錘糸が形成されないので核分裂が起こらず，染色体が倍加した細胞になる。**
培養皿B：**くびれが形成されないので細胞質分裂が起こらず，核を2個もつ細胞になる。**
……答

細胞周期が24時間の正常な細胞を48時間培養すると，細胞分裂が2回起きて，4個の娘細胞ができるよ！

細胞骨格のはたらき

アクチンフィラメント：筋収縮，アメーバ運動，細胞分裂時のくびれの形成
微小管：細胞小器官の移動，鞭毛運動，繊毛運動，細胞分裂時の紡錘糸の構成要素
中間径フィラメント：細胞や核などの形を保つ

まとめ

▶タンパク質は，多数の**アミノ酸**が**ペプチド結合**によって鎖状につながった，**ポリペプチド**とよばれる複雑な立体構造をしている。

▶アミノ酸は，1つの炭素原子に**アミノ基**（$-NH_2$），**カルボキシ基**（−COOH），水素原子（−H），**側鎖**が結合した構造をしている。

▶タンパク質を構成するアミノ酸は**20種類**あり，それぞれ側鎖の構造が異なる。

■おもなアミノ酸

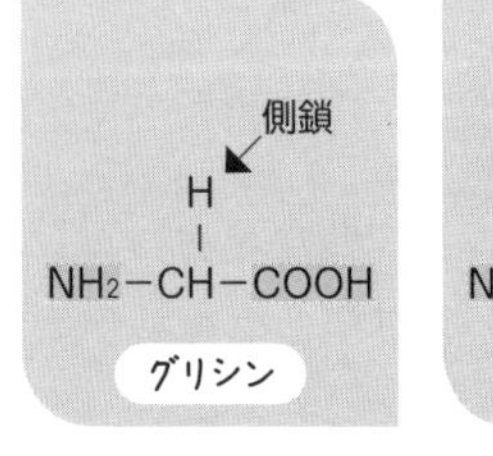

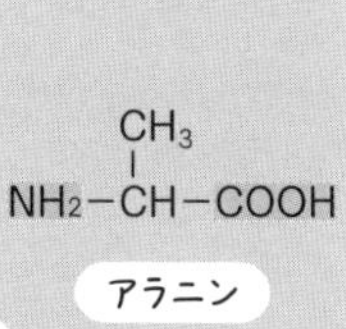

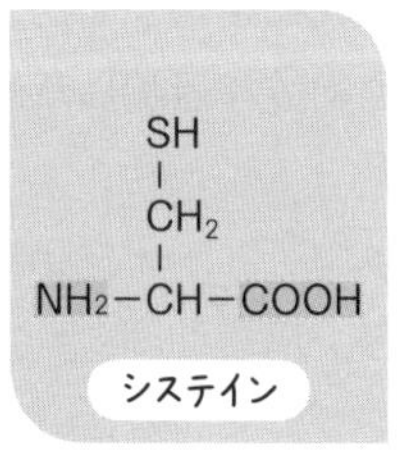

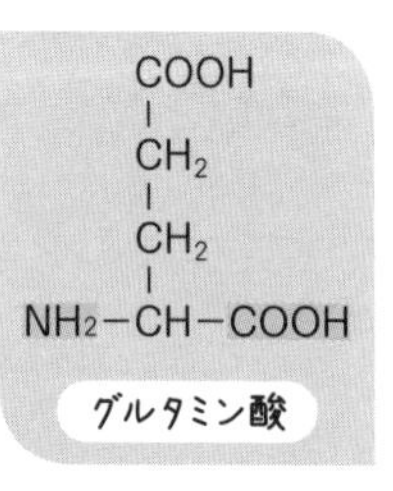

▶ポリペプチドのアミノ酸の並び順を**一次構造**という。

▶ポリペプチドは，水素結合によって，らせん状の**αヘリックス構造**や，ジグザグに折れ曲がった**βシート構造**をとる。αヘリックス構造やβシート構造のような，タンパク質の部分的な立体構造を**二次構造**という。

▶ポリペプチドは分子全体で複雑な立体構造をとる。これを**三次構造**という。

▶タンパク質によっては，複数のポリペプチドが組み合わさることがある。この立体構造を**四次構造**という。

▶酵素は**触媒**として**活性化エネルギー**を下げることで化学反応の進行を促進する。

▶酵素が作用する物質を**基質**という。酵素の**活性部位**に基質が結合すると，**酵素－基質複合体**が形成され，基質は酵素の作用を受けて**生成物**になる。

▶生成物がその生成にかかわる酵素の活性を調節することがある。これを**フィードバック調節**という。

▶酵素は，特定の基質だけに作用する。これを**基質特異性**という。

▶酵素が最もよくはたらく温度を**最適温度**，最もよくはたらくpHを**最適pH**という。

44 タンパク質の構造

問題

問題

タンパク質の構造について説明した文として適当なものを，次の**ア**〜**エ**からすべて選べ。

ア　タンパク質の立体構造は，熱によって変化する。

イ　二次構造は，水素結合によって形成される。

ウ　複数のポリペプチドが組み合わさって形成される立体構造を三次構造という。

エ　タンパク質は，合成後シャペロンの作用を受けて折りたたまれ，立体構造を形成する。

解くための材料

タンパク質の構造には，一次構造，二次構造，三次構造，四次構造がある。

解き方

ア　正しい記述です。タンパク質は，熱や酸・塩基，ある種の重金属の存在などによって立体構造が変化することがあります。これをタンパク質の**変性**といい，変性によってタンパク質がそのはたらきを失うことを**失活**といいます。

イ　正しい記述です。**αヘリックス構造**や**βシート構造**などの二次構造は，水素結合によって形成されます。

ウ　誤った記述です。複数のポリペプチドが組み合わさって形成される立体構造は四次構造です。三次構造は，1つのポリペプチド全体が形成する立体構造のことです。

エ　正しい記述です。タンパク質は，合成後**シャペロン**というタンパク質の作用を受けて折りたたまれ，立体構造を形成します。この作用を**フォールディング**といいます。

ア，イ，エ……答

45 カタラーゼのはたらき

問題 観察＆実験

酵素の性質について調べるため，次の実験を行った。

① ニワトリの肝臓片5gをすりつぶし，5mLの水を加えて酵素液とした。

② 過酸化水素水2mLを入れた9本の試験管A～Iを準備し，下の表のように水または塩酸，水酸化ナトリウム水溶液2mLを加え，少量の酵素液または酸化マンガン(Ⅳ)(MnO_2)を加えた。

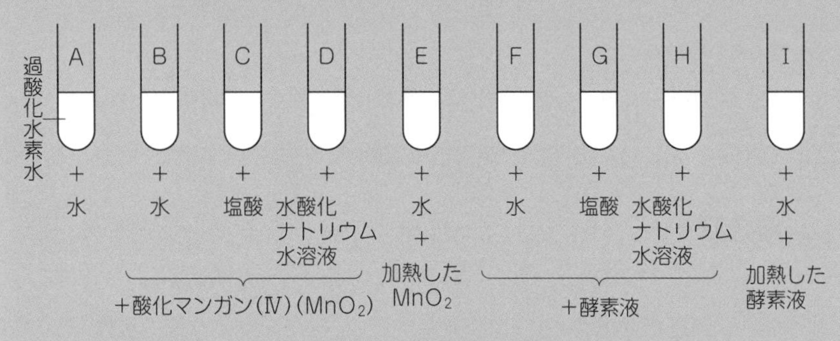

(1) 気体が発生しなかった試験管をすべて選べ。

(2) 気体が発生した試験管では，数分後，気体の発生が止まった。この試験管に何を加えると再び気体が発生するか。適当なものを次の**ア～オ**からすべて選べ。

ア 酵素液　**イ** 酸化マンガン(Ⅳ)
ウ 加熱した酵素液　**エ** 加熱した酸化マンガン(Ⅳ)
オ 過酸化水素水

解くための材料

酵素は，熱や酸・アルカリなどにより失活(しっかつ)する。

解き方

肝臓片にはカタラーゼという酵素が多く含まれています。カタラーゼは，過酸化水素の分解反応を促進するはたらきをもっています。

過酸化水素 ⟶ 水 ＋ 酸素

酸化マンガン(Ⅳ)は無機触媒であり，カタラーゼと同様に，過酸化水素の分解反応を促進するはたらきをもっています。

本問の実験は，カタラーゼと酸化マンガン(Ⅳ)を比較することで，酵素の性質を調べたものです。

(1) 各試験管について見ていくことにしましょう。

試験管A：過酸化水素水に水を加えただけでは気体は発生しません。

試験管B～E：無機触媒である酸化マンガン(Ⅳ)は，熱や酸・アルカリにさらされてもはたらきを失うことはありません。よって，試験管B～Eでは気体が発生します。

試験管F：カタラーゼのはたらきにより気体が発生します。

試験管G～Ⅰ：カタラーゼはタンパク質でできているため，熱や酸・アルカリなどによって立体構造が変化し，はたらきを失います（失活）。よって，試験管G～Ⅰでは気体は発生しません。

試験管A，G，H，Ⅰ……答

(2) 過酸化水素は水と酸素に分解されるので，反応が進むにつれてその量は少なくなっていきます。数分後に気体の発生が止まったのは，過酸化水素がすべて分解されたからです。よって，試験管に過酸化水素水を加えれば，再び気体が発生します。

一方，酵素や無機触媒は，反応の前後で変化しないので，気体の発生が止まった試験管の中にも酵素や無機触媒は存在しています。よって，試験管に酵素液や酸化マンガン(Ⅳ)を加えても気体は発生しません。

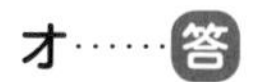
オ……答

46 酵素と反応速度

問題

グラフ・思考探究

下の図の実線は，酵素濃度を一定にした酵素反応液における基質濃度と反応速度の関係を示したものである。同じ酵素反応液に，基質と似た立体構造をもつ阻害物質を加えると，基質濃度と反応速度の関係はどうなるか。次の①，②の場合について，それぞれ図中の**ア**～**オ**から1つずつ選べ。

① 阻害物質が酵素と可逆的(かぎゃくてき)に結合する場合

② 阻害物質が酵素と不可逆的(ふかぎゃくてき)に結合する場合

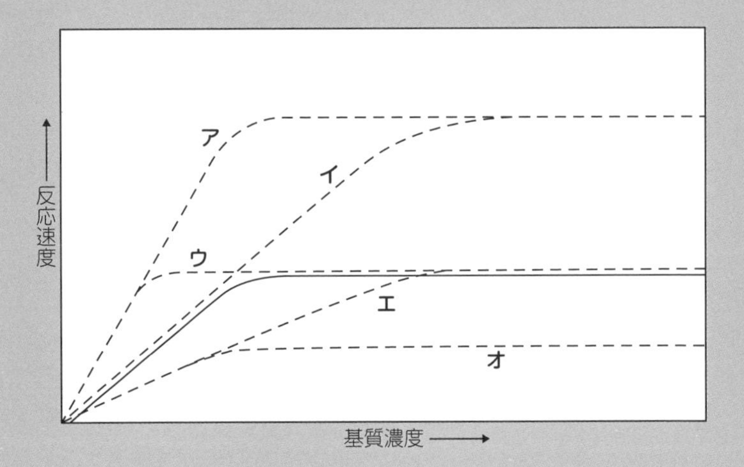

解くための材料

立体構造が基質とよく似た物質が存在する場合，その物質が酵素の活性部位に結合すると，基質が活性部位に結合できなくなり，酵素反応が阻害される。このような阻害を競争的阻害という。

まず，基質濃度と反応速度の関係について確認しておきましょう。

酵素濃度が一定の場合，基質濃度を高くするほど，反応速度が上昇します（右図(a)，(b)）。

しかし，基質濃度がある程度以上になると，すべての酵素が基質と結合した状態になるため，反応速度は一定になります（右図(c)）。

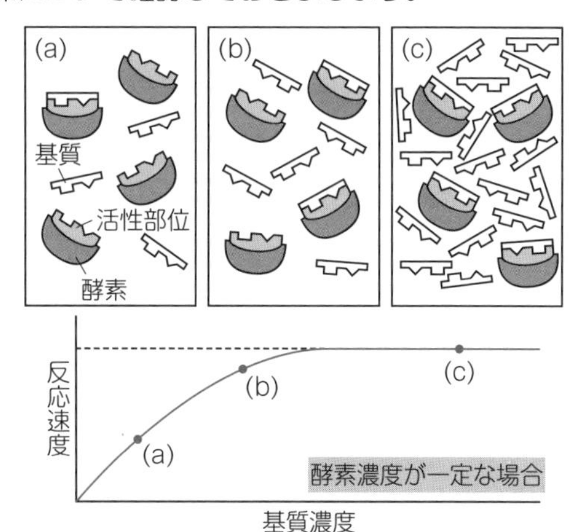

それでは，酵素反応液中に阻害物質が存在する場合は，酵素の反応速度はどうなるでしょうか。

まず，①の場合について考えてみましょう。「可逆的に結合する」とは，阻害物質が酵素の活性部位に結合したり離れたりするという意味です。

この場合，基質濃度が低いときは，酵素の活性部位を基質と阻害物質が奪い合うことになるので，阻害物質がないときと比べて反応速度は遅くなります。一方，基質濃度を高くしていくと，阻害物質に対する基質の量がしだいに多くなるため，やがて阻害物質がほとんど邪魔にならなくなり，反応速度は阻害物質がないときと同じになります。

反応速度がこのようになっているグラフは**エ**です。

次に，②の場合について考えます。「不可逆的に結合する」とは，阻害物質が酵素に一度結合すると離れないという意味です。

基質濃度が低いときは，①の場合と同様に反応速度は遅くなります。そして，基質濃度を高くしても，阻害物質が結合した酵素ははたらかないので，反応速度はそこまで速くなりません。

反応速度がこのようになっているグラフは**オ**です。

①：**エ**，②：**オ**……**答**

! 非競合的阻害

酵素が活性部位と違う部位で基質以外の物質と結合することで，酵素のはたらきが低下することもある。このような酵素を**アロステリック酵素**という。

まとめ

▶細胞膜や細胞小器官の膜（**生体膜**）は，**リン脂質**の二重層からできている。

▶**膜タンパク質**は，細胞膜内を自由に移動できる（**流動モザイクモデル**）。

▶細胞膜が特定の物質を透過させる性質を**選択的透過性**という。

▶酸素などの小さい分子や疎水性の分子は生体膜を通過するので，**濃度勾配**にしたがって**拡散**する。一方で，極性のある分子やイオンなどは生体膜を通過しにくいので，**輸送タンパク質**を通って生体膜を通過する。

▶輸送タンパク質による物質輸送のうち，濃度勾配にしたがって物質が輸送されるものを**受動輸送**，濃度勾配に逆らって物質を輸送するものを**能動輸送**という。

▶輸送タンパク質には，イオンなどを受動輸送する**チャネル**や，物質を能動輸送する**ポンプ**などがある。

▶**ナトリウムポンプ**は，ATPのエネルギーを使って，Na^+を細胞内から細胞外へ排出し，K^+を細胞外から細胞内へ取りこんでいる。

■ナトリウムポンプのはたらき

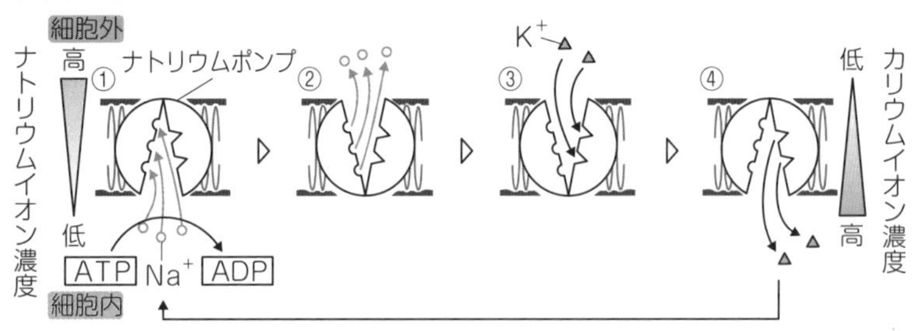

▶小胞と細胞膜の融合によって物質を細胞外へ分泌することを**エキソサイトーシス**といい，物質を細胞内へ取りこむことを**エンドサイトーシス**という。

▶抗体は，**免疫グロブリン**というタンパク質からできている。

▶抗体は，種類によってアミノ酸配列の異なる部分（**可変部**）をもち，この部分で抗原と特異的に結合する。可変部以外の部分は**定常部**という。

■抗体の構造

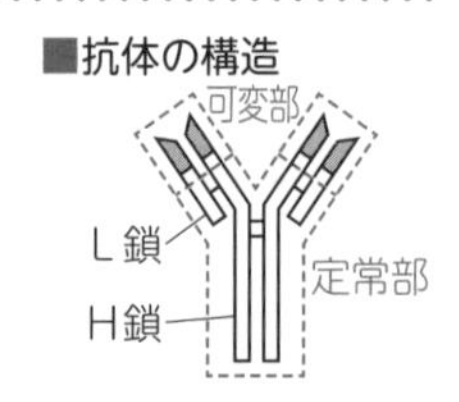

47 輸送にかかわるタンパク質

問題

問題

輸送タンパク質について説明した文として適当なものを，次の**ア**～**エ**からすべて選べ。

ア　アクアポリンは，水分子を受動輸送する。

イ　グルコース輸送体は，グルコースを能動輸送する。

ウ　動物の細胞内は，ナトリウムポンプのはたらきにより，Na^+濃度が高く，K^+濃度が低く維持されている。

エ　ナトリウムポンプは，ATPのエネルギーを利用して物質を輸送する。

解くための材料

濃度勾配にしたがって物質を輸送することを**受動輸送**，濃度勾配に逆らって物質を輸送することを**能動輸送**という。

解き方

ア　正しい記述です。**アクアポリン**は，濃度勾配にしたがって水分子を受動輸送する輸送タンパク質です。

イ　誤った記述です。**グルコース輸送体**は，濃度勾配にしたがってグルコースを細胞内に受動輸送する輸送タンパク質です。

ウ　誤った記述です。**ナトリウムポンプ**は，細胞外へNa^+を排出し，細胞内へK^+を取りこんでいます。このはたらきにより，動物の細胞内は，Na^+濃度が低く，K^+濃度が高く維持されています。

エ　正しい記述です。ナトリウムポンプのはたらきは，**ナトリウム－カリウムATPアーゼ**という酵素によって行われています。この酵素は，ATPのエネルギーを利用して，濃度勾配に逆らってNa^+を排出し，K^+を取りこんでいます。

ア，エ……**答**

48 生体膜の性質

問題

問題

生体膜は半透膜（はんとうまく）に近い性質をもつ。半透膜では，膜を隔てて食塩水と蒸留水がある場合，食塩水側に水が移動する。ヒトの血液から取り出した赤血球を，濃度の異なる食塩水a～dに浸し，一定時間後に観察したところ，赤血球は次のような状態を示した。食塩水a～dの食塩濃度の値の大小関係を正しく表しているものを，下の**ア**～**ク**から1つ選べ。

食塩水a　破裂していた。
食塩水b　変化していなかった。
食塩水c　収縮していた。
食塩水d　膨張していた。

ア　a>b>c>d　　**イ**　a>d>b>c
ウ　b>a>d>c　　**エ**　b>c>d>a
オ　c>b>d>a　　**カ**　c>b>a>d
キ　d>b>a>c　　**ク**　d>c>b>a

（2019センター試験）

解くための材料

溶媒と一部の溶質は通すが，ほかの溶質は通さないような性質をもつ膜を半透膜という。

膜を隔てて水溶液と蒸留水がある場合，濃度が均一になるよう水が水溶液側に移動します。この現象を**浸透**といい，このとき膜にかかる圧力を**浸透圧**といいます。水溶液の濃度が高いほど，浸透圧は大きくなります。

そして，細胞内液よりも浸透圧が大きい水溶液を**高張液**，浸透圧が等しい水溶液を**等張液**，浸透圧が小さい水溶液を**低張液**といいます。

以上の知識をふまえ，いろいろな濃度の食塩水に赤血球を浸したとき，どのような現象が起きるかを考えてみましょう。

① 食塩濃度が細胞内液よりも高い食塩水（高張液）に赤血球を浸す。
→細胞内から細胞外へ水が移動するので，赤血球は収縮します。
→食塩水c

② 食塩濃度が細胞内液と同じ食塩水（等張液）に赤血球を浸す。
→細胞内から細胞外への水の移動量と，細胞外から細胞内への水の移動量が等しいので，赤血球の形は変化しません。
→食塩水b

③ 食塩濃度が細胞内液よりも低い食塩水（低張液）に赤血球を浸す。
→細胞外から細胞内へ水が移動するので，赤血球は膨張します。
→食塩水d

④ 蒸留水などの極端な低張液に赤血球を浸す。
→細胞内へ多量の水が移動するので，赤血球は破裂します。
→食塩水a

よって，食塩水の濃度は，高いものから順にc>b>d>aであることがわかります。

オ……答

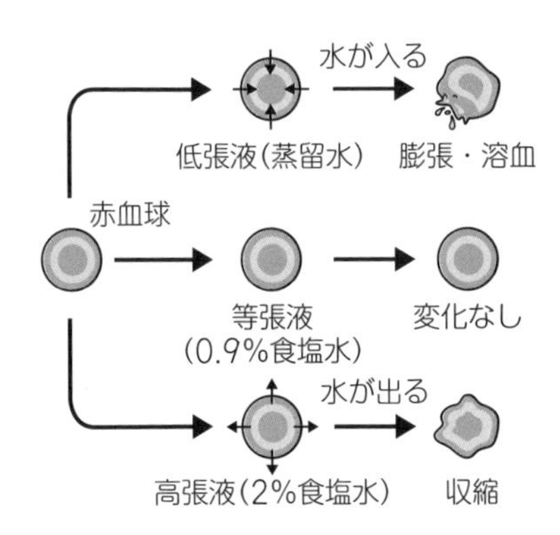

49 情報伝達にかかわるタンパク質

問題

問 題

細胞内への情報伝達について説明した文として適当なものを，次の**ア**～**オ**からすべて選べ。

ア　疎水性のホルモンは，細胞膜に存在する受容体タンパク質と結合する。

イ　情報伝達物質が細胞膜の受容体タンパク質に結合すると，その情報はcAMPなどによって細胞内へ伝達される。

ウ　ステロイドホルモンは，細胞膜を通過して，細胞質基質や核内の受容体タンパク質と結合する。

エ　インスリンは，細胞膜を通過できる。

オ　糖質コルチコイドは，細胞膜を通過できる。

解くための材料

疎水性で比較的小さい分子は細胞膜の脂質二重層（ししつにじゅうそう）を通過できる。一方，親水性の分子は細胞膜の脂質二重層を通過しにくい。

解き方

内分泌腺から分泌されるホルモンには，細胞膜を通過できない**ペプチドホルモン**と，通過できる**ステロイドホルモン**の2種類があります。

ペプチドホルモンは，親水性で細胞膜を通過できないので，細胞膜に存在する受容体タンパク質と結合します（**ア**は誤り）。すると，その情報は**cAMP**（サイクリックアデノシン一リン酸，環状AMP）などの**セカンドメッセンジャー**によって細胞内へ伝達されます（**イ**は正しい）。この結果，細胞内の生命活動が変化します。

ペプチドホルモンには，すい臓のランゲルハンス島のB細胞から分泌される**インスリン**や，脳下垂体後葉（のうかすいたいこうよう）から分泌される**バソプレシン**などがあります（**エ**は誤り）。

一方，ステロイドホルモンは，疎水性で細胞膜を通過できるので，細胞質基質や核内の受容体タンパク質と結合します（**ウ**は正しい）。ホルモンと受容体タンパク質の複合体は，DNAの特定の部位に結合して遺伝子発現を調節します。

ステロイドホルモンには，副腎皮質（ふくじんひしつ）から分泌される**糖質コルチコイド**や**鉱質コルチコイド**などがあります（**オ**は正しい）。

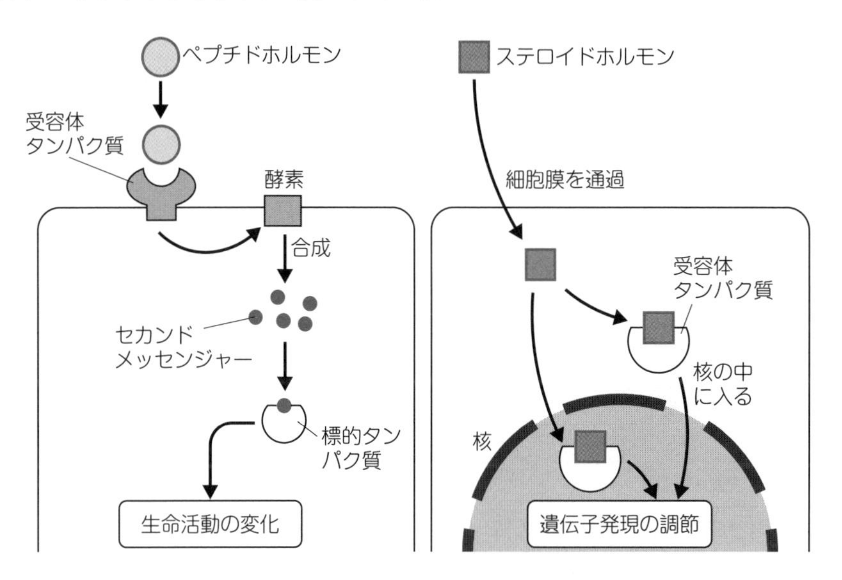

イ，ウ，オ……答

さまざまな情報伝達

- 内分泌型：内分泌腺が血液中にホルモンを分泌し，離れた場所にある標的細胞がそれを受容する。
- 神経型：神経細胞の軸索（じくさく）の末端から神経伝達物質が分泌され，次の細胞（シナプス後細胞（こうさいぼう））がそれを受容する。
- 傍分泌型（ぼうぶんぴがた）：T細胞などがサイトカインを分泌して，近くの免疫細胞がそれを受容する。
- 接触型：樹状細胞（じゅじょうさいぼう）などが細胞表面に抗原を提示し，T細胞などがその抗原に直接接触して受容する。

50 抗体の多様性

問題

問題・計算

下の表は，未成熟なB細胞における抗体の可変部をコードする遺伝子の断片数を示している。B細胞が成熟したとき，遺伝子の再編成によって何通りの抗体が産生されうるか。

遺伝子の領域	遺伝子の断片数	
	H鎖	L鎖
V	51	40
D	27	0
J	6	5

（2017自治医科大）

解くための材料

B細胞が成熟するとき，H鎖の*V*，*D*，*J* 遺伝子，およびL鎖の*V*，*J* 遺伝子からそれぞれ1つずつ選ばれて連結され，再編成される。

解き方

H鎖の可変部をコードする*V*遺伝子は51種類，*D*遺伝子は27種類，*J* 遺伝子は6種類あるので，このH鎖の可変部の遺伝子の組み合わせは，

51×27×6＝8262通り

一方，L鎖の可変部をコードする*V* 遺伝子は40種類，*D* 遺伝子は0種類，*J* 遺伝子は5種類あるので，このL鎖の可変部の遺伝子の組み合わせは，

40×5＝200通り　　L鎖には*D*遺伝子がない

よって，H鎖とL鎖からなる抗体の可変部の遺伝子の組み合わせは，

8262×200＝1652400通り

1652400通り……答

51 MHC抗原の一致率

問題

問題・計算

ヒトのMHC抗原はHLAとよばれ，6種類の遺伝子によって決まる。このHLAが同じ両親から生まれた兄弟姉妹間で一致する確率は何%か。

解くための材料

HLAの6種類の遺伝子は，互いに距離が近く，組換えがほとんど起こらない。

解き方

ヒトの**MHC抗原（主要組織適合抗原）**は，特に**HLA（ヒト白血球型抗原）**とよばれ，第6染色体上にある6対の遺伝子によって決まります。

HLAの遺伝子は，対立遺伝子の数が非常に多いため，遺伝子の組み合わせの数が膨大で，HLAが他人と一致することはほとんどありません。

一方，HLAの6種類の遺伝子間は，距離が近く，組換えがほとんど起こらないので，同じ両親から生まれる子のHLAは最大で4通りしかありません。そのため，同じ両親から生まれた兄弟姉妹間では，HLAは25%の確率で一致します。

25%……答

組換え価と染色体地図は

自己・非自己の識別

MHC抗原は細胞表面に存在しており，T細胞が自己・非自己を識別するときの目印になっている。皮膚や臓器を移植したとき，その移植片のMHC抗原が自身のものと一致していないと，**拒絶反応**が起きて移植片が排除される。

まとめ

▶生体内で物質が合成されたり分解されたりすることを**代謝**という。

▶**呼吸**は，酸素を利用して，グルコースなどの有機物を二酸化炭素と水に分解し，放出されるエネルギーを利用してATPを合成する一連の反応である。

▶呼吸の全体の反応：

$C_6H_{12}O_6 + 6H_2O + 6O_2 \longrightarrow 6CO_2 + 12H_2O +$ エネルギー（最大38ATP）

▶呼吸の過程のうち，**細胞質基質（サイトゾル）**で行われ，グルコースが**ピルビン酸**に分解される一連の反応を**解糖系**(かいとうけい)という。

▶呼吸の過程のうち，ミトコンドリアの**マトリックス**で行われ，ピルビン酸が二酸化炭素まで分解される一連の反応を**クエン酸回路**という。

▶呼吸の過程のうち，ミトコンドリアの**内膜**(ないまく)で行われ，水素イオンの濃度勾配を利用してATPが合成される一連の反応を**電子伝達系**という。

▶電子伝達系において，**NADH**などの酸化にともなってATPが合成される反応を**酸化的リン酸化**という。

■呼吸の過程

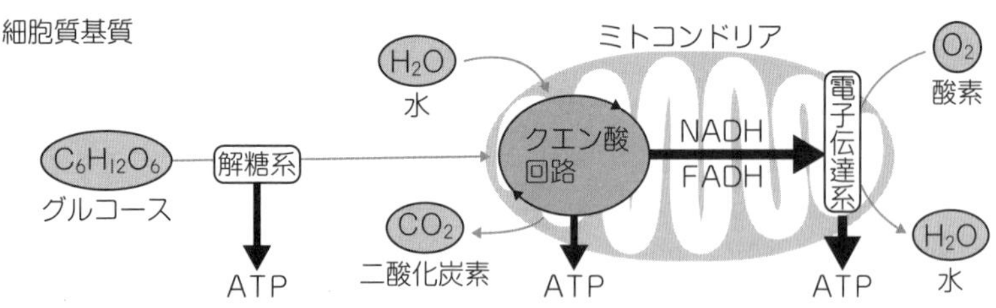

▶呼吸によって分解されるグルコースなどの物質を**呼吸基質**という。

▶呼吸で発生した二酸化炭素と消費した酸素の体積比$\left(\frac{CO_2}{O_2}\right)$を**呼吸商**(こきゅうしょう)という。

▶酸素を用いずに有機物を分解し，ATPを合成するはたらきを**発酵**(はっこう)という。

▶**乳酸発酵**の反応：$C_6H_{12}O_6 \longrightarrow 2C_3H_6O_3 +$ エネルギー（2ATP）

▶**アルコール発酵**の反応：$C_6H_{12}O_6 \longrightarrow 2C_2H_6O + 2CO_2 +$ エネルギー（2ATP）

▶筋肉などの動物の組織内でみられる，グリコーゲンやグルコースが分解されて乳酸が生じる反応を**解糖**という。これは乳酸発酵と同じ反応過程である。

▶**光合成**は，光エネルギーを利用してATPを合成し，そのATPを利用して二酸化炭素から有機物を合成する一連の反応である。

▶光合成の全体の反応：

$$6CO_2+12H_2O+\text{光エネルギー}\longrightarrow C_6H_{12}O_6+6H_2O+6O_2$$

▶光合成では，葉緑体の**チラコイド膜**上にある**光化学系Ⅰ**，**光化学系Ⅱ**とよばれる反応系で光エネルギーが吸収される。光によって直接引き起こされるこの反応を**光化学反応**という。

▶光化学系ⅠとⅡには**クロロフィル**（クロロフィルa，クロロフィルb）や**カロテノイド**（カロテン，キサントフィル）などの**光合成色素**が存在する。

▶光の波長と吸収の関係を示したグラフを**吸収スペクトル**といい，光の波長と光合成の効率の関係を示したグラフを**作用スペクトル**という。

▶光合成の過程のうち，水が分解されて生じた電子が，光化学系Ⅱ，光化学系Ⅰを通って**NADPH**まで伝達される反応系を**電子伝達系**という。

▶電子伝達系では，光エネルギーに依存して水素イオンの濃度勾配が形成される。この濃度勾配によってATPが合成される反応を**光リン酸化**という。

▶葉緑体の**ストロマ**では，チラコイド膜でつくられたATPとNADPHを用いて二酸化炭素から有機物をつくる**炭酸同化**（**炭素同化**）を行う。この反応系を**カルビン回路**という。

▶**化学合成**は，無機物の酸化反応で放出されたエネルギーを利用してATPを合成し，そのATPを利用して二酸化炭素から有機物を合成する一連の反応である。

▶**硝化菌**（亜硝酸菌，硝酸菌）や硫黄細菌，鉄細菌などの細菌を**化学合成細菌**という。

52 呼 吸

問題

問題

呼吸について説明した文として最も適当なものを，次のア～ウから1つ選べ。

ア　解糖系では，グルコース1分子当たり1分子のピルビン酸が生じる。

イ　クエン酸回路では，NADPHが生じる。

ウ　電子伝達系では，グルコース1分子当たり最大で34分子のATPが生じる。

解くための材料

呼吸の過程は，解糖系，クエン酸回路，電子伝達系に分けられる。

解き方

ア　誤った記述です。解糖系では，グルコース（$C_6H_{12}O_6$）1分子当たり2分子のピルビン酸（$C_3H_4O_3$）が生じます。解糖系の反応は次の通りです。

$C_6H_{12}O_6 + 2NAD^+ \longrightarrow 2C_3H_4O_3 + 2NADH + 2H^+ +$ エネルギー（2ATP）

イ　誤った記述です。クエン酸回路では$NADH$と$FADH_2$が生じます。クエン酸回路の反応は次の通りです。

$2C_3H_4O_3 + 6H_2O + 8NAD^+ + 2FAD$
$\longrightarrow 6CO_2 + 8NADH + 8H^+ + 2FADH_2 +$ エネルギー（2ATP）

ウ　正しい記述です。電子伝達系の反応は次の通りです。

$10NADH + 10H^+ + 2FADH_2 + 6O_2$
$\longrightarrow 10NAD^+ + 2FAD + 12H_2O +$ エネルギー（最大34ATP）

ウ……答

NADHと$FADH_2$

$NADH$と$FADH_2$は電子を運搬する役割を担っている。

53 呼吸の計算

問題 計算

呼吸によってグルコース720mgが完全に分解されたとき，最大で何molのATPが生じるか。ただし，原子量はH＝1，C＝12，O＝16とする。

解くための材料

呼吸の全体の反応

$C_6H_{12}O_6+6H_2O+6O_2 \longrightarrow 6CO_2+12H_2O+$エネルギー（最大38ATP）

呼吸では，グルコース1mol当たり最大38molのATPが生じることを覚えておきましょう。

グルコースの分子量を求める

グルコースの化学式は$C_6H_{12}O_6$なので，グルコースの分子量は，

$12\times6+1\times12+16\times6=180$

（12×6：炭素，1×12：水素，16×6：酸素）

▼分子量の求め方

分子式に含まれる元素の原子量をすべてたし合わせる。

手順2 グルコースの物質量を求める

グルコースの質量が720mg＝0.72gなので，グルコースの物質量は，

$$\frac{0.72\text{g}}{180\text{g/mol}}=0.004\text{mol}$$

▼物質量の求め方

$$\text{物質量〔mol〕}=\frac{\text{質量〔g〕}}{\text{モル質量〔g/mol〕}}$$

※モル質量とは原子量や分子量に単位g/molをつけたもの。

手順3 生成されるATPの物質量を求める

グルコース1mol当たり最大38molのATPが生じるので，生成されるATPの物質量は，

$0.004\times38=0.152$mol

0.152mol……答

54 酵素による酸化還元反応

問題 観察&実験

もやしをすりつぶし，ガーゼでろ過した液を，下の表の組み合わせでツンベルク管に入れ，内部の空気を排気した。
次に，副室の液と主室の液を混合し，35～40℃に保って液の色の変化を観察した。

ツンベルク管		A	B	C
主室	①ろ液	2mL	2mL	−
	②煮沸したろ液	−	−	2mL
副室	③8%コハク酸ナトリウム水溶液	1mL	−	1mL
	④0.1%メチレンブルー水溶液	1～2滴	1～2滴	1～2滴
実験結果		無色	うすい青色	青色

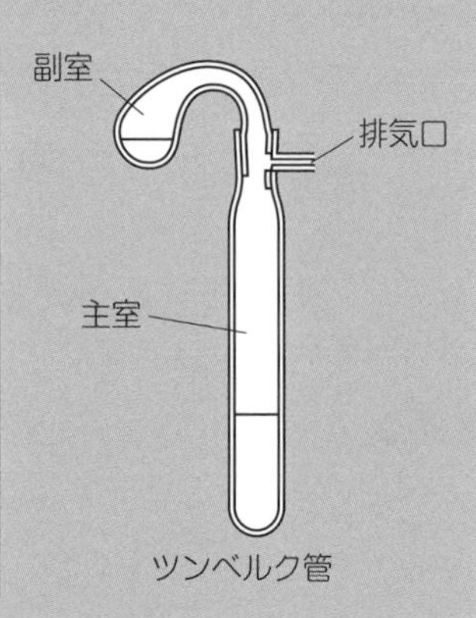

(1) 酸化還元酵素（脱水素酵素）は，反応液①～④のうち，どれに含まれているか。

(2) 酸化された物質と還元された物質は，おもに反応液①～④のうち，それぞれどれに含まれているか。

(3) ツンベルク管Bの中の液の色がうすい青色になったのはなぜか。簡潔に説明せよ。

解くための材料

青色のメチレンブルーは，電子を受け取ると無色の還元型メチレンブルーになる。

解き方

クエン酸回路では，酸化還元酵素（脱水素酵素）がはたらくことで，基質であるコハク酸が酸化され（電子を失い）フマル酸になります。

▼酸化と還元
酸化される→電子を失う
還元される→電子を受け取る

本問は，この酸化還元酵素のはたらきを調べた実験を題材としています。

(1) 酸化還元酵素が存在するのは，クエン酸回路の反応が行われるミトコンドリアのマトリックスです。ふつう，真核細胞はミトコンドリアをもつので，もやしの細胞をすりつぶして得たろ液には，酸化還元酵素が含まれていると考えられます。ただし，酵素は熱により失活するので，煮沸したろ液には含まれていません。

①……答

(2) 本実験では，下の図のように，コハク酸が酸化されるとともに，メチレンブルーが還元されます。このとき，コハク酸は電子を失い，メチレンブルーは電子を受け取ります。

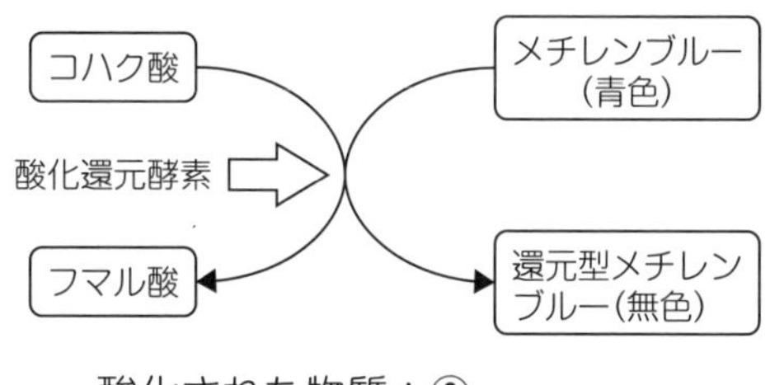

空気を排気した理由
反応前に空気を排気したのは，還元型メチレンブルーが酸化されないようにするためである。

酸化された物質：③，
還元された物質：④ ……答

(3) 酸化還元酵素の基質はコハク酸なので，コハク酸がなければ，液の色は青色のまま変化しないはずです。それでは，なぜコハク酸ナトリウム水溶液を入れていないツンベルク管Bの中の液がうすい青色に変化したのでしょうか。

クエン酸回路の反応が，ミトコンドリアのマトリックスで行われているということは，そこには酸化還元酵素だけでなく基質であるコハク酸も含まれていると考えられます。

すなわち，ろ液中にコハク酸が少量含まれていたから，ツンベルク管Bの中の液はうすい青色に変化したのです。

ろ液中に基質であるコハク酸が少量含まれていたから。……答

55 酵母の呼吸と発酵

問題　問題・計算

(1)　酸素が多い条件下で培養した酵母と，酸素が少ない条件下で培養した酵母では，細胞内のある構造に違いがみられる。ある構造とは何か答えよ。

(2)　酸素が存在する条件下で，グルコースを与えて酵母を培養すると，酸素が64g消費され，二酸化炭素が308g生じた。このときアルコール発酵によって生じた二酸化炭素は何gか答えよ。ただし，基質はグルコースのみとし，原子量はC＝12，O＝16とする。

解くための材料

呼吸では酸素が消費されるが，アルコール発酵では酸素は消費されない。

解き方

(1)　酸素が多い条件下では，酵母はアルコール発酵を抑制し，積極的に呼吸を行います。このとき，酵母では呼吸の場であるミトコンドリアがよく発達しています。

一方，酸素が少ない条件下では，酵母はアルコール発酵を行います。このとき，酵母ではミトコンドリアはほとんどみられません。

ミトコンドリア……答

！酵母が積極的に呼吸を行う理由

グルコース1分子から合成されるATPは，アルコール発酵ではたったの2分子であるのに対し，呼吸では最大38分子もある。このように，呼吸のほうが効率よくATPを合成できることから，酵母は，酸素が多いときは，積極的に呼吸を行うことで，グルコースのむだな消費を避けていると考えられる。

(2) 呼吸では酸素が消費されますが，アルコール発酵では酸素は消費されません。まずは，酸素が64g消費されたことを足がかりにして，呼吸によって生じた二酸化炭素の質量を求め，そこからアルコール発酵で生じた二酸化炭素の質量を求めることにしましょう。

消費されたO_2の物質量を求める

酸素O_2の分子量は，16×2＝32なので，消費された酸素の物質量は，

$$\frac{64\text{g}}{32\text{g/mol}}=2\text{mol}$$

呼吸で生じたCO_2の物質量を求める

呼吸の全体の反応式は，

$$C_6H_{12}O_6+6H_2O+\underline{6O_2} \longrightarrow \underline{6CO_2}+12H_2O+\text{エネルギー（最大38ATP）}$$

消費される酸素と生じる二酸化炭素の物質量が等しいことから，呼吸で生じた二酸化炭素の物質量は2molとわかります。

呼吸で生じたCO_2の質量を求める

二酸化炭素CO_2の分子量は，12×1＋16×2＝44なので，呼吸で生じた二酸化炭素の質量は，

44g/mol×2mol＝88g

アルコール発酵で生じたCO_2の質量を求める

アルコール発酵で生じた二酸化炭素の質量は，生じた全二酸化炭素の質量から呼吸で生じた二酸化炭素の質量を引けばよいので，

308g−88g＝220g

220g……答

56 アルコール発酵

問題

観察&実験

10%グルコース溶液にパン酵母を加えて発酵液をつくった。この発酵液を，右の図のようなキューネ発酵管に入れ，綿栓をして約35℃で保温したところ，盲管部の上部に気体がたまった。

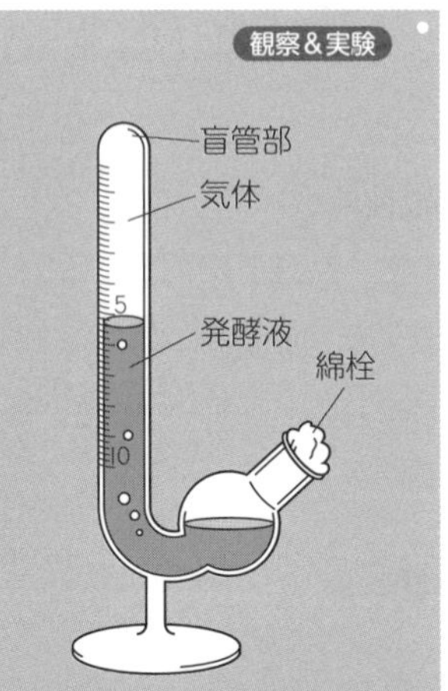

(1) 盲管部にたまった気体は何か答えよ。

(2) 反応開始前と反応開始後では発酵液のpHはどのように変化しているか。簡潔に説明せよ。

(3) 水酸化ナトリウムの粒を発酵液に加えるとどうなるか。簡潔に説明せよ。

(4) 発酵管の液を一部とってヨウ素液を加え，約60℃に加熱すると，液の色とにおいはどうなるか。簡潔に説明せよ。

解くための材料

アルコール発酵の反応

$C_6H_{12}O_6 \longrightarrow 2C_2H_6O + 2CO_2 +$ エネルギー（2ATP）

本問の実験は，アルコール発酵によって生じた二酸化炭素やエタノールについて，いろいろ調べたものです。

(1) アルコール発酵によって生じた二酸化炭素が，盲管部にたまったと考えられます。

二酸化炭素……答

(2) アルコール発酵によって生じた二酸化炭素は水に溶けて炭酸となるため，発酵液は弱酸性を示します。すなわち，アルコール発酵が開始するとpHは小さくなります。

pHは小さくなっている。……答

(3) 水酸化ナトリウムや水酸化カリウムを発酵液に加えると，二酸化炭素は発酵液に溶けていきます。

盲管部の二酸化炭素が発酵液に溶けていく。……答

(4) 発酵液には，アルコール発酵によって生じたエタノールが含まれています。このようなエタノールを含む液にヨウ素液を加えると，液は黄色になり消毒薬臭（ヨードホルム臭）がします。

液は黄色になり，消毒薬臭（ヨードホルム臭）がする。……答

! 二酸化炭素と水酸化ナトリウム・水酸化カリウムの反応

二酸化炭素は，水酸化ナトリウムや水酸化カリウムとよく反応する性質があります。

$$CO_2 + 2NaOH \longrightarrow Na_2CO_3 + H_2O$$
$$CO_2 + 2KOH \longrightarrow K_2CO_3 + H_2O$$

57 呼吸商①

問題

問題・計算

(1)　リノール酸$C_{18}H_{32}O_2$が呼吸基質として用いられるときの呼吸の反応式を書け。

(2)　リノール酸を呼吸基質にする場合の呼吸商の理論値を求めよ。

解くための材料

呼吸で発生した二酸化炭素と消費した酸素の体積比$\left(\frac{CO_2}{O_2}\right)$を**呼吸商**という。

解き方

(1)　炭素C，水素H，酸素Oだけでできている有機物が呼吸基質として用いられる場合，呼吸の反応式は次の手順でつくることができます。

手順1　左辺と右辺に反応にかかわる物質を書く

左辺に呼吸基質であるリノール酸$C_{18}H_{32}O_2$と酸素O_2，右辺に二酸化炭素CO_2と水H_2Oを書きます。

$$C_{18}H_{32}O_2 + O_2 \longrightarrow CO_2 + H_2O$$

手順2　両辺のCの数をそろえる

両辺のCの数が等しくなるように，右辺のCO_2に係数をつけます。次のように右辺のCO_2の係数を18とすると，両辺のCの数はどちらも18個になります。

$$\underline{C_{18}}H_{32}O_2 + O_2 \longrightarrow \underline{18CO}_2 + H_2O$$

（左辺）18×1＝18個　（右辺）1×18＝18個

手順3　両辺のHの数をそろえる

両辺のHの数が等しくなるように，右辺のH_2Oに係数をつけます。次のように右辺のH_2Oの係数を16とすると，両辺のHの数はどちらも32個になります。

$$C_{18}\underline{H_{32}}O_2 + O_2 \longrightarrow 18CO_2 + \underline{16H_2}O$$

（左辺）32×1＝32個　（右辺）2×16＝32個

両辺のOの数をそろえる

両辺のOの数が等しくなるように，左辺のO_2に係数をつけます。次のように左辺のO_2の係数を25とすると，両辺のOの数の合計はどちらも52個になります。

$$C_{18}H_{32}\underline{O_2}+\underline{25O_2} \longrightarrow \underline{18}C\underline{O_2}+\underline{16}H_2\underline{O}$$

1×2＝2個　2×25＝50個　2×18＝36個　1×16＝16個

すべての係数が最も簡単な整数比になっていれば，これで反応式は完成です。

$$\mathbf{C_{18}H_{32}O_2+25O_2 \longrightarrow 18CO_2+16H_2O}$$ ……答

(2)　反応式中の気体の係数比は，そのまま反応にかかわる気体の体積比と考えることができます。

このため，ある有機物を呼吸基質にする場合の呼吸商の理論値は，呼吸の反応式から求めることができます。

(1)で求めた反応式より，CO_2の係数は18，O_2の係数は25なので，求める呼吸商は，

$$\frac{18}{25}=0.72$$

0.72……答

▼**気体の体積**

気体の体積は，分子の数が同じであれば，気体の種類によらず同じになる。

!　呼吸基質と呼吸商

リノール酸は脂肪の一種である。本問で求めたように，脂肪を呼吸基質として用いると呼吸商は約0.7になる。また，呼吸基質が炭水化物の場合の呼吸商は1.0，アミノ酸の場合の呼吸商は約0.8になる。

- 炭水化物（グルコース$C_6H_{12}O_6$）

$$C_6H_{12}O_6+6H_2O+6O_2 \longrightarrow 6CO_2+12H_2O \quad 呼吸商=\frac{6}{6}=1.0$$

- アミノ酸（ロイシン$C_6H_{13}O_2N$）

$$2C_6H_{13}O_2N+15O_2 \longrightarrow 12CO_2+10H_2O+2NH_3 \quad 呼吸商=\frac{12}{15}=0.8$$

58 呼吸商②

問題

計算・観察&実験

下の図のような実験装置A，Bに発芽状態が同じ植物Xの発芽種子を同数ずつ入れ，一定温度で一定時間おいたあと，それぞれの気体の減少量を着色液の移動距離から測定した。植物Yの発芽種子についても同様に測定した。実験の測定結果は，表のようになった。

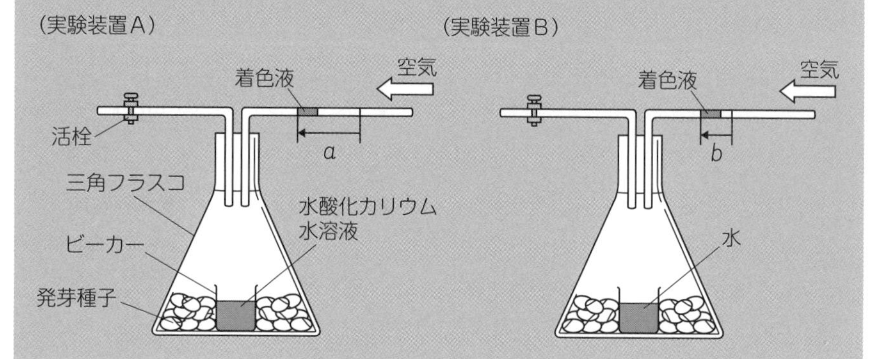

発芽種子	実験装置Aでの減少量(a)	実験装置Bでの減少量(b)
植物X	10.2mL	0.1mL
植物Y	10.8mL	3.2mL

(1) 植物X，Yのそれぞれの呼吸商を，小数第3位を四捨五入して求めよ。

(2) 植物X，Yはおもに何を呼吸基質としているか。

（2018静岡大）

解くための材料

炭水化物，脂肪，タンパク質を呼吸基質とした場合の呼吸商は，それぞれ1.0，約0.7，約0.8である。

(1)　発芽種子は呼吸を行うので，酸素O_2を吸収し，二酸化炭素CO_2を放出します。
　実験装置Aでは，放出したCO_2は水酸化カリウム水溶液に吸収されるので，気体の減少量aは，吸収したO_2量を意味しています。

a＝吸収したO_2量

　一方，実験装置Bでは，放出したCO_2は水に吸収されません。したがって，気体の減少量bは，吸収したO_2量と放出したCO_2量の差を意味しています。

b＝吸収したO_2量－放出したCO_2量

　放出したCO_2量は，aからbを引くと求めることができます。

$a-b$＝(吸収したO_2量)－(吸収したO_2量－放出したCO_2量)
＝放出したCO_2量

　ここで，植物X，Yの呼吸商を求めることにしましょう。

吸収されたO_2量を求める

aは吸収したO_2量を意味しているので，
植物Xが吸収したO_2量は，10.2mL
植物Yが吸収したO_2量は，10.8mL

放出されたCO_2量を求める

$a-b$は放出したCO_2量を意味しているので，
植物Xが放出したCO_2量は，10.2mL－0.1mL＝10.1mL
植物Yが放出したCO_2量は，10.8mL－3.2mL＝7.6mL

呼吸商を求める

$\frac{CO_2}{O_2}=\frac{a-b}{a}$より呼吸商を求めます。

植物Xの呼吸商は，$\frac{10.1\text{mL}}{10.2\text{mL}} \fallingdotseq 0.99$

植物Yの呼吸商は，$\frac{7.6\text{mL}}{10.8\text{mL}} \fallingdotseq 0.70$

植物X：**0.99**，植物Y：**0.70**……答

呼吸商が0.8の場合，必ずしも呼吸基質がタンパク質とはいえないよ。
炭水化物と脂肪の両方を呼吸基質としていても，呼吸商が0.8になることがあるんだ！

(2)　(1)で求めた呼吸商より，植物Xは炭水化物，植物Yは脂肪を呼吸基質としていると考えられます。

植物X：**炭水化物**，植物Y：**脂肪**……答

59 光合成

問題

光合成について説明した文として適当なものを，次の**ア**～**オ**からすべて選べ。

ア　チラコイド膜では，光化学系Ⅰから光化学系Ⅱに向かって電子が伝達される。

イ　チラコイド膜における電子伝達にともない，ストロマ側からチラコイドの内側へ水素イオンが輸送される。

ウ　チラコイド膜でATPが合成される反応を酸化的リン酸化という。

エ　カルビン回路では，まず気孔から取りこまれた二酸化炭素は，炭素原子6個からなる化合物と結合する。

オ　カルビン回路で，二酸化炭素を固定する反応では，ルビスコとよばれる酵素がはたらく。

解くための材料

光合成の過程は，葉緑体のチラコイド膜で起こる反応と，ストロマで起こる反応の2つに分けられる。

解き方

ア　誤った記述です。電子は，**光化学系Ⅱ**から**光化学系Ⅰ**に向かって伝達されます。

イ　正しい記述です。チラコイド膜で電子が伝達されると，水素イオンH^+がストロマ側からチラコイドの内側へ輸送されます。

ウ　誤った記述です。チラコイドの内側に輸送されたH^+は，濃度勾配にしたがって，チラコイド膜にある**ATP合成酵素**を通ってストロマ側へ戻ります。このときにATPが合成されます。この反応は，光エネルギーに依存して起こるので**光リン酸化**といいます。

エ　誤った記述です。**カルビン回路**では，二酸化炭素は，炭素原子5個からなる化合物（リブロースニリン酸，RuBP）と結合します。

オ　正しい記述です。カルビン回路で，二酸化炭素がリブロースニリン酸と結合する反応は，**ルビスコ**（リブロースニリン酸カルボキシラーゼ/オキシゲナーゼ，Rubisco）という酵素のはたらきによって起こります。

イ，オ……答

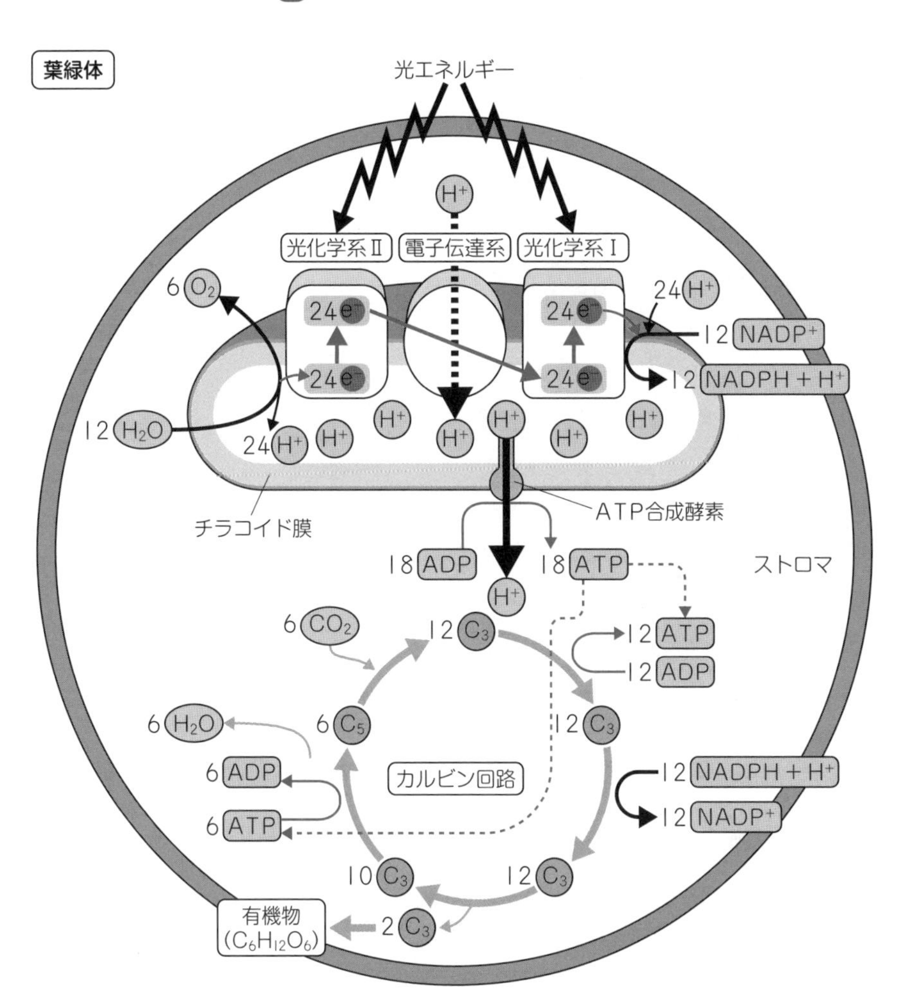

60 植物の光合成色素の分離

問題

観察＆実験

緑葉の色素を抽出液で抽出したものをろ紙のCの位置にプロットし，展開液をDの位置までしみこませたあとのろ紙の模式図を右図に示す。

(1) CとDの名称を答えよ。

(2) AとBを用いて，Rate of flow（Rf）値の計算式を答えよ。

(3) クロロフィルaとクロロフィルbでは，どちらが大きいRf値を示すか答えよ。

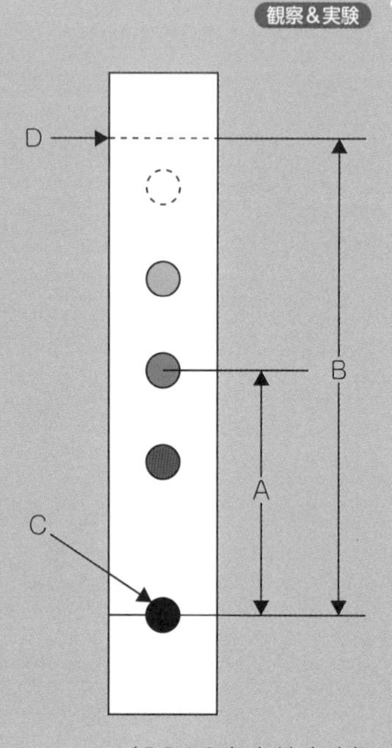

（2018奈良教育大）

解くための材料

$$\text{Rf値} = \frac{\text{原点から色素中央までの距離}}{\text{原点から溶媒前線までの距離}}$$

Rf値は，展開液の種類や温度などの条件が同じであれば，色素によってほぼ一定の値となる。

解き方

植物は，**光合成色素**としてクロロフィルa，クロロフィルb，カロテン，キサントフィルなど，さまざまな色素をもっています。

ある植物の葉がどのような光合成色素をもっているのかを知るには，ペーパークロマトグラフィーという実験が有効です。この実験を行うと，ろ紙上で光合成色素が分離されます。さらに，Rf値を求めることで各色素の種類を特定することができます。

ペーパークロマトグラフィーは，以下の手順で行います。

① 調べたい葉を乳鉢に入れ，抽出液（メタノール：アセトン＝3：1）を加えてすりつぶす。

② ろ紙の下端から2cmの部位に鉛筆で線を引き，①の抽出液をガラス毛細管でとり，線上の中心に抽出液を付着させる。この付着させた点を**原点**という。

③ ろ紙を試験管に入れ，ろ紙の下端が展開液（キシレンなど）に触れるようにして静置する。

④ 展開液がろ紙の上端近くまで上がってきたら，ろ紙を取り出して，展開液の上端位置（**溶媒前線**）と各色素の境界に鉛筆で印をつける。

⑤ 次式よりRf値を求め，色素を特定する。

$$\text{Rf値} = \frac{\text{原点から色素中央までの距離}}{\text{原点から溶媒前線までの距離}}$$

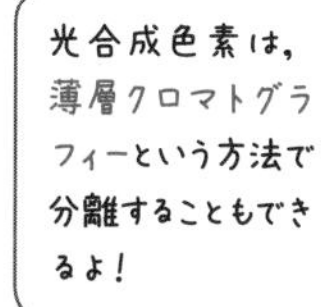

(1) 上記の手順②，④より，Cを原点，Dを溶媒前線といいます。

C：**原点**，D：**溶媒前線**……答

(2) 上記の手順⑤より，Rf値は$\frac{A}{B}$と表せます。

$\frac{A}{B}$……答

(3) ペーパークロマトグラフィーで色素を分離すると，右の図のように溶媒前線から原点に向かって，カロテン，キサントフィル，クロロフィルa，クロロフィルbの順に色素が出現します。

色素が原点から離れているほどRf値が大きくなるので，クロロフィルaのほうがクロロフィルbよりも大きいRf値となります。

クロロフィルa……答

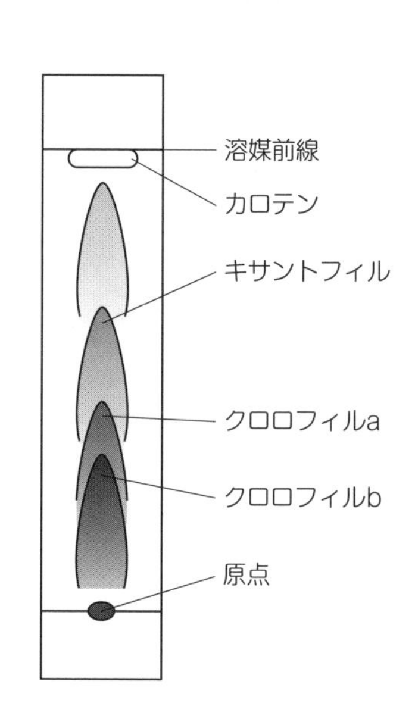

61 カルビン回路

問題　グラフ・観察＆実験・思考探究

図1のように，カルビン回路は3つの反応①～③に分けられる。図2は，植物がさかんに光合成しているときのRuBPとPGAの相対的な濃度変化を示している。

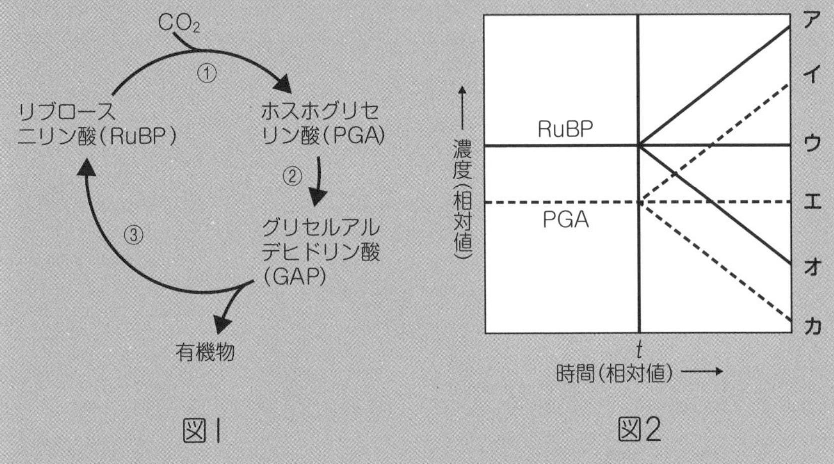

図1　　　図2

(1)　光照射を一定にしたまま，t の時点でCO_2供給を停止すると，RuBPとPGAの濃度はどうなるか。それぞれ図2の**ア**～**カ**から1つずつ選べ。

(2)　CO_2供給を一定にしたまま，t の時点で光照射を停止すると，RuBPとPGAの濃度はどうなるか。それぞれ図2の**ア**～**カ**から1つずつ選べ。

解くための材料

チラコイドでつくられたATPは，図1の反応②，③で用いられる。
NADPHは，図1の反応②で用いられる。

光照射とCO_2供給が十分にある場合，カルビン回路では図Ⅰの反応①～③がくり返し起こるので，RuBPやPGAの濃度は一定となります。

それでは，光照射やCO_2供給を停止した場合，RuBPやPGAの濃度はそれぞれどうなるでしょうか。

(1) カルビン回路の反応のうち，CO_2が用いられるのは反応①だけです。したがって，光照射を一定にしたままCO_2供給を停止すると，反応①が起こらなくなりますが，反応②，③は起こります。

このため，RuBPの濃度はしだいに高くなり，PGAの濃度はしだいに低くなると考えられます。

RuBP：**ア**，PGA：**カ**……答

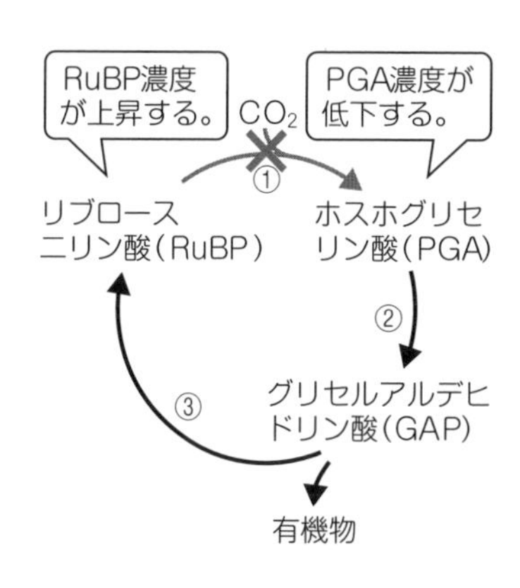

(2) 光合成の過程のうち，光エネルギーが使われるのは，チラコイド膜における電子伝達系とATP合成です。したがって，光照射を停止すると，これらの反応が行われなくなり，カルビン回路にATPとNADPHが供給されなくなります。

カルビン回路の反応のうち，ATPが用いられるのは反応②，③，NADPHが用いられるのは反応②なので，光照射の停止によりこれらの反応は起こらなくなります。一方，反応①は起こるので，RuBPの濃度はしだいに低くなり，PGAの濃度はしだいに高くなると考えられます。

RuBP：**オ**，PGA：**イ**……答

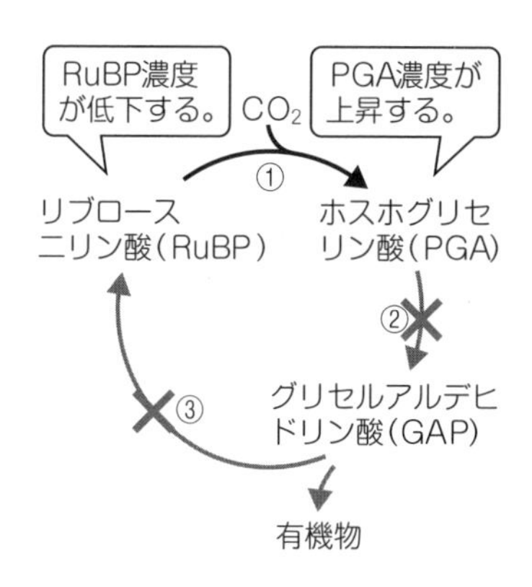

62 光合成の計算

問題 計算

光合成による生産物をすべてグルコースとし，次の①，②の量を求めよ。ただし，原子量はH＝1，C＝12，O＝16とする。

① グルコースが54g生産されるときに放出される酸素の量。

② 二酸化炭素が198g吸収されるときに生産されるグルコースの量。

解くための材料

光合成の全体の反応

$6CO_2 + 12H_2O +$ 光エネルギー $\longrightarrow C_6H_{12}O_6 + 6H_2O + 6O_2$

解き方

① まずは，生産されるグルコースの物質量を求め，光合成の反応式から放出される酸素の物質量を求め，最後に酸素の質量を計算します。

手順1 生成されるグルコースの物質量を求める

グルコースの化学式は$C_6H_{12}O_6$なので，

グルコースの分子量は，

$$\underbrace{12\times6}_{\text{炭素}}+\underbrace{1\times12}_{\text{水素}}+\underbrace{16\times6}_{\text{酸素}}=180$$

生産されるグルコースは，質量が54gなので，その物質量は，

$$\frac{54\text{g}}{180\text{g/mol}}=0.3\text{mol}$$

放出されるO_2の物質量を求める

光合成の反応式より，グルコースが1mol生産されるとき，酸素は6mol放出されることがわかります。
したがって，グルコースが0.3mol生産されるときに放出される酸素の物質量は，

$$0.3 \times 6 = 1.8\text{mol}$$

手順3 **放出されるO_2の質量を求める**

酸素の化学式はO_2なので，酸素の分子量は，

$$16 \times 2 = 32$$

放出される酸素は1.8molなので，その質量は，

$$32\text{g/mol} \times 1.8\text{mol} = 57.6\text{g}$$

57.6g……答

② まずは，吸収される二酸化炭素の物質量を求め，光合成の反応式から生産されるグルコースの物質量を求め，最後にグルコースの質量を計算します。

吸収されるCO_2の物質量を求める

二酸化炭素の化学式はCO_2なので，二酸化炭素の分子量は，

$$\underbrace{12 \times 1}_{\text{炭素}} + \underbrace{16 \times 2}_{\text{酸素}} = 44$$

吸収される二酸化炭素は，質量が198gなので，その物質量は，

$$\frac{198\text{g}}{44\text{g/mol}} = 4.5\text{mol}$$

手順2 **生産されるグルコースの物質量を求める**

光合成の反応式より，二酸化炭素が6mol吸収されるとき，グルコースは1mol生産されることがわかります。
したがって，二酸化炭素が4.5mol吸収されるときに生産されるグルコースの物質量は，

$$4.5 \times \frac{1}{6} = 0.75\text{mol}$$

手順3 **生産されるグルコースの質量を求める**

①より，グルコースの分子量は180です。
生産されるグルコースは0.75molなので，その質量は，

$$180\text{g/mol} \times 0.75\text{mol} = 135\text{g}$$

135g……答

63 CAM植物

問題 グラフ

C_4植物およびCAM（カム）植物ともに固定された二酸化炭素はオキサロ酢酸からリンゴ酸に変換され，リンゴ酸が分解される際に放出される二酸化炭素をカルビン回路で利用する。下の図にはCAM植物におけるリンゴ酸蓄積量の1日の変化を示した。リンゴ酸の蓄積量の変化として最も適当なものを，図中の**ア**～**オ**から1つ選べ。

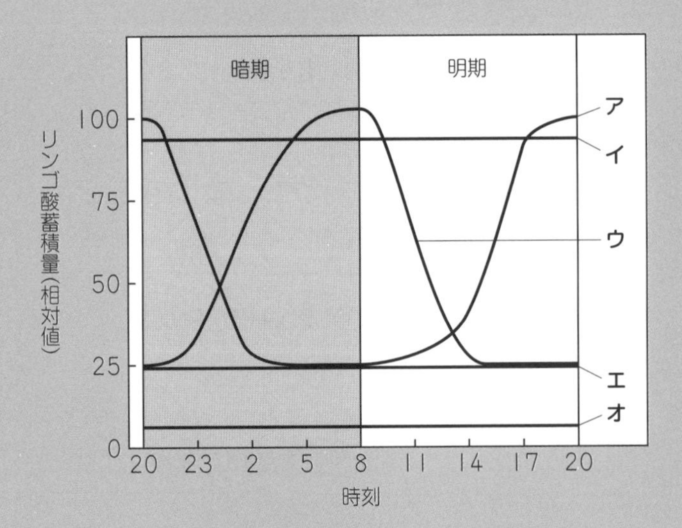

（2017麻布大）

解くための材料

CAM植物は，昼間は気孔を閉じて水分が失われるのを防いでいる。夜間になると，気孔を開いてCO_2を吸収し，CO_2をリンゴ酸に変えて液胞に蓄える。昼間になると，リンゴ酸を再びCO_2に戻し，これを有機物合成に利用する。

解き方

多くの植物は，気孔から吸収したCO_2をC_3化合物であるホスホグリセリン酸（PGA）に固定して，カルビン回路に取りこみます。このような植物を**C_3植物**といいます。C_3植物は，昼間に気孔を開いてCO_2を吸収します。

しかし，乾燥した地域では，昼間に気孔を開くと，体内の水分が失われてしまいます。砂漠地帯などに生育する**CAM植物**（ベンケイソウ，サボテンなど）は，これを防ぐために夜間に気孔を開いてCO_2を吸収します。

吸収されたCO_2はリンゴ酸として液胞に蓄えられます。そして，昼間になると，リンゴ酸を再びCO_2に戻し，これを有機物合成に利用します。

つまり，CAM植物では，夜間（暗期）にリンゴ酸が蓄積され，昼間（明期）にリンゴ酸が消費されるのです。よって，リンゴ酸の蓄積量は図の**ウ**のように変化します。

ウ……答

CAM植物の代謝経路

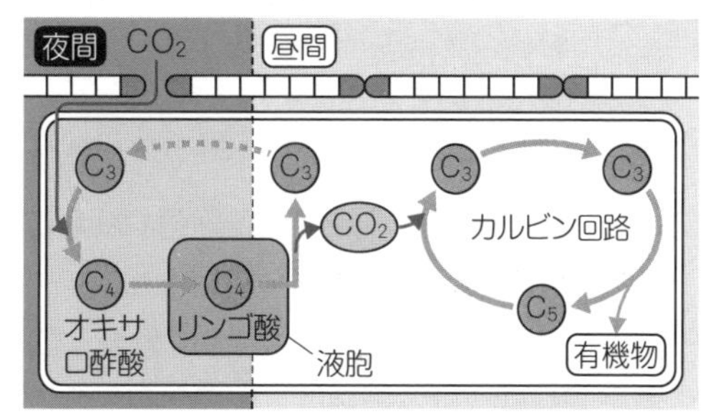

❗ C_4植物

C_3植物の場合，高温・乾燥の条件下で水分が失われるのを防ぐために気孔を閉じると，葉肉細胞内のCO_2濃度が低下し，さらにO_2によりCO_2の固定が阻害されてしまう。これに対し，**C_4植物**（トウモロコシ，サトウキビなど）は，低いCO_2濃度でも効率よくCO_2を固定できる**PEPカルボキシラーゼ**という酵素をもっている。この酵素のはたらきにより，CO_2は葉肉細胞内でオキサロ酢酸に変えられる。オキサロ酢酸はリンゴ酸などに変えられたのち，維管束鞘（しょう）細胞へ送られる。ここでリンゴ酸は再びCO_2となり，有機物合成に利用される。

C_4植物の代謝経路

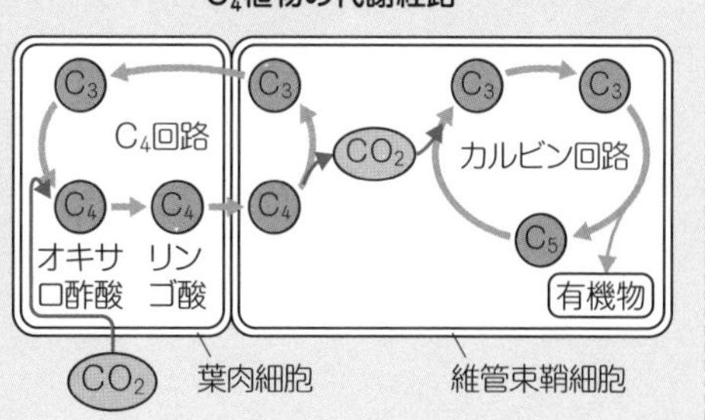

64 細菌の光合成

問題

問題

緑色硫黄細菌や紅色硫黄細菌に共通する説明として適当なものを，次の**ア**～**エ**からすべて選べ。

ア　二酸化炭素を利用して有機物を合成する。

イ　光合成色素としてバクテリオクロロフィルをもつ。

ウ　電子伝達系で水を酸化する。

エ　光合成によって酸素を放出する。

解くための材料

緑色硫黄細菌や紅色硫黄細菌の光合成では，植物やシアノバクテリアのような酸素の放出はみられず，硫黄などが生じる。

解き方

ア　正しい記述です。緑色硫黄細菌や紅色硫黄細菌は，植物と同じように二酸化炭素を利用して有機物を合成します。

イ　正しい記述です。植物は光合成色素として**クロロフィル**をもちますが，緑色硫黄細菌や紅色硫黄細菌は，クロロフィルに似た**バクテリオクロロフィル**をもっています。

ウ　誤った記述です。植物は電子伝達系で水（H_2O）を酸化しますが，緑色硫黄細菌や紅色硫黄細菌は化学合成で硫化水素（H_2S）や硫黄（S）を酸化します。

$2H_2S+O_2 \rightarrow 2H_2O+2S+$ エネルギー

$2S+3O_2+2H_2O \rightarrow 2H_2SO_4+$ エネルギー

エ　誤った記述です。植物は光合成によって酸素（O_2）を放出しますが，緑色硫黄細菌や紅色硫黄細菌は，硫黄（S）を放出します。

$6CO_2+12H_2S+$ 光エネルギー $\rightarrow (C_6H_{12}O_6)+12S+6H_2O$

ア，イ……**答**

遺伝情報の発現と発生

まとめ

▶真核生物のDNAは，**ヒストン**というタンパク質などに巻きついて**ヌクレオソーム**という構造を形成している。

▶ヌクレオソームのつながりは折りたたまれて**クロマチン**を形成している。

▶DNAは，2本のヌクレオチド鎖が向かい合い，**二重らせん構造**をとっている。

▶DNAの構成単位は，糖（**デオキシリボース**）に**リン酸**と**塩基**が結合した**ヌクレオチド**である。

▶DNAの塩基は，**アデニン**（A）と**チミン**（T），**グアニン**（G）と**シトシン**（C）が相補的に結合する。

▶ヌクレオチド鎖のリン酸側の末端を**5′末端**，糖側の末端を**3′末端**という。

■DNAの構造

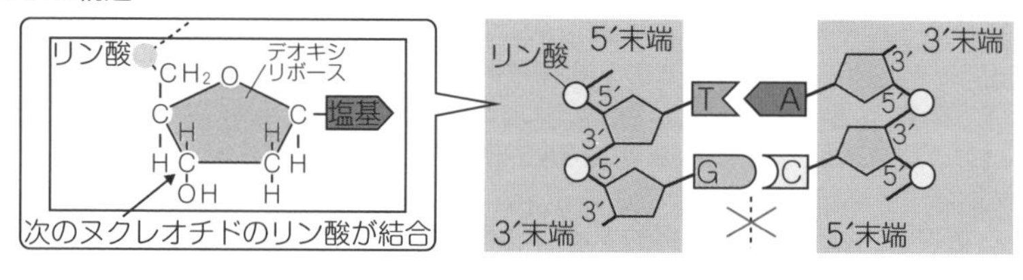

▶DNAの**複製**では，もとの2本のヌクレオチド鎖がそれぞれ鋳型鎖(いがたさ)となって，相補的な新生鎖がつくられる。このような複製方式を**半保存的複製**という。

▶DNAの複製のしくみ

① DNAの2本鎖が複製起点で開裂し，**DNAヘリカーゼ**により二重らせんがほどかれて，それぞれが鋳型鎖となる。

② それぞれの鋳型鎖に短い相補的なRNA（**プライマー**）が合成される。

③ **DNAポリメラーゼ**（**DNA合成酵素**）により，プライマーの3′末端から新生鎖がつくられる。DNAポリメラーゼは，**5′→3′**方向だけに鎖を合成する。

④ **リーディング鎖**では，連続的に新生鎖が合成される。**ラギング鎖**では，不連続なDNA断片（**岡崎フラグメント**）が合成される。この断片は，**DNAリガーゼ**によって連結されて長いヌクレオチド鎖となる。

65 DNAの構造

問題 計算

ヌクレオソームの形成に必要なDNAの長さを140塩基対とし，すべてのDNAがヌクレオソームを形成する場合，ヒト体細胞1つに含まれるヒストンの数は何個になるか。ただし，このヒトのゲノムサイズは3.0×10^9塩基対とし，答えは有効数字2桁で記せ。

(2018法政大)

解くための材料

DNAがヒストンというタンパク質に巻きついた構造をヌクレオソームという。

解き方

右の図のように，真核生物のDNAは，ヒストンに巻きついてヌクレオソームという構造を形成しています。

ヌクレオソーム1つ当たりDNA140塩基対が必要なので，ヒト体細胞1つに含まれるDNAの全長を140で割れば，答えが求まります。

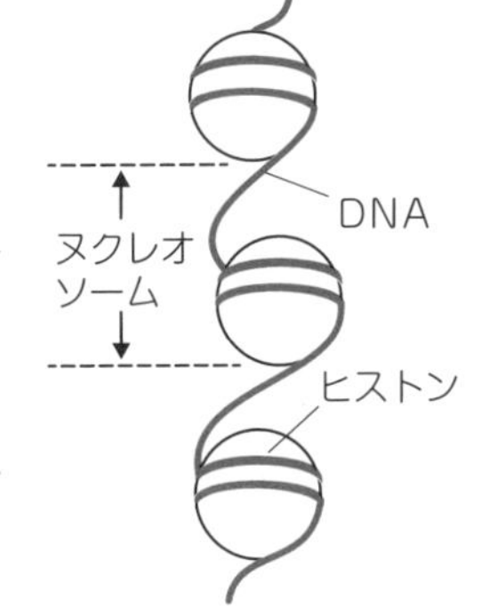

DNA の全長を求める

ヒトの体細胞にはゲノムが2 セット含まれているので，ゲノムサイズを2倍して，ヒト体細胞1つに含まれるDNAの全長を求めます。

3.0×10^9塩基対$\times 2 = 6.0 \times 10^9$塩基対

ヒストンの数を求める

DNAの全長を140で割って，ヒストンの数を求めます。

6.0×10^9塩基対$\div 140 \fallingdotseq 4.3 \times 10^7$個

4.3×10^7個……答

66 DNAの複製

問題

問 題

真核生物のDNAの複製について説明した文として適当なものを，次の**ア**～**オ**からすべて選べ。

ア　真核生物のDNAは線状なので，末端から順に複製されていく。

イ　DNAの二重らせんをほどいていく酵素をDNAリガーゼという。

ウ　複製の開始時には，まず鋳型鎖に相補的な短いRNAが合成される。

エ　新生鎖は，5′→3′方向だけに伸長する。

オ　DNAの複製でつくられる2本の新生鎖は，どちらもはじめは岡崎フラグメントとよばれる断片になっている。

解くための材料

DNAの複製では，DNAポリメラーゼ（DNA合成酵素）という酵素がはたらいて新生鎖が伸長する。

解き方

ア　誤った記述です。真核生物のDNAは線状ですが，複製起点から両方向に複製が進行します。複製起点は，1本のDNAに数十から数百か所あります。

イ　誤った記述です。複製起点でDNAの塩基どうしの水素結合が切れると，そこに**DNAヘリカーゼ**が結合して，二重らせんがほどかれます。

ウ　正しい記述です。DNAの二重らせんがほどかれると，鋳型鎖に相補的な短いRNA（**プライマー**）が合成されます。DNAポリメラーゼ（DNA合成酵素）は，プライマーを足掛かりにして，新生鎖を伸長していきます。

エ　正しい記述です。DNA ポリメラーゼは5′→3′方向にしかDNA を合成できないため，新生鎖はこの方向だけに伸長します。

オ　誤った記述です。リーディング鎖は，二重らせんがほどけていく方向に連続的に複製されるので，断片はつくられません。

ラギング鎖は，二重らせんがほどけていく方向とは逆向きに伸長していくので，ある程度の長さになると伸長が止まり，再び開かれた二重らせんの根元あたりから合成が開始する，といったように不連続に合成されます。これによって生じる断片を**岡崎フラグメント**といいます。

ウ，エ……答

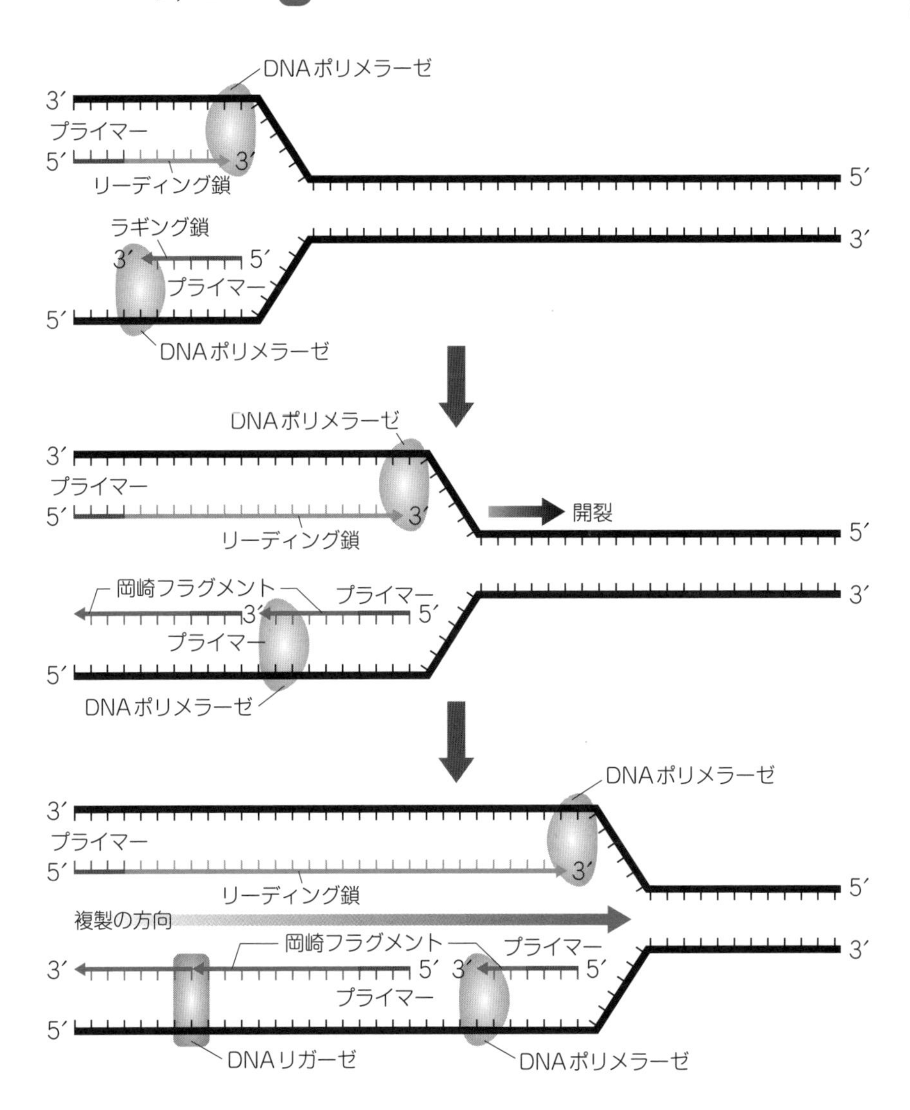

67 半保存的複製

問題

計算・思考探究

窒素^{15}Nよりなる重いDNAをもつ大腸菌を，通常の重さの窒素^{14}Nを含む培地で培養すると，1代目はすべて^{15}Nと^{14}Nの中間の重さのDNAをもつ大腸菌となる。この大腸菌をさらに窒素^{14}Nを含む培地で培養すると，2代目，3代目，4代目ではどのような重さのDNAをもつ大腸菌がどのような比率で得られるか答えよ。ただし，重いDNAをA，中間のDNAをB，軽い通常のDNAをCとする。

（2018岩手大）

解くための材料

DNAの複製では，もとの2本鎖がそれぞれ鋳型鎖となって，相補的な新生鎖がつくられる。このような複製方式を**半保存的複製**という。

解き方

本問は，メセルソンとスタールが行った実験を題材としています。

彼らは，^{15}Nを含む培地で大腸菌を培養し，DNAに含まれる^{14}Nのほとんどを^{15}Nに置きかえました。^{15}Nは重い（密度が高い）ので，DNAを抽出して遠心分離すると遠心管の下方にバンドが現れます（0代目）。

次に，大腸菌を^{14}Nを含む培地で培養してから，DNAを遠心分離すると遠心管の中間の位置にバンドが現れます（1代目）。さらに，次の世代の大腸菌のDNAを遠心分離すると，遠心管の上方と中間の位置にバンドが現れます（2代目）。

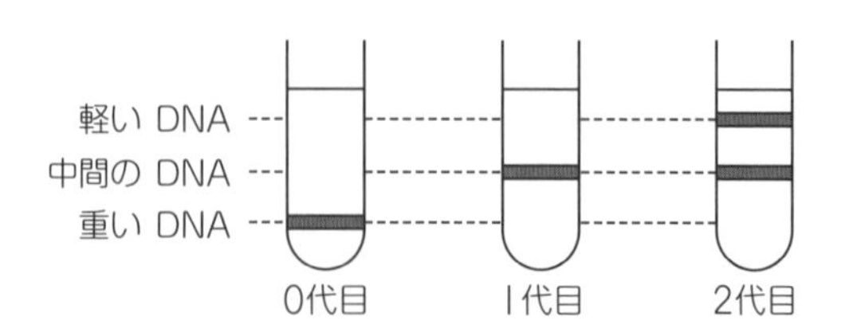

このような実験結果が得られたのは，次のモデル図のように，2本鎖がそれぞれ鋳型鎖となって，相補的な新生鎖がつくられるからです。

0代目：両鎖ともに^{15}Nを含む重いDNA（A）だけが得られます。

1代目：一方の鎖は^{15}Nを含み，他方の鎖は^{14}Nを含む中間のDNA（B）だけが得られます。

2代目：中間のDNA（B）と両鎖ともに^{14}Nを含む軽いDNA（C）が1：1の比率で得られます。

3代目：中間のDNA（B）と両鎖ともに^{14}Nを含む軽いDNA（C）が1：3の比率で得られます。

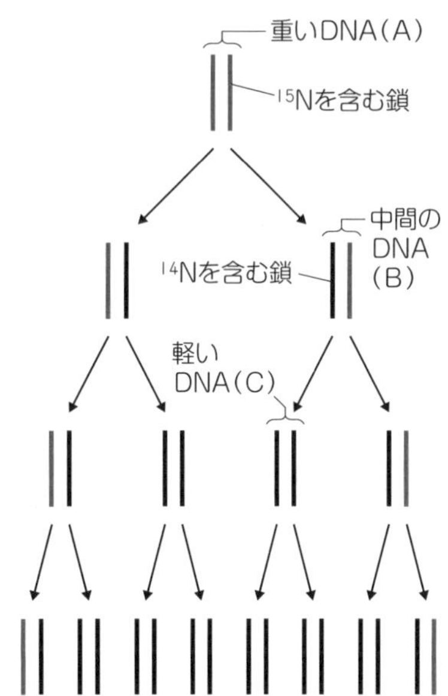

このようにDNAのモデル図を用いるとイメージしやすいですが，DNAの数がふえてくると，図をかくのが大変です。そこで，一般化して計算で求めるようにしましょう。

DNAの全体の数は，世代を経るごとに2倍ずつ増えていきます。0代目のDNAの数を1とすると，1代目のDNAの数は2（2^1），2代目は4（2^2），3代目は8（2^3），……n代目の全体のDNAの数は2^nです。

このうち，中間のDNA（B）の数は必ず2です。残りはすべて軽いDNA（C）なので，n代目のDNAの比率は，A：B：C＝0：2：2^n-2となります。

よって，4代目のDNAの比率は，

A：B：C＝0：2：2^4-2
＝0：2：14
＝0：1：7

2代目 **A：B：C＝0：1：1**，3代目 **A：B：C＝0：1：3**，
4代目 **A：B：C＝0：1：7** ……答

68 大腸菌のDNA複製

問題

問題・計算

下の図のA，Bは，複製途中の大腸菌のDNAの模式図である。

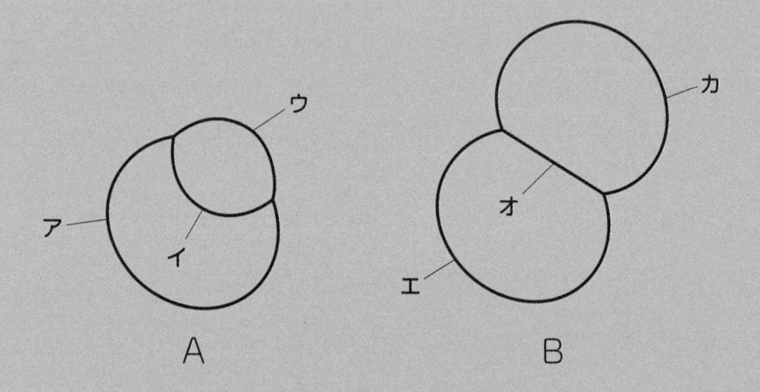

(1) 図のA，Bのうち，複製がより進行しているのはどちらか。

(2) 図中の**ア**～**カ**のうち，まだ複製されていないDNA鎖はどれか。適当なものをすべて選べ。

(3) 大腸菌のDNAの全長が460万塩基対であるとすると，複製開始から完了までにかかる時間は何分か。小数第１位を四捨五入して答えよ。ただし，大腸菌のDNAポリメラーゼのDNA合成速度は850ヌクレオチド/秒とする。

解くための材料

大腸菌のDNAは環状であり，複製起点は１か所だけである。

大腸菌のDNAの複製は，下の図のように進行します。図中の黒色の線は，まだ複製されていないDNA鎖，赤色の線は複製されたDNA鎖を示しています。問題の図のAは②，Bは⑤に相当します。

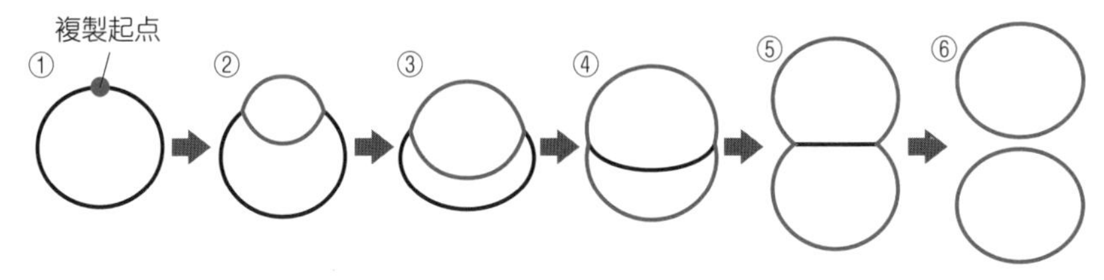

(1)　上の図より，複製はAよりもBのほうがより進行しています。

B……答

(2)　**ア**，**オ**はまだ複製されていないDNA鎖，**イ**，**ウ**，**エ**，**カ**は複製されたDNA鎖を示しています。

ア，**オ**……答

(3)　DNAの全長460万塩基対をそのまま速度で割ってはいけません。

複製は，複製起点から両方向に進行するので，1つのDNAポリメラーゼが合成するDNAの長さは，全長の半分（230万塩基対）です。

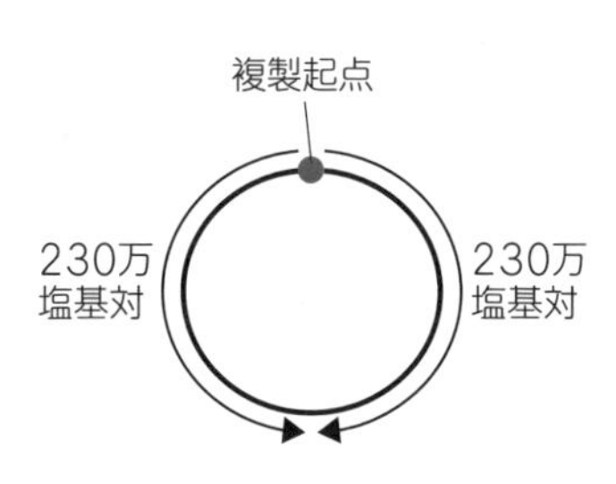

よって，複製開始から完了までにかかる時間は，

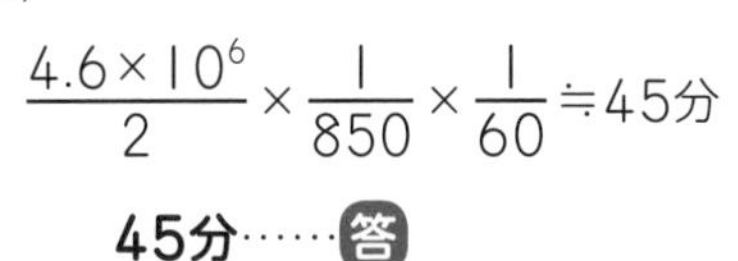

$$\frac{4.6\times10^6}{2}\times\frac{1}{850}\times\frac{1}{60}\fallingdotseq 45分$$

45分……答

まとめ

▶遺伝子がはたらいてタンパク質が合成されることを**遺伝子の発現**という。

▶DNAの塩基配列の一部がRNAに写し取られる過程を**転写**という。

▶RNAのヌクレオチドは，DNAのヌクレオチドとは異なり，糖として**リボース**をもち，チミンの代わりに**ウラシル**をもつ。

▶転写では，**RNAポリメラーゼ**（**RNA合成酵素**）のはたらきによって，鋳型鎖と相補的なRNA鎖が合成される。

■転写のしくみ

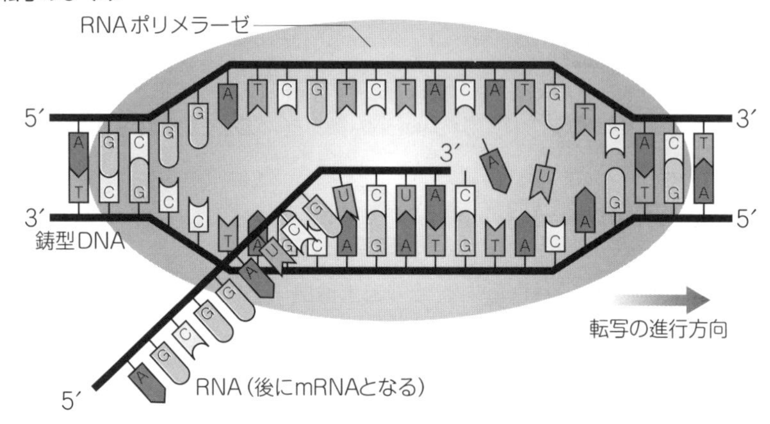

▶転写によってできたmRNA前駆体は，核内で**イントロン**が除かれ，**エキソン**がつながる。この過程を**スプライシング**という。

▶スプライシングを経たRNAを**mRNA**（**伝令RNA**）という。

▶スプライシングでは，除かれる部分の違いによって，異なるmRNAがつくられることがある。これを**選択的スプライシング**という。

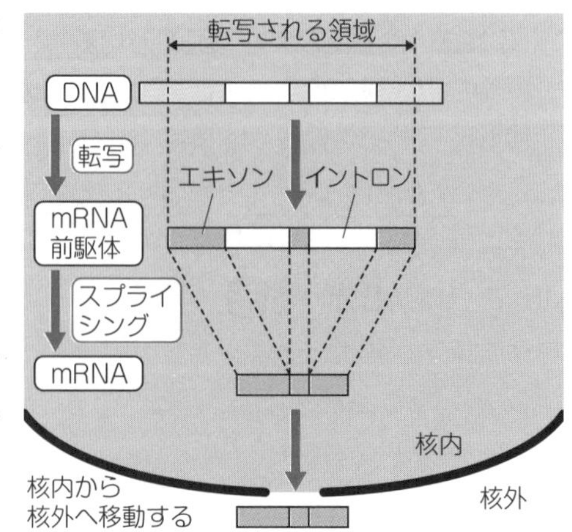

▶転写の際に鋳型とはならないDNA鎖は，転写によってできるmRNAと同じ配列をもつので「意味のある（sence）配列」と考えられ，これを**センス鎖**という。

▶転写の際に鋳型になるDNA鎖は，「センス鎖の反対」という意味で**アンチセンス鎖**という。

▶RNAからDNAが合成される現象を**逆転写**という。この現象では**逆転写酵素**という酵素が触媒しており，この酵素をもつウイルスを**レトロウイルス**という。

▶mRNAの塩基配列をもとにタンパク質が合成される過程を**翻訳**（ほんやく）という。

▶mRNAは，**核膜孔**を通って細胞質に移動し，**リボソーム**で翻訳される。

▶1つのアミノ酸を指定するmRNAの塩基3個（**トリプレット**）の配列を**コドン**という。

▶**tRNA（転移RNA）**は，アミノ酸をリボソームに運ぶはたらきをもつ。

▶tRNAは，mRNAのコドンに相補的な**アンチコドン**という塩基配列をもち，この部分でmRNAに結合する。

▶**rRNA（リボソームRNA）**は，タンパク質とともにリボソームを構成している。

■翻訳のしくみ

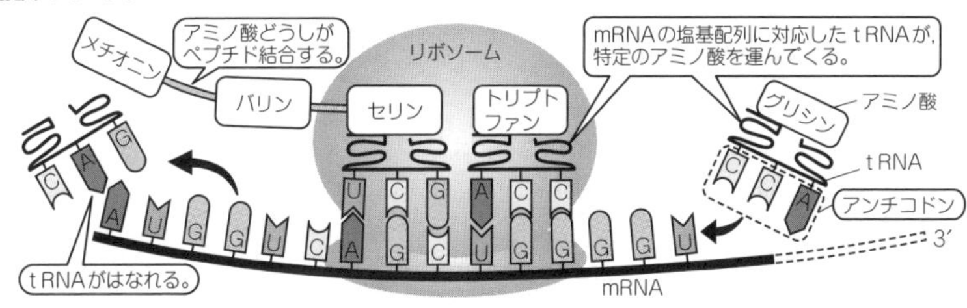

▶RNAのコドンの塩基配列の組み合わせは**64通り**ある。これらのコドンがどのアミノ酸を指定するかをまとめた表を**遺伝暗号表**という。

▶64通りのコドンのうち，**AUG**はメチオニンを指定し，翻訳の開始に対応するコドンであるので，**開始コドン**という。**UAA**，**UAG**，**UGA**はアミノ酸を指定せず，翻訳の終了に対応するコドンであるので，**終止コドン**という。

▶転写と翻訳を経て，遺伝情報が一方向に流れるという原則を**セントラルドグマ**という。

69 転写と翻訳のしくみ

問題

問題

転写や翻訳について説明した文として適当なものを，次の**ア**～**エ**からすべて選べ。

ア　RNAポリメラーゼがはたらくには，プライマーが必要である。

イ　スプライシングは核内で行われる。

ウ　翻訳の場であるリボソームは，RNAだけで構成されている。

エ　終止コドンに対応するtRNAは存在しない。

解くための材料

64種類のコドンのうち，翻訳の開始点を指定するコドンを開始コドン，翻訳の終了を指定するコドンを終止コドンという。

解き方

ア　誤った記述です。転写ではプライマーは合成されません。RNAポリメラーゼ（RNA合成酵素）は，DNAのプロモーターとよばれる領域に結合し，5′→3′方向にRNAを合成していきます。

イ　正しい記述です。転写とスプライシングは核内で行われます。できたmRNA（伝令RNA）は核膜孔を通って細胞質へ移動します。

ウ　誤った記述です。リボソームはrRNA（リボソームRNA）とタンパク質で構成されています。

エ　正しい記述です。終止コドンに対応するtRNAは存在しないので，終止コドンはアミノ酸を指定しません。一方，開始コドンはメチオニンというアミノ酸を指定します。

イ，エ……答

70 細胞内のDNAとRNAの分布

問題

観察＆実験

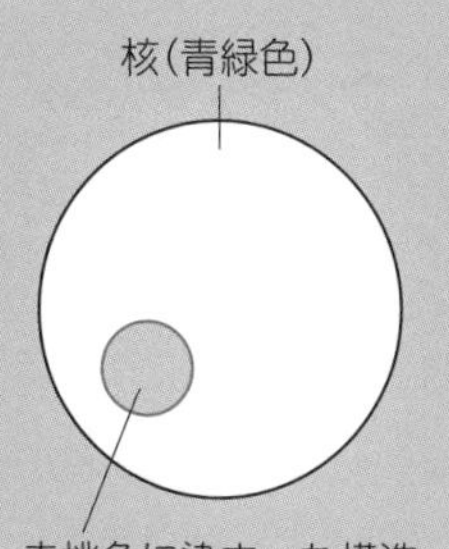

ピロニン・メチルグリーン溶液（P-M液）は，DNAを青緑色に，RNAを赤桃色に染色する染色液である。
タマネギの鱗片葉（りんぺんよう）の内側表皮を無水アルコールで固定し，P-M液で染色して顕微鏡で観察すると，右の図のように青緑色に染まった核の内部に赤桃色に染まった構造がみられた。
(1) 赤桃色に染まった構造は何か。名称を答えよ。
(2) (1)の構造が赤桃色に染まった理由を簡潔に説明せよ。

解くための材料

核小体では，rRNA（リボソームRNA）が合成される。

解き方

本問の実験は，細胞内のDNAとRNAの分布を調べたものです。

実験結果から，DNAは核内に分布し，RNAは核内の丸い構造に分布していることがわかりました。

RNAが分布している丸い構造は核小体です。核小体では，rRNAが合成されているので，RNAが多く分布しているのです。

(1) **核小体**
(2) **rRNAが合成されているから。** ……答

71 選択的スプライシング

問題 計算

下の図は，4つのエキソン（エキソン1〜4）とその間のイントロン（a〜c）が含まれるmRNA前駆体を示している。
このmRNA前駆体から選択的スプライシングによってエキソンの組み合わせが異なるmRNAが生成される。このとき，最大で何種類のmRNAが生成されるか。ただし，エキソン1とエキソン4はつねに含まれ，イントロンはすべて除去されるものとする。

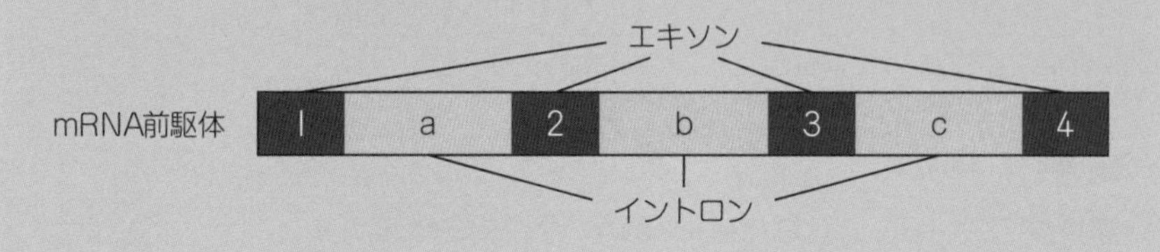

（2018センター試験）

解くための材料

スプライシングでは，mRNA前駆体のイントロンが除かれ，エキソンがつながる。このとき，除かれる部分の違いによって，異なるmRNAがつくられることがある。これを選択的スプライシングという。

解き方

選択的スプライシングによって最大で何種類のmRNAが生成されるかを求める問題です。

イントロンはすべて除かれるので，エキソンだけについて考えましょう。

下の図のように，エキソン1，4については，必ず含まれるので1通りしかありません。エキソン2，3については，それぞれ含まれる場合と除去される場合の2通りが考えられます。

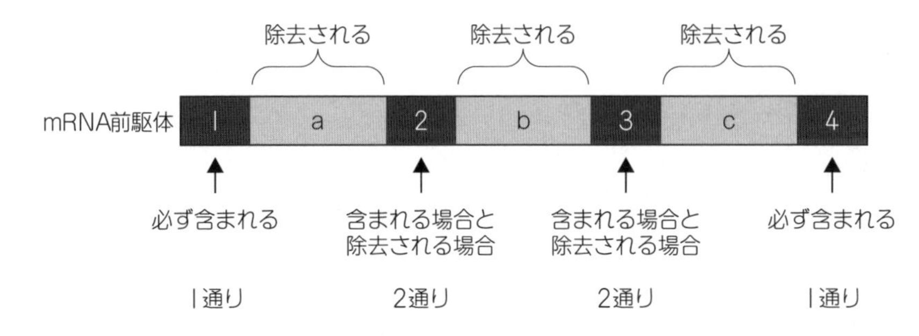

よって，生成されるmRNAの種類は，

$1 \times 2 \times 2 \times 1 = 4$種類

です。具体的には，次の4種類が生成されます。

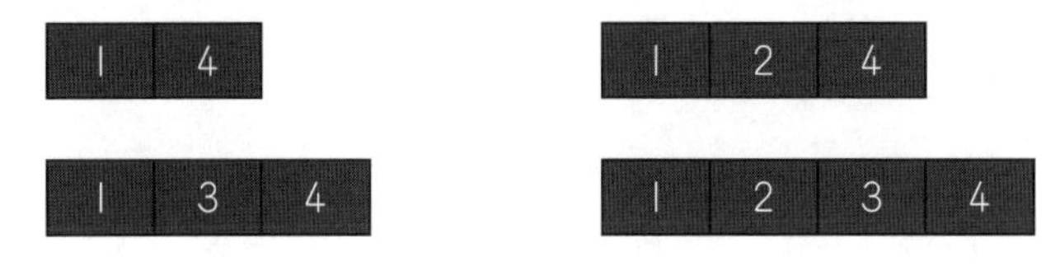

4種類……**答**

転写後の修飾

真核生物では，転写されたRNAに，5′末端に**キャップ**（メチル基のついたグアニンヌクレオチド）が結合し，3′末端には**ポリA尾部**（200個にもおよぶ連続したアデニンヌクレオチド）が付加される。キャップは，リボソームがmRNAと結合するのに必要な構造であり，ポリA尾部は，効率のよい翻訳に必要であると考えられている。これらの修飾を受けたあと，RNAはスプライシングを経てmRNAとなる。

72 転写と翻訳

問題

問 題

下の図は，ある短いタンパク質の全長をコードするDNA領域（開始コドンと終止コドンを含む）を示している。図の2本鎖DNAのⓐ鎖，ⓑ鎖のうち，転写の鋳型となるのは［ア］鎖である。このタンパク質を構成するアミノ酸の数は，［イ］個である。なお，鋳型となるDNA鎖は3′末端から5′末端方向へ読み取られ，RNAは5′末端から3′末端方向へ合成される。スプライシングは起こらず，どのアミノ酸も翻訳後に除かれるものはないものとする。開始コドンはAUG，終止コドンはUAA，UGAおよびUAGである。

ⓐ鎖　5′−TTACTAGCTAAGTTGAATAGCTACTCATAT−3′
ⓑ鎖　3′−AATGATCGATTCAACTTATCGATGAGTATA−5′

（2019センター試験）

解くための材料

DNAの2本鎖のうち，非鋳型鎖の塩基配列は，RNAの塩基配列のUをTに置きかえたものと同じになる。

DNAの2本鎖のうち，非鋳型鎖は**センス鎖**とよばれます。これは「意味のある鎖」という意味です。このような名前がつけられたのは，非鋳型鎖の塩基配列のTをUに置きかえるとmRNAの塩基配列と同じになり，そのまま遺伝暗号表と対応させることができるからです。

一方，鋳型鎖は，塩基配列が意味をなしていないので，**アンチセンス鎖**とよばれます。

塩基配列中に開始コドンと終止コドンが見つかれば，その鎖はセンス鎖であることがわかります。DNAでは，開始コドンはATG，終止コドンはTAA，TGA，TAGです。

RNAは5′→3′方向へ合成されることに注意して，コドンを探してみると，ⓑ鎖に開始コドンATGがあることがわかります。

ⓐ鎖　5′－TTACTAGCTAAGTTGAATAGCTACTCATAT－3′
ⓑ鎖　3′－AATGATCGATTCAACTTATCGATGA[GTA]TA－5′
開始コドン

次に，見つかったATGから塩基を3個ずつ区切っていきましょう。すると，ATGから7個目のコドンが終止コドンTAGであることがわかります。

ⓐ鎖　5′－TTACTAGCTAAGTTGAATAGCTACTCATAT－3′
ⓑ鎖　3′－AATGATC[GAT]TCA|ACT|TAT|CGA|TGA[GTA]TA－5′
終止コドン　開始コドン

したがって，開始コドンと終止コドンが見つかったⓑ鎖がセンス鎖，反対側のⓐ鎖はアンチセンス鎖です。つまり，転写の鋳型となるのはⓐ鎖です。

また，終止コドンはアミノ酸を指定しないので，このタンパク質を構成するアミノ酸の数は6個であることがわかります。

ア：ⓐ，イ：6……答

73 遺伝暗号の解読

問題 思考探究

次の実験①～③のように，人工的に合成したmRNAを大腸菌の抽出液に加え，適切な条件でタンパク質合成を行わせ，合成されるポリペプチドを構成するアミノ酸を調べた。

① アデニン（A）だけからなる人工mRNA（AAAAAA…）を加えると，リシンだけからなるポリペプチドが合成された。

② ウラシル（U）とAのくり返しの人工mRNA（UAUAUAUA…）を加えると，チロシンとイソロイシンが交互につながったポリペプチドが合成された。

③ AUAのくり返しの人工mRNA（AUAAUAAU…）を加えると，アスパラギンだけからなるポリペプチドとイソロイシンだけからなるポリペプチドが合成された。

アスパラギン，イソロイシン，チロシン，リシンを指定するコドンは何か。実験から推定できるものをすべて答えよ。実験からわからないものは不明と答えよ。

解くための材料

複数種類のコドンが同じアミノ酸を指定する場合がある。

人工mRNAでは，どの塩基からでも読み始めることができるので，すべての区切り方について考える必要があります。

① AAAAAA…は，どこで区切ってもAAAのコドンしか生じません。よって，AAAはリシンを指定することがわかります。

② UAUAUAUA…は，区切り方により，UAUのコドンのくり返し，AUAのコドンのくり返しの2通りが考えられます。よって，UAUとAUAのうち一方がチロシン，もう一方がイソロイシンを指定することがわかります。

③ AUAAUAAU…は，区切り方により，AUAのコドンのくり返し，UAAのコドンのくり返し，AAUのコドンのくり返しの3通りが考えられます。よって，これら3種類のコドンは，3種類のうち2種類が同じアミノ酸を指定している可能性と，3種類のうち1種類が終止コドンである可能性が考えられます。

ここで，複数の実験で共通してみられたコドンやアミノ酸に注目しましょう。実験②と③では，どちらも塩基配列にAUAのコドンがみられ，ポリペプチドにはイソロイシンが含まれていました。よって，AUAはイソロイシンを指定することがわかります。このことから，実験②のもう一方のコドンUAUはチロシンを指定することもわかります。

なお，UAAとAAUが，それぞれアスパラギンかイソロイシンを指定しているか，または一方がアスパラギンを指定していてもう一方が終止コドンであるのか，実験①〜③からはわかりません。

アスパラギン：**不明**，イソロイシン：**AUA**，
チロシン：**UAU**，リシン：**AAA** ……

遺伝情報の発現

74 原核生物の遺伝子発現

問題

下の図は，電子顕微鏡で観察したときの大腸菌の転写と翻訳のようすを模式的に示したものである。ただし，翻訳中のタンパク質は観察できないので示していない。

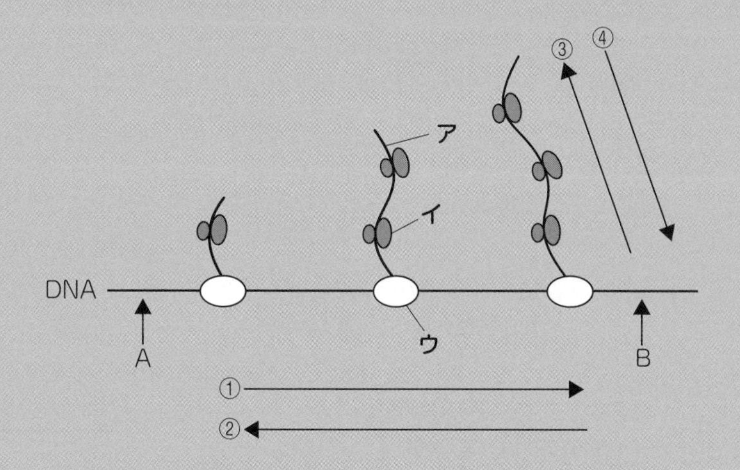

(1) 図中のア～ウの名称をそれぞれ答えよ。

(2) 転写および翻訳が進行する方向として最も適当なものを，それぞれ図の①～④から1つずつ選べ。

(3) プロモーターがある位置として最も適当なものを，図のA，Bから1つ選べ。

解くための材料

原核生物では，転写中のmRNAにリボソームが付着し，転写と同時に翻訳が行われる。

解き方

大腸菌（原核生物）におけるこの転写と翻訳の流れを模式的に示すと，右の図のようになります。

① DNAのプロモーターにRNAポリメラーゼ（RNA合成酵素）が結合します。

② RNAポリメラーゼの移動にともなって，mRNAが合成されます。

③ 合成中のmRNAの先端にリボソームが結合します。

④ リボソームの移動にともなって，タンパク質が合成されます。

⑤ さらに，RNAポリメラーゼとリボソームが結合し，次々とmRNAとタンパク質が合成されていきます。

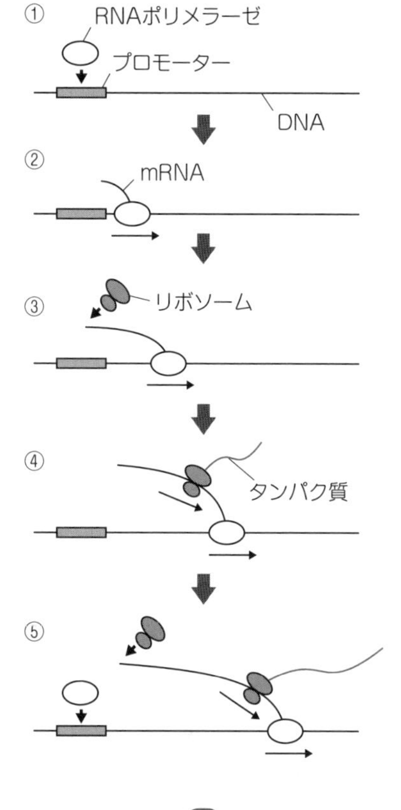

(1) DNAに結合しているのがRNAポリメラーゼ，RNAポリメラーゼから出ているのがmRNA，mRNAに結合しているのがリボソームです。

ア：mRNA，イ：リボソーム，
ウ：RNA ポリメラーゼ（RNA合成酵素） ……答

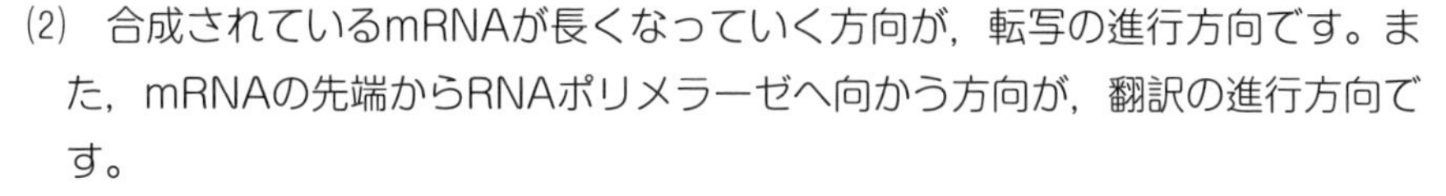

(2) 合成されているmRNAが長くなっていく方向が，転写の進行方向です。また，mRNAの先端からRNAポリメラーゼへ向かう方向が，翻訳の進行方向です。

転写の進行方向：①，翻訳の進行方向：④……答

(3) 転写の進行方向とは反対側にプロモーターがあります。

A……答

まとめ

▶転写は，DNAの**プロモーター**という領域にRNAポリメラーゼ（RNA合成酵素）が結合することで開始される。

▶**調節タンパク質**（**リプレッサー**）とよばれるタンパク質が，プロモーターの周辺にある転写調節領域（**オペレーター**）に結合したりはずれたりすることで転写が調節される。

▶調節タンパク質をコードしている遺伝子を**調節遺伝子**という。

▶酵素などのタンパク質をコードしている遺伝子を**構造遺伝子**という。

▶原核生物では，複数の構造遺伝子が隣り合って存在し，まとめて転写されることが多い。このような遺伝子群を**オペロン**という。

■ラクトースオペロンのしくみ

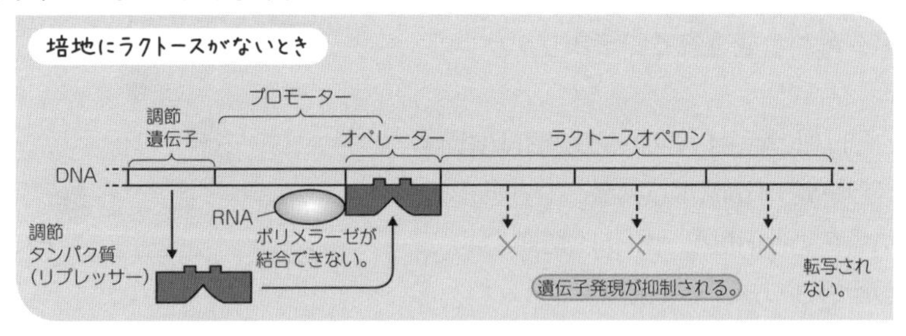

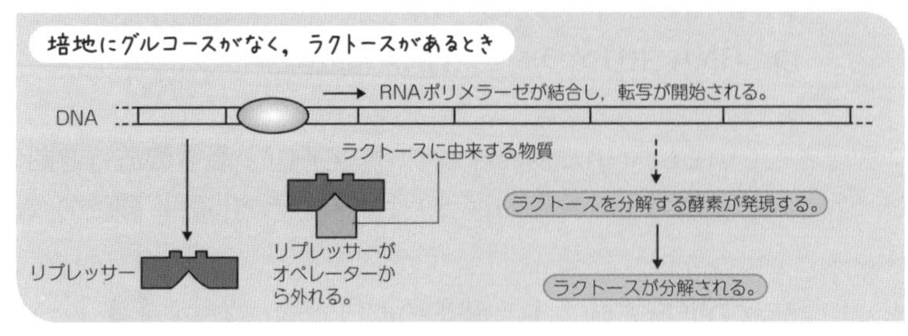

▶真核生物では，RNAポリメラーゼが**基本転写因子**というタンパク質とともに**転写複合体**を形成してプロモーターに結合する。

▶抑制因子や活性化因子などの調節タンパク質は，**転写調節領域**に結合することで，転写を抑制したり促進したりしている。

75 遺伝子発現調節

問題

問題

遺伝子発現調節について説明した文として適当なものを，次の**ア**～**エ**からすべて選べ。

ア　原核生物では，RNAポリメラーゼは基本転写因子とともに転写複合体を形成する。

イ　真核生物では，複数の遺伝子がオペロンとしてまとまって調節されることがある。

ウ　真核生物では，遺伝子が転写されるためには，クロマチンの構造がある程度ほどけた状態になる必要がある。

エ　ある調節遺伝子につくられた調節タンパク質が，さらに別の調節遺伝子の発現を調節することがある。

解くための材料

転写は，RNAポリメラーゼ（RNA合成酵素）がプロモーターに結合することで開始される。

解き方

ア　誤った記述です。RNAポリメラーゼが**基本転写因子**とともに**転写複合体**を形成するのは真核生物です。

イ　誤った記述です。複数の遺伝子が**オペロン**としてまとまって調節されることがあるのは原核生物です。

ウ　正しい記述です。真核生物では，**クロマチン**がある程度ほどけた状態になると，RNAポリメラーゼがプロモーターに結合できるようになります。

エ　正しい記述です。調節遺伝子による調節が連続的に起こることで，細胞はさまざまな形やはたらきをもつように**分化**していきます。

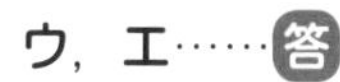

1個の受精卵が体細胞分裂をくり返し，分裂した細胞が特定の形やはたらきをもつようになっていくことを細胞の分化といったね。生物基礎を復習しよう！

76 オペロン①

問題

思考探究

大腸菌に強い紫外線を照射したところ，2種類の変異株A，Bが得られた。

変異株A：グルコースがなくラクトースがある条件下でも，ラクトースの代謝にはたらく酵素がまったく合成されない。
変異株B：ラクトースがない条件下でも，ラクトースの代謝にはたらく酵素が合成される。

これらの変異株のDNAの塩基配列を調べたところ，リプレッサーをコードする調節遺伝子や酵素の遺伝子には突然変異はみられなかった。これらの変異株は，それぞれどの領域に突然変異をもつと考えられるか。

解くための材料

- **培地にラクトースがないとき**：リプレッサーがオペレーターに結合することにより，RNAポリメラーゼ（RNA合成酵素）のプロモーターへの結合が阻害され，遺伝子発現が抑制される。
- **培地にグルコースがなくラクトースがあるとき**：ラクトースの代謝産物がリプレッサーに結合することで，リプレッサーはオペレーターに結合できなくなる。その結果，RNAポリメラーゼがプロモーターへ結合できるようになり，遺伝子発現が促進される。

ラクトースオペロンに関与するDNA領域は，おもに次の4つがあります。

① リプレッサーをコードする調節遺伝子

② プロモーター

③ オペレーター

④ 酵素の構造遺伝子

これらのうち，①と④には突然変異がないことがわかっているので，②や③に突然変異が起こった場合について考えてみましょう。

②に突然変異が起こった場合

プロモーターに突然変異が起こると，この領域にRNAポリメラーゼが結合できなくなると考えられます。すると，たとえグルコースがなくラクトースがある条件下でも，転写が起こらないので，酵素は合成されません。これは，変異株Aの特徴と一致しています。

③に突然変異が起こった場合

オペレーターに突然変異が起こると，この領域にリプレッサーが結合できなくなると考えられます。すると，たとえラクトースがない条件下でも，RNAポリメラーゼのプロモーターへの結合は阻害されないので，転写が起こり，酵素が合成されます。これは，変異株Bの特徴と一致しています。

変異株A：**プロモーター**，変異株B：**オペレーター**……答

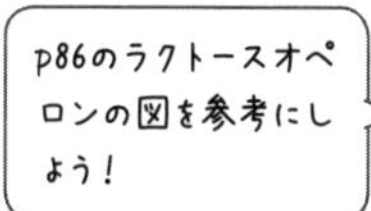

調節遺伝子の突然変異

リプレッサーをコードする調節遺伝子に突然変異が起こった場合，次の2パターンが考えられる。

① リプレッサーがオペレーターに結合できなくなる。これにより，ラクトースがないときでも，転写が起こり，酵素が合成される。

② ラクトースの代謝産物がリプレッサーに結合できなくなる。これにより，リプレッサーがオペレーターから離れなくなるので，グルコースがなくラクトースがある条件下でも，転写が起こらず，酵素は合成されない。

77 オペロン②

問題

思考探究

IPTGは，ラクトース代謝産物（アロラクトース）と類似した分子構造をもつ物質であり，アロラクトースと同様にリプレッサーと結合することができる。IPTGはラクトースとは異なり，βガラクトシダーゼによる分解は受けない。
グルコース培地（グルコースを含むが，ラクトースは含まない培地）で大腸菌を培養し，培養の途中で菌をラクトース培地（ラクトースを含むが，グルコースは含まない）に移した場合，βガラクトシダーゼなどの遺伝子の転写量は増加する。その後，細胞内で合成されたβガラクトシダーゼによってラクトースが使い尽くされるため，アロラクトースも減少し，リプレッサーの機能が回復する。こうしてβガラクトシダーゼなどの遺伝子の転写量は減少に転じ，最終的には転写されなくなる。では，グルコース培地で培養した大腸菌をIPTG培地（グルコースおよびラクトースを含まず，IPTGを含む培地）に移した場合，βガラクトシダーゼなどの遺伝子の転写量は時間経過とともにどのように変化すると推定されるか。簡潔に説明せよ。

（2018琉球大）

解くための材料

βガラクトシダーゼは，ラクトースオペロンにより合成される酵素のひとつであり，ラクトースを分解するはたらきをもつ。

実験内容が文章だけで書かれていて理解しにくい場合は，簡単に図解してみましょう。

大腸菌をグルコース培地からラクトース培地へ移すと，次のようなことが起こり，βガラクトシダーゼの転写量は増加したあと，減少します。

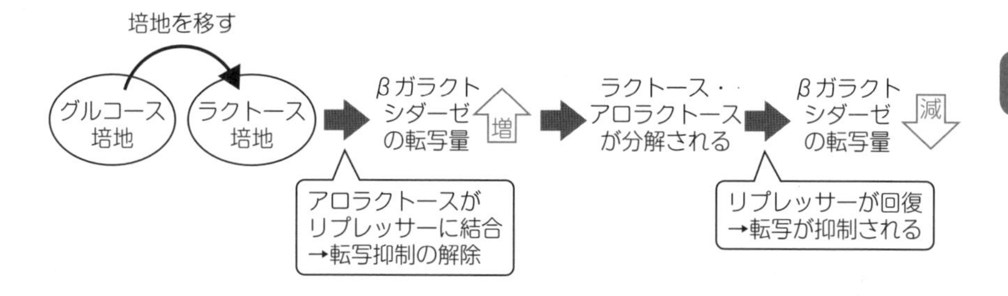

次に，大腸菌をグルコース培地からIPTG培地へ移した場合について考えてみましょう。

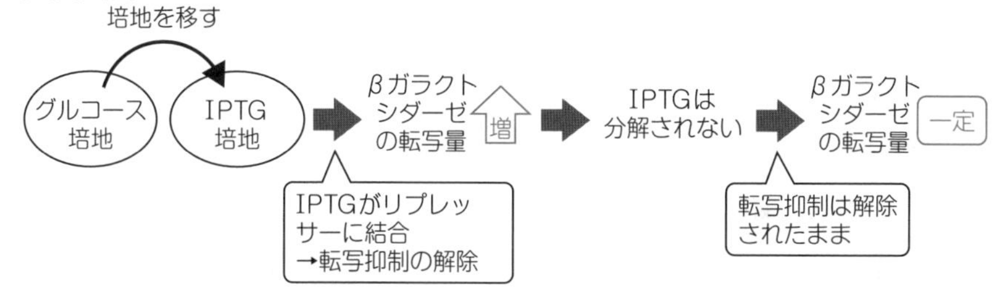

アロラクトースと違い，IPTGはβガラクトシダーゼによって分解されません。このため，IPTGはリプレッサーに結合したままであり，転写は抑制されません。したがって，βガラクトシダーゼなどの転写量は一定のままであると考えられます。

βガラクトシダーゼなどの転写量は，時間が経過しても一定のままであると考えられる。……答

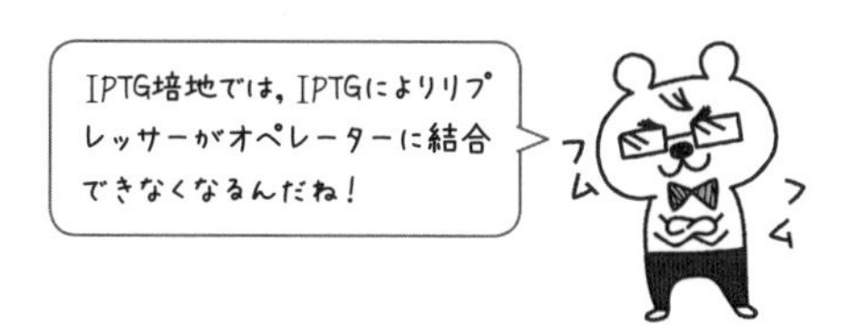

78 真核生物の発現調節

問題

思考探究

真核生物において，ある遺伝子Aの転写量のみが減少している場合，どのような遺伝子（Ⅰ群から選択）の，どのような塩基配列（Ⅱ群から選択）に起こった変異が原因となったと考えられるか。単独で原因となりえる組み合わせを，例にならってすべて答えよ。（例：Ⅰa－Ⅱa，Ⅰb－Ⅱb）

Ⅰ群

Ⅰa：遺伝子A
Ⅰb：すべての遺伝子
Ⅰc：基本転写因子の遺伝子
Ⅰd：RNAポリメラーゼの遺伝子
Ⅰe：DNAポリメラーゼの遺伝子

Ⅱ群

Ⅱa：転写制御に関与する塩基配列
Ⅱb：基本転写因子が結合する塩基配列
Ⅱc：RNAポリメラーゼが結合する塩基配列
Ⅱd：DNAポリメラーゼが結合する塩基配列
Ⅱe：アミノ酸配列を指定する塩基配列

（2009千葉大）

解くための材料

真核生物では，RNAポリメラーゼ（RNA合成酵素）が基本転写因子とともに転写複合体を形成してプロモーターに結合する。

まずは，Ⅰ群の各選択肢について，変異が起こった場合に遺伝子*A*の転写量のみが影響を受けるかどうか考えていきましょう。

Ⅰa：遺伝子*A*に変異があった場合，遺伝子*A*の転写量のみが影響を受ける可能性があるので，Ⅰaは適当です。

Ⅰb・Ⅰc・Ⅰd：もし，すべての遺伝子に変異があるとすると，遺伝子*A*だけでなくすべての遺伝子の転写量に影響が出るので，Ⅰbは不適です。同様に，基本転写因子やRNAポリメラーゼの遺伝子に変異がある場合も，すべての遺伝子の転写量に影響が出るので，ⅠcとⅠdも不適です。

Ⅰe：DNAポリメラーゼは，DNAの複製ではたらく酵素であり転写とは無関係なので，Ⅰeは不適です。

次に，Ⅱ群の各選択肢について考えましょう。遺伝子*A*のどの領域に変異が起こると，転写量が減少するのでしょうか。

真核生物では，下の図のように，RNAポリメラーゼと基本転写因子からなる転写複合体がプロモーターに結合し，さらに調節タンパク質による調節を受けることで，転写が開始されます。このしくみがうまくはたらかなくなると，転写量が減少すると考えられます。

すなわち，変異が起こった場合に遺伝子*A*の転写量が減少すると考えられる領域は，転写調節領域（Ⅱa），基本転写因子が結合する塩基配列（Ⅱb），RNAポリメラーゼが結合する塩基配列（Ⅱc）です。

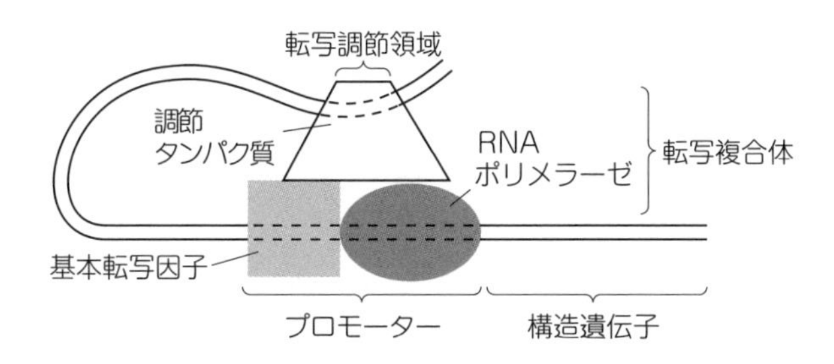

DNAポリメラーゼは転写とは無関係なのでⅡdは不適です。また，アミノ酸配列を指定する塩基配列に変異が起こった場合，正常なタンパク質が合成されない可能性はありますが，転写とは無関係なのでⅡeも不適です。

Ⅰa－Ⅱa，Ⅰa－Ⅱb，Ⅰa－Ⅱc……答

遺伝情報の発現調節

まとめ

▶発生の初期に形成され，卵や精子のもとになる細胞を**始原生殖細胞**（しげんせいしょくさいぼう）という。

▶始原生殖細胞は，発生中の精巣や卵巣に移動し，精巣では**精原細胞**（せいげんさいぼう）に，卵巣では**卵原細胞**（らんげんさいぼう）になる。

▶1個の**一次精母細胞**（いちじせいぼさいぼう）は，減数分裂を経て4個の**精子**になる。

▶1個の**一次卵母細胞**（いちじらんぼさいぼう）は，減数分裂を経て1個の**卵**と3個の**極体**になる。

■配偶子形成の流れ

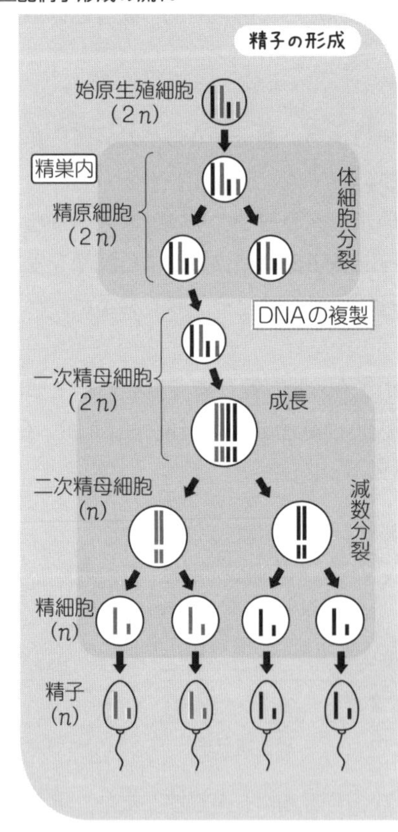

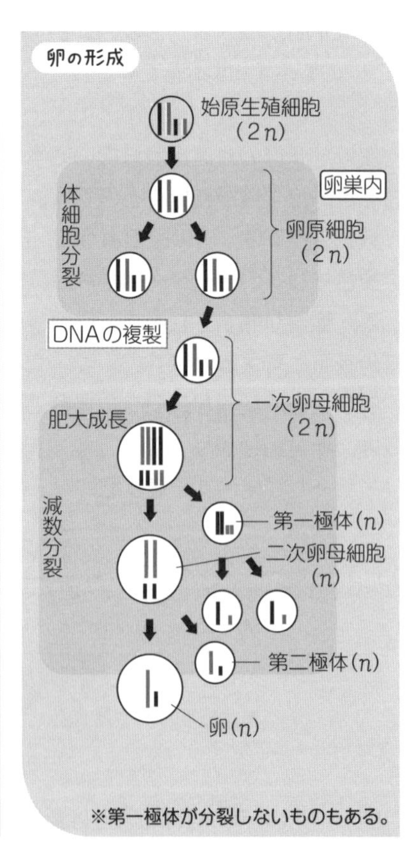

▶ヒトの精子は，先体・核・中心体をもつ頭部，ミトコンドリアをもつ中片部，鞭毛からなる尾部で構成されている。

■精子の構造

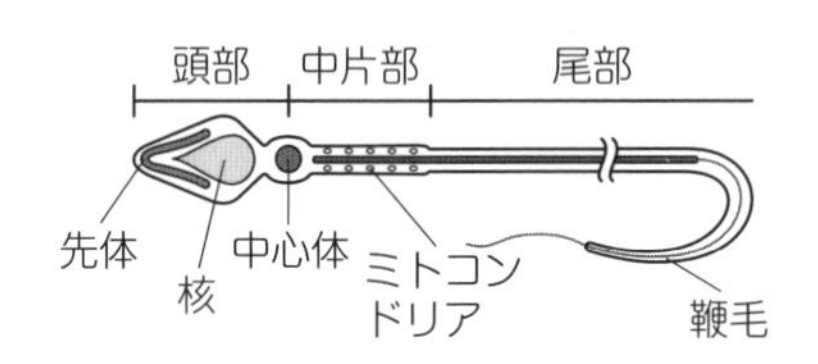

▶精子と卵が融合し，**受精卵**をつくる過程を**受精**という。

▶ウニの受精の流れ

① 精子が卵に近づくと，精子の先体からタンパク質分解酵素などが卵のまわりのゼリー層に放出される。

② 精子の頭部から，アクチンフィラメントからなる**先体突起**（せんたいとっき）が伸びてくる。

③ 先体突起が卵の細胞膜と接触すると，卵黄膜は**受精膜**に変わる。この膜は，ほかの精子の進入を防ぐ役割をもつ。

■ウニの受精のようす

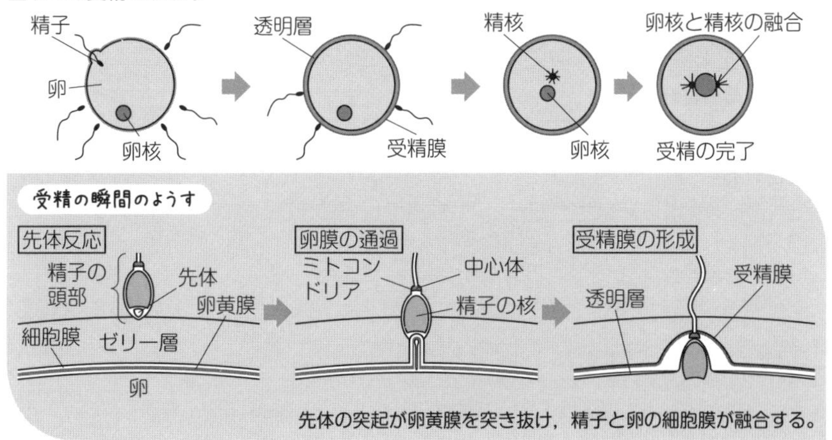

※ほかの精子が進入するのを防ぐために，海水中のナトリウムイオンを卵内に流入させて，膜電位を変化させるしくみも備わっている。

79 動物の配偶子形成①

問題 グラフ

下の図は，ある動物の精子形成の過程のうち，精原細胞が精細胞になるまでの間の細胞当たりのDNA量の変化を示している。

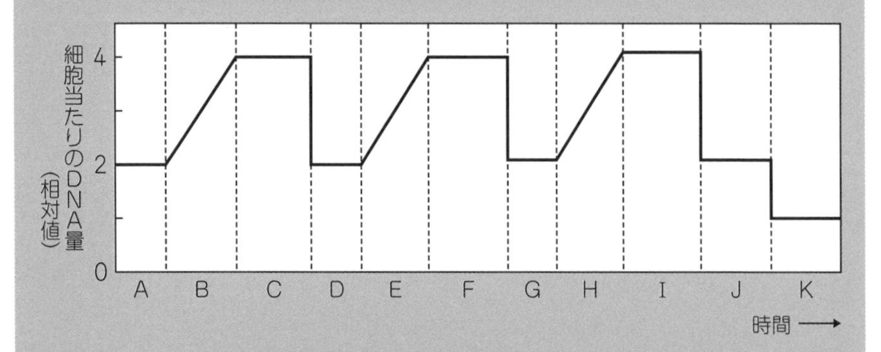

(1)　一次精母細胞，二次精母細胞に相当するのはどの時期か。それぞれ図中のA～Kから1つずつ選べ。

(2)　核相が複相（$2n$）から単相（n）になるのはどの時期か。例にならって答えよ。（例：A～B）

解くための材料

始原生殖細胞→精原細胞→一次精母細胞→二次精母細胞→精細胞→精子の順に形成される。

(1) 動物の精巣内では，精原細胞が体細胞分裂をくり返して増殖しています。やがて，精原細胞の一部は，DNAの複製を終えると減数分裂に入ります。減数分裂第一分裂を行っている細胞を一次精母細胞，第二分裂を行っている細胞を二次精母細胞といいます。第二分裂を終えると精細胞となり，やがて精細胞は変態して精子となります。

以上の知識をふまえてグラフを見てみましょう。グラフの形から，A～DとD～Gは体細胞分裂，G～Kは減数分裂であることがわかります。したがって，体細胞分裂を行っているA～Gは精原細胞です。

さらに，減数分裂についてくわしく見ると，Hでは，DNA量が倍加していることから，DNAが複製されていることがわかります。続くⅠは減数分裂第一分裂，DNA量が半減しているJは減数分裂第二分裂，さらにDNA量が半減しているKは娘細胞です。

よって，G，Hまでは精原細胞，Ⅰは一次精母細胞，Jは二次精母細胞，Kは精細胞であることがわかります。

一次精母細胞：Ⅰ，二次精母細胞：J……答

(2) **核相**とは，細胞内の染色体構成のことで，相同染色体が2組ある場合を**複相**（$2n$），1組しかない場合を**単相**（n）といいます。体細胞の核相は$2n$ですが，減数分裂によって相同染色体が分離するので，配偶子の核相はnとなります。

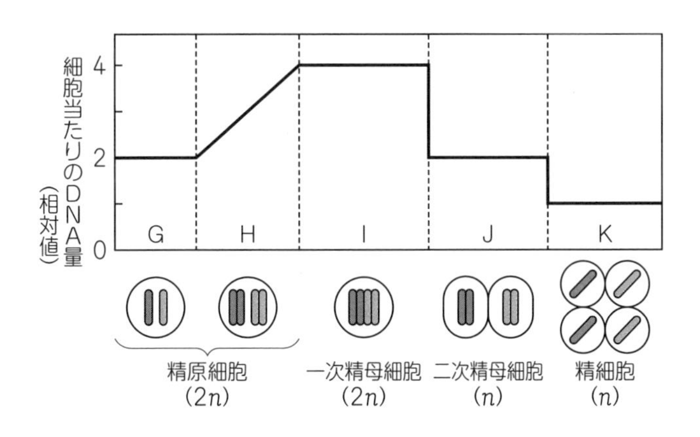

80 動物の配偶子形成②

問題

計算

(1) 20個の一次卵母細胞から何個の卵がつくられるか。

(2) 6000万個の精子をつくるためには，一次精母細胞は少なくとも何個必要か。

解くための材料

動物の配偶子形成では，1個の一次精母細胞から4個の精子が，1個の一次卵母細胞から1個の卵がつくられる。

解き方

(1) 1個の一次卵母細胞は，減数分裂を経て1個の卵と3個の極体になります。よって，20個の一次卵母細胞からは20個の卵がつくられます。

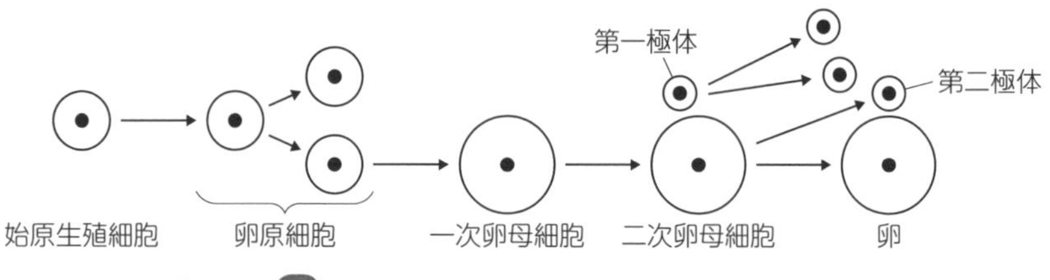

20個……答

(2) 1個の一次精母細胞は，減数分裂を経て4個の精子になります。よって，6000万個の精子をつくるために必要な一次精母細胞の数は，

6000万÷4＝1500万個

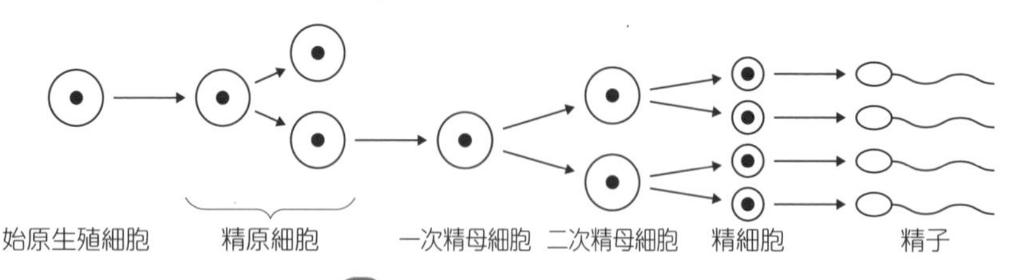

1500万個……答

81 動物の配偶子形成③

問題 計算

体細胞分裂した精原細胞がすべて一次精母細胞になるとすると，精原細胞1個から一次精母細胞を400個つくるためには，少なくとも何回の体細胞分裂が必要か。

解くための材料

精原細胞は，精巣内で体細胞分裂をくり返して増殖している。

解き方

1回の体細胞分裂で精原細胞は2倍にふえるので，

2回の体細胞分裂では，$2^2=4$倍

3回の体細胞分裂では，$2^3=8$倍

⋮

8回の体細胞分裂では，$2^8=256$倍

9回の体細胞分裂では，$2^9=512$倍

よって，精原細胞1個から一次精母細胞を400個つくるためには，少なくとも9回の体細胞分裂が必要です。

9回……答

1個の細胞が9回体細胞分裂すると，512個の細胞になるんだね。

精子の構造

精子の先体には，卵の膜を溶かすための分解酵素が含まれている。中片部では，ミトコンドリアが鞭毛のまわりを取り囲んでおり，鞭毛はミトコンドリアからエネルギーを得て運動している。

82 動物の受精

問題

問題・グラフ

①アフリカツメガエルの未受精卵は，受精に適した溶液中では－20mVの膜電位をもち，精子を加えると受精し，卵の膜電位は6mVまで上昇した（図1）。この電位の上昇を受精電位という。受精後3分くらいまでに，卵細胞膜の直下にある表層粒の内容物が放出され，卵黄膜を受精膜に変化させる。②受精電位の役割を調べるため，未受精卵の膜電位を人為的に一定に保ったまま，精子を加えたときの受精率を調べた（図2）。また，受精前の膜電位を－20mVに保った卵において，受精後も膜電位を－20mVに保つと1つの卵に複数の精子が進入した。

下線部①と②の結果から，アフリカツメガエルの受精において受精電位はどのような役割をもつと考えられるか。

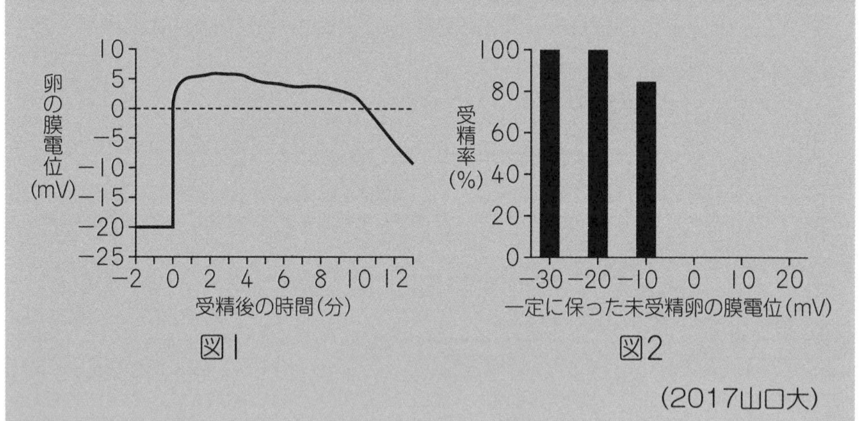

図1　図2

（2017山口大）

解くための材料

卵は，複数の精子が進入するのを防ぐためのしくみを備えている。

下線部①では，受精直後，卵の膜電位が－20mVから6mVまで上昇する現象がみられました。この現象を受精電位といいます。

活動電位は P206

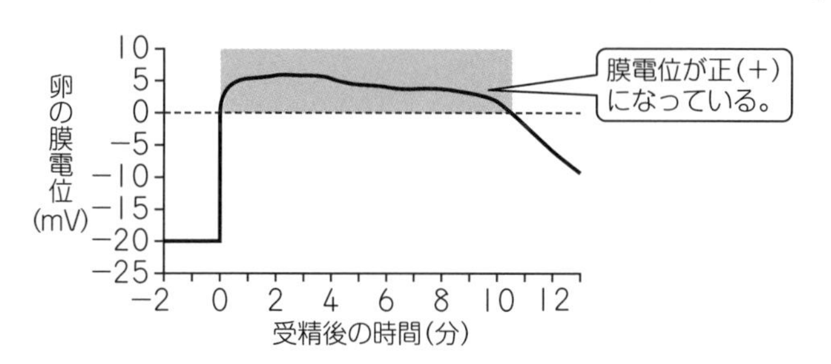

下線部②では，受精電位の役割について調べています。この結果から，膜電位が－30～－10mVのときは受精率が高いのに対し，0～20mVのときは受精率が0%になることがわかりました。

以上のことをあわせて考えると，受精前は受精しやすい状態でしたが，受精後，膜電位が上昇することによって受精しにくい状態に変化したといえます。

さらに，下線部②の後半で，受精後も膜電位を－20mVに保つことで受精電位を阻害すると，1つの卵に複数の精子が進入しました。このことから，受精電位は，受精後，卵にほかの精子が進入するのを防ぐためのしくみであると考えられます。

受精後，卵にほかの精子が進入するのを防いでいる。……答

多精受精の防止

精子が卵に到達したあと，表層粒の内容物が卵黄膜の内側に放出され，卵黄膜は受精膜に変化する。この受精膜は，卵にほかの精子が進入するのを防いでいる。しかし，受精膜が完成するまでには時間がかかってしまう。
これに対して，受精電位はすばやく起こるため，受精膜が完成するまでの間，卵にほかの精子が進入するのを防ぐ役割をもっている。

まとめ

- 卵において，極体を生じた部分を**動物極**，その反対側を**植物極**という。
- 発生初期のころに起こる細胞分裂を**卵割**（らんかつ）といい，生じる細胞を**割球**（かっきゅう）という。
- ウニやカエルの発生では，原腸胚（げんちょうはい）の時期に，胚を構成する細胞が**外胚葉**（がいはいよう）・**中胚葉**（ちゅうはいよう）・**内胚葉**（ないはいよう）に分かれる。

■ウニの発生

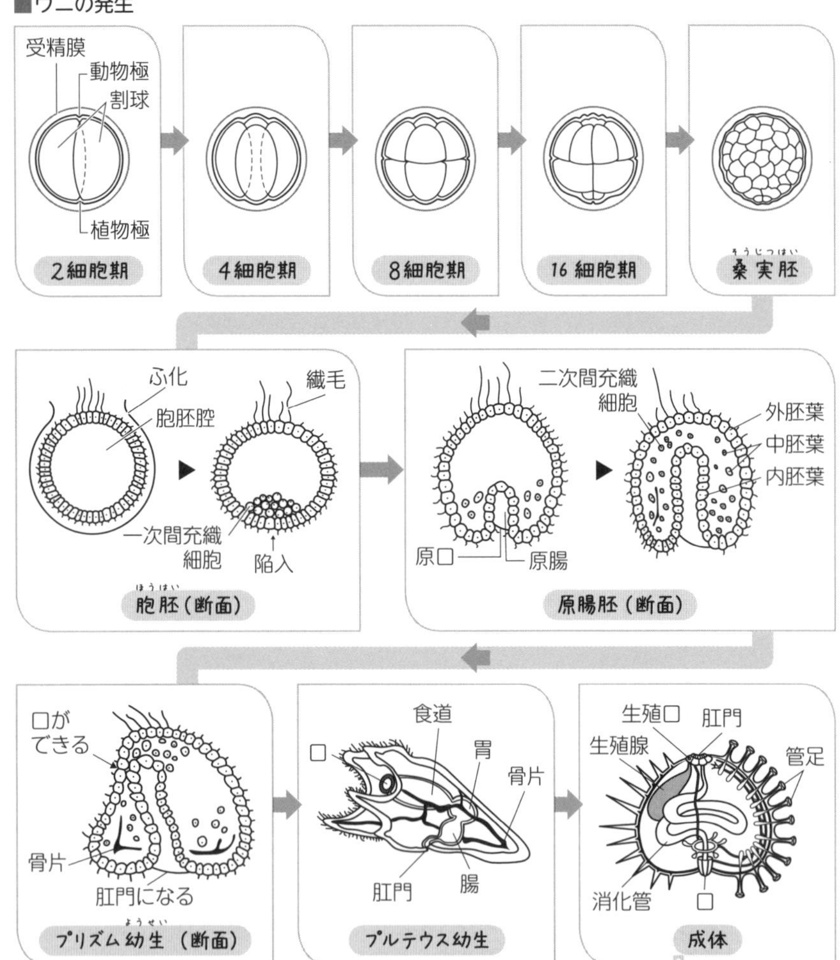

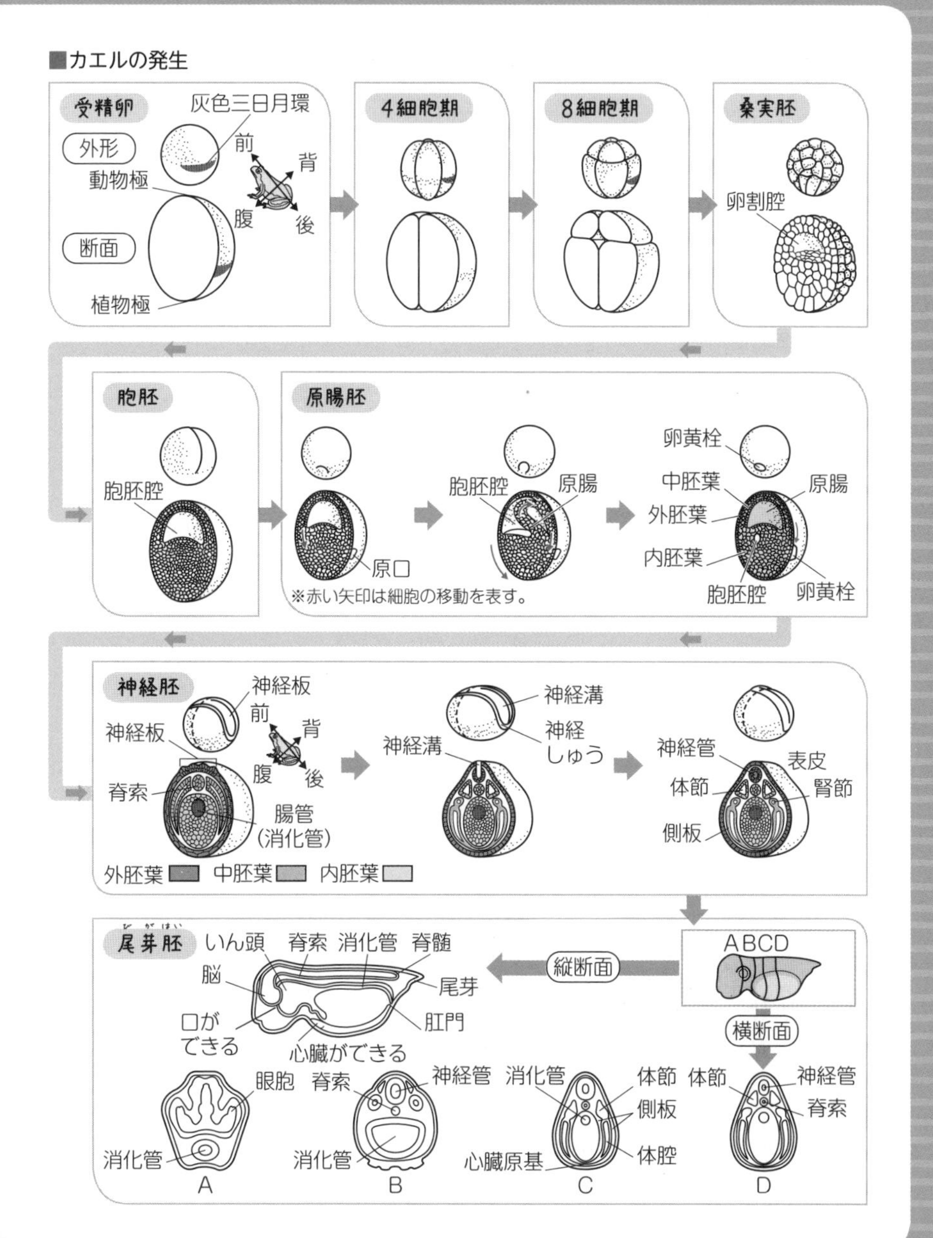

■カエルの発生
受精卵
灰色三日月環
外形
前
背
動物極
腹
後
断面
植物極
4細胞期
8細胞期
桑実胚
卵割腔
胞胚
胞胚腔
原腸胚
胞胚腔
原腸
原口
卵黄栓
中胚葉
原腸
外胚葉
内胚葉
胞胚腔
卵黄栓
※赤い矢印は細胞の移動を表す。
神経胚
神経板
前
背
神経板
腹
後
脊索
腸管
(消化管)
神経溝
神経
しゅう
神経溝
神経管
表皮
体節
腎節
側板
外胚葉
中胚葉
内胚葉
尾芽胚
いん頭
脊索
消化管
脊髄
脳
尾芽
口ができる
肛門
心臓ができる
縦断面
ABCD
横断面
眼胞
消化管
A
脊索
神経管
消化管
B
消化管
体節
側板
体腔
心臓原基
C
体節
神経管
脊索
D

動物の発生

83 ウニの発生

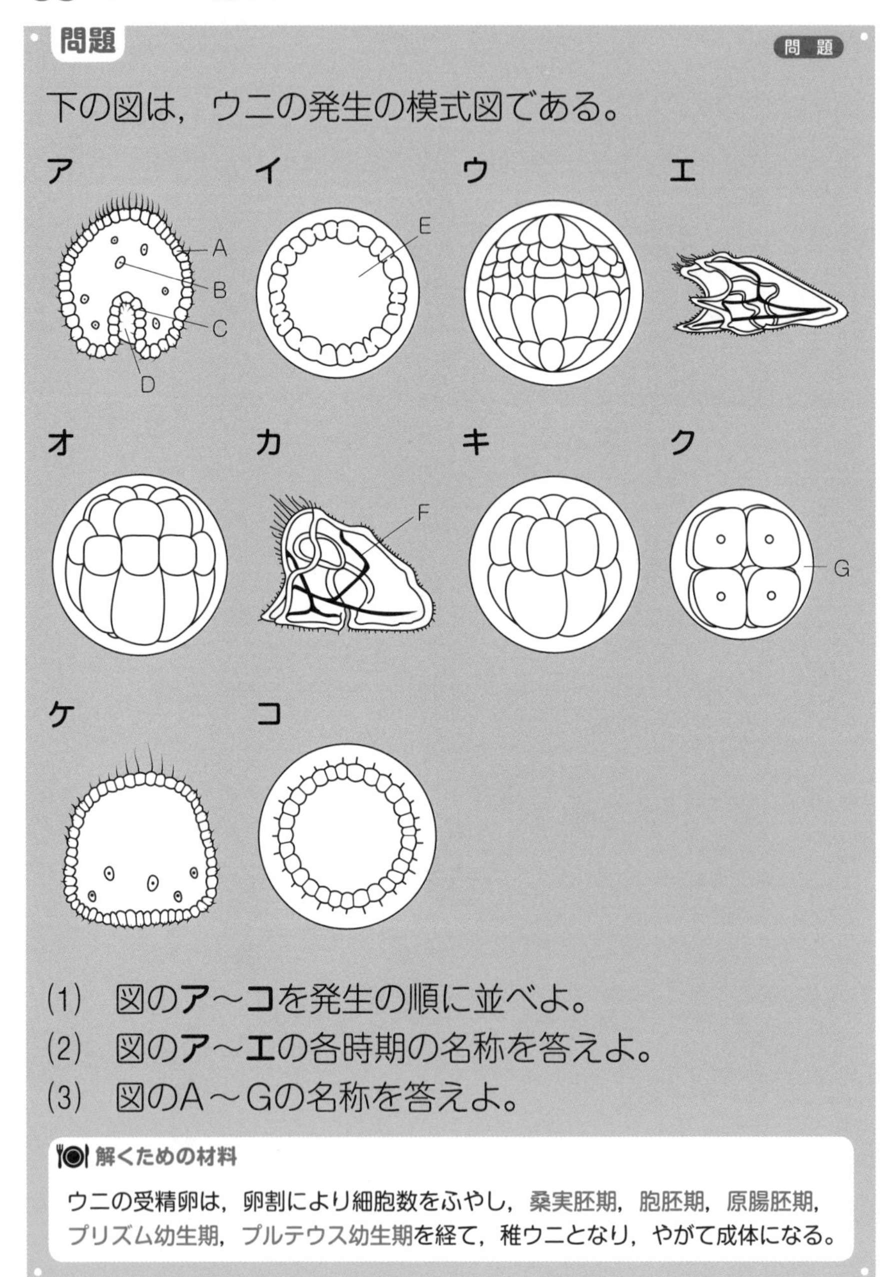

下の図は，ウニの発生の模式図である。

(1)　図の**ア**～**コ**を発生の順に並べよ。

(2)　図の**ア**～**エ**の各時期の名称を答えよ。

(3)　図のA～Gの名称を答えよ。

解くための材料

ウニの受精卵は，卵割により細胞数をふやし，桑実胚期，胞胚期，原腸胚期，プリズム幼生期，プルテウス幼生期を経て，稚ウニとなり，やがて成体になる。

⑴，⑵　問題の図の**ア**～**コ**を発生の順に並べると，下のようになります。

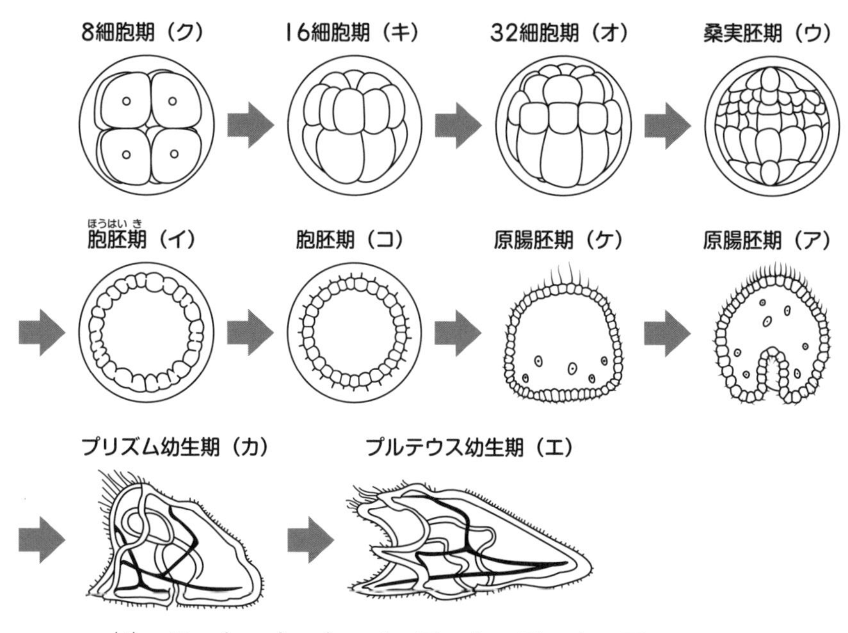

⑴　**ク→キ→オ→ウ→イ→コ→ケ→ア→カ→エ**

⑵　**ア**：**原腸胚期**，**イ**：**胞胚期**，**ウ**：**桑実胚期**，……答
エ：**プルテウス幼生期**

⑶　**ク**の8細胞期にみられる膜は**受精膜**（G）です。受精膜は，胞胚期にふ化するまで，胚を取り囲んでいます。

ウの桑実胚期になると，胚の内部に**卵割腔**（らんかつこう）という空所ができます。**イ**の胞胚期になると，この空所は**胞胚腔**（E）とよばれるようになります。

アの原腸胚期には，植物極側の細胞層が内部に陥入し，**原腸**（D）をつくります。この時期，胚を構成する細胞は，外側の**外胚葉**（A），原腸の壁をつくる**内胚葉**（C），その間にある**中胚葉**（B）に分かれます。

カのプリズム幼生期には，からだの中に**骨片**（F）とよばれる構造ができます。

A：**外胚葉**，B：**中胚葉**，C：**内胚葉**，
D：**原腸**，E：**胞胚腔**，F：**骨片**，G：**受精膜**……

84 カエルの発生

問題

問題

図1は，カエルの発生の模式図である。

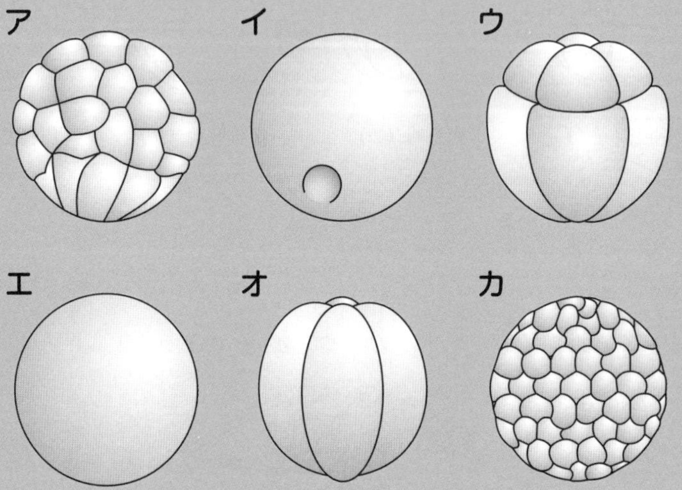

ア　イ　ウ

エ　オ　カ

図1

(1) 図1の**ア**～**カ**を発生の順に並べよ。

(2) 図1の**ア**～**ウ**の各時期の名称を答えよ。

(3) 図2は，ある時期の胚の断面の模式図である。その時期は，図1の**ア**～**カ**のどれか。

(4) 図2のA～Cの名称を答えよ。

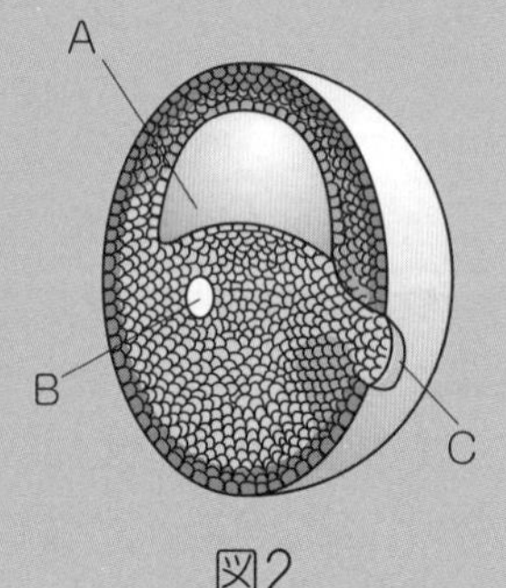

図2

解くための材料

カエルの受精卵は，卵割により細胞数をふやし，桑実胚期，胞胚期，原腸胚期，神経胚期，尾芽胚期を経て，幼生となり，やがて変態して成体になる。

(1), (2)　図1の**ア〜カ**を発生の順に並べると，下のようになります。

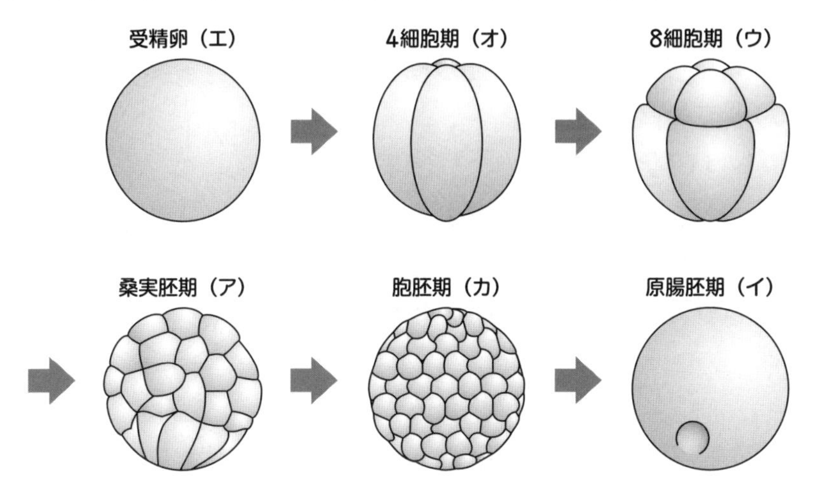

(1)　**エ→オ→ウ→ア→カ→イ**
(2)　**ア**：**桑実胚期**，**イ**：**原腸胚期**，**ウ**：**8細胞期**　……答

(3), (4)　図2は，原腸胚期（**イ**）の断面図です。この時期，灰色三日月環（はいいろみかづきかん）のあった部位の植物側が**原口**（げんこう）となって陥入し，**原腸**が形成されます。原腸が拡大していくにつれて，**胞胚腔**はしだいに小さくなり，やがて消滅します。原口は円を描くようにして横に広がり，やがて左右がつながって輪のようになります。この輪の部分を**卵黄栓**（らんおうせん）といいます。

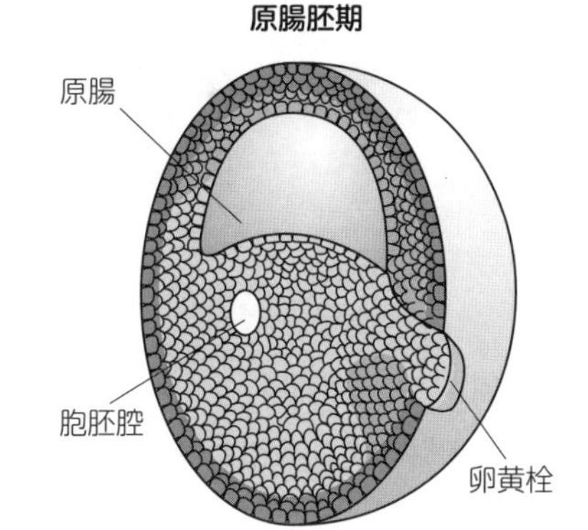

(3)　**イ**
(4)　A：**原腸**，B：**胞胚腔**，C：**卵黄栓**　……

85 胚葉の分化

問題

図1は，カエルの尾芽胚の横断面の模式図である。

(1) 図1の**ア**～**キ**は，それぞれどの胚葉に由来するか。

(2) 次の①～④は，それぞれ図1の**ア**～**キ**のどれから分化するか。

① 心臓　　② 骨格筋

③ 脊髄　　④ 腎臓

(3) 図2は，カエルの後期原腸胚の正中断面の模式図である。図1の**イ**，**カ**，**キ**は，それぞれ図2のA～Eのどの部分に由来するか。

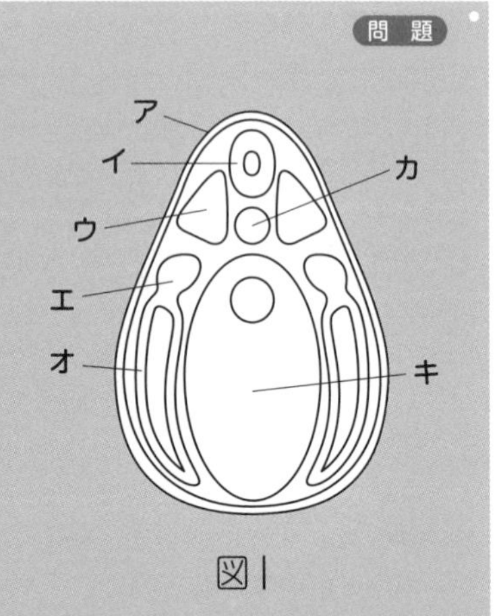

図1

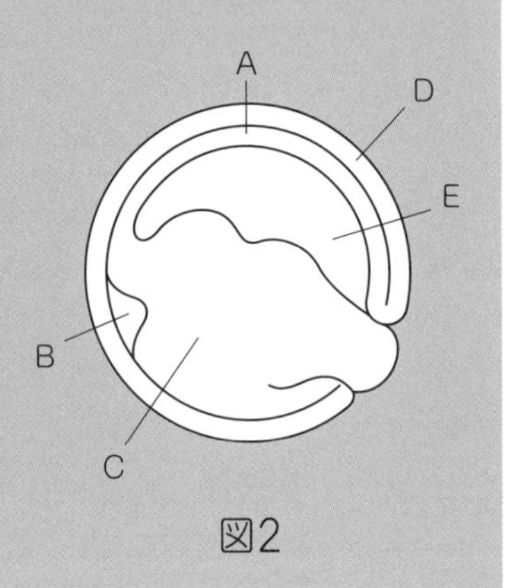

図2

解くための材料

胚を構成する細胞は，原腸胚の時期に外胚葉・中胚葉・内胚葉の3つに分かれる。

(1), (2)　後期尾芽胚の各部の細胞は，発生が進むと下の図のようにさまざまな組織や器官へ分化します。

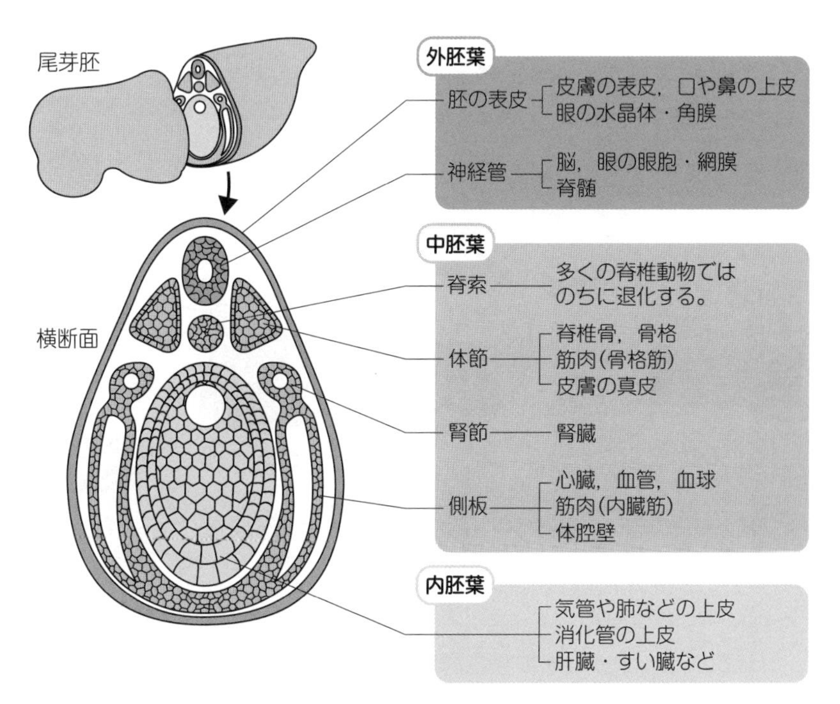

(1)　**ア**：**外胚葉**，**イ**：**外胚葉**，**ウ**：**中胚葉**，**エ**：**中胚葉**，
オ：**中胚葉**，**カ**：**中胚葉**，**キ**：**内胚葉**　……答

(2)　①：**オ**，②：**ウ**，③：**イ**，④：**エ**

(3)　図1の**イ**は**神経管**です。神経管は，原腸胚の背側の外胚葉（図2のD）に由来します。図1の**カ**は**脊索**です。脊索は，原腸胚の背側の中胚葉（図2のA）に由来します。図1の**キ**は内胚葉です。内胚葉は，原腸胚では図2のCに位置しています。

なお，図2のBは胞胚腔，Eは原腸です。

(3)　**イ**：**D**，**カ**：**A**，**キ**：**C**…………答

Aは，**形成体**（**オーガナイザー**）とよばれる部分で，図2のように背側の外胚葉を裏打ちし，その領域を神経に分化させる。このはたらきを**神経誘導**という。

まとめ

- ある領域が別の領域に作用し，分化を引き起こすはたらきを**誘導**という。
- カエルやイモリでは，胞胚の予定内胚葉が予定外胚葉にはたらきかけて，**中胚葉**に分化させる。このはたらきを**中胚葉誘導**という。

■ニューコープの実験

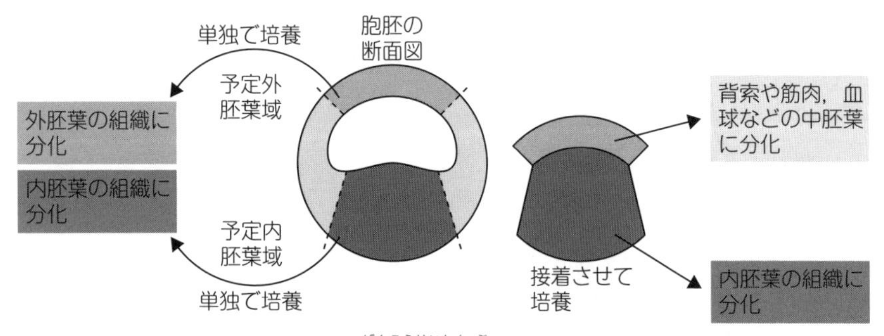

- 初期原腸胚の原口の動物極側（**原口背唇部**）は，**形成体（オーガナイザー）**とよばれる。
- 形成体は，原腸形成にともなって背側の外胚葉を裏打ちし，その領域を神経に分化させる。このはたらきを**神経誘導**という。

■中胚葉誘導と神経誘導

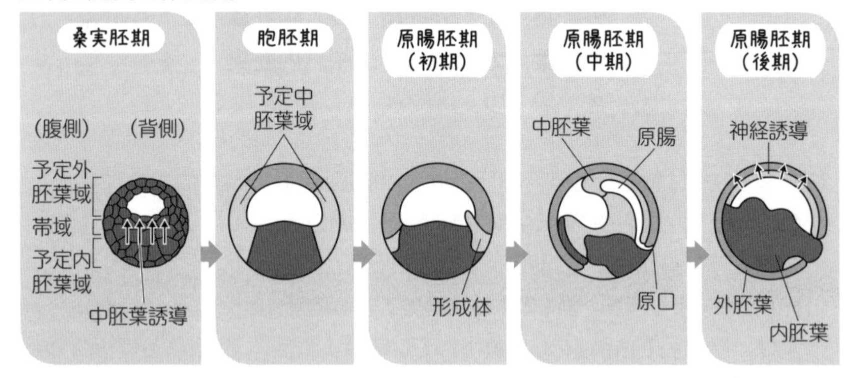

- 発生の過程において，一部の細胞はもともと備わっている細胞死のしくみ（**アポトーシス**）がはたらく。

▶胚の各部域が将来何になるかを**予定運命**という。

▶フォークトは，イモリのさまざまな部域を色素で染め分ける**局所生体染色**を行い，胚の予定運命を示した**原基分布図**（**予定運命図**）を作成した。

■イモリの胞胚の原基分布図

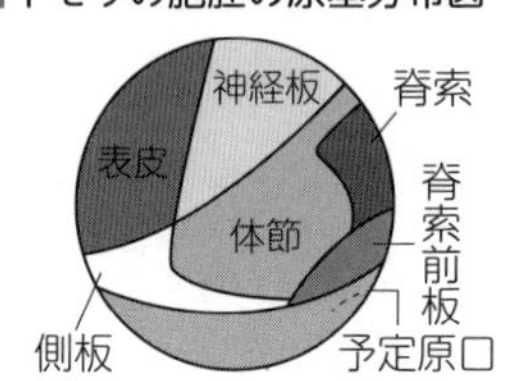

▶誘導を受けて分化した組織が，さらにほかの組織を誘導するといったように，連続的な誘導が起こることを**誘導の連鎖**という。

■眼の形成過程

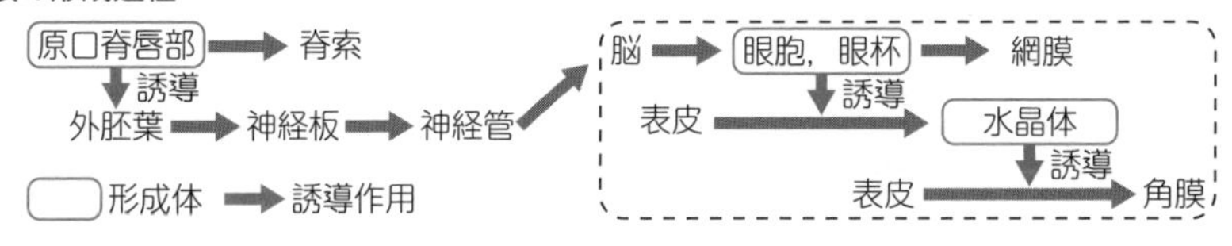

▶ショウジョウバエの体節構造の形成

① **ビコイド**や**ナノス**の遺伝子（**母性効果遺伝子**）が母親の体内で転写され，未受精卵にmRNAが蓄積する。このとき，前方にビコイドのmRNA，後方にナノスのmRNAが局在する。

② 受精後，ビコイドやナノスのmRNAからタンパク質が合成され，その濃度勾配により前後軸が形成される。

③ **ギャップ遺伝子**，**ペア・ルール遺伝子**，**セグメント・ポラリティ遺伝子**が，順に発現する。これらの遺伝子を総称して**分節遺伝子**という。

④ 複数の**ホメオティック遺伝子**が前後軸に沿って発現し，それぞれの**体節**の性質が決定される。

▶からだの一部の構造が別の構造に置きかわるような突然変異を**ホメオティック突然変異**といい，その原因遺伝子はホメオティック遺伝子である。

▶体全体の形態を決める遺伝子を**ホックス遺伝子**という。

86 中胚葉誘導

問題　　観察＆実験

カエルの胞胚の一部分を切り取り，次のような実験①～④を行った。

① 図1に示す胞胚のA，Cの部分を切り出し単独で培養したところ，Aからは表皮が，Cからは消化管が生じた。

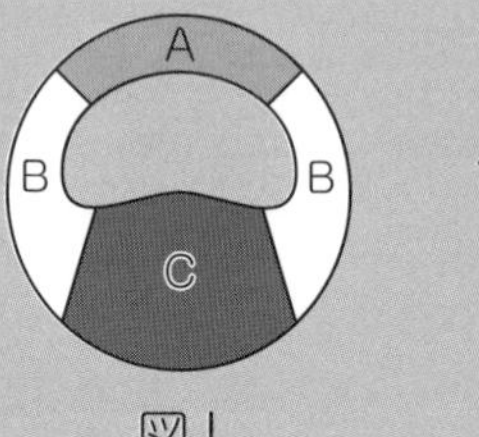

図1

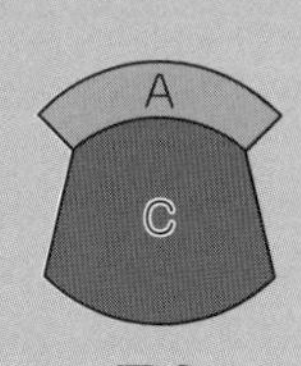

図2

② 胞胚から切り出したA，Cの領域を図2のように接触させて培養した。

③ すべての分子を通さない膜を，胞胚から切り出したA，Cの領域の間にはさんで，両方の領域が直接接触することがないようにして培養した。

④ アミノ酸程度の分子は通すが，それよりも大きな分子は通さない半透膜を，胞胚から切り出したA，Cの領域の間にはさんで，両方の領域が直接接触することがないようにして培養した。

実験②～④のなかで，AおよびCの部分が実験①と同じ結果になるものを，それぞれすべて答えよ。

（2018立教大）

解くための材料

胞胚の予定内胚葉は，予定外胚葉の細胞にはたらきかけて中胚葉を誘導する。

まずは，中胚葉誘導のしくみを押さえておきましょう。

① カエルの胞胚では，植物極側にVegT（ベジティー），Vg-Iというタンパク質が，背側にはβカテニンというタンパク質が分布しています。これらのタンパク質は，予定内胚葉でノーダル遺伝子の転写を促進します。

② 背側から腹側に向けて**ノーダルタンパク質**の濃度勾配がつくられます。

③ ノーダルタンパク質は，隣接する予定外胚葉の細胞にはたらきかけ，背腹軸に沿って中胚葉を誘導します。

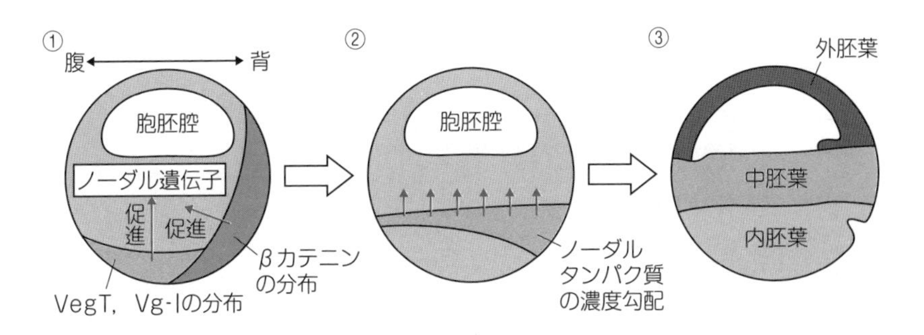

本問の実験①～④は，予定外胚葉（A）が，予定内胚葉（C）のはたらきにより中胚葉に誘導されるしくみを調べたものです。それぞれの実験で，どのような結果が得られるか見ていきましょう。

① AとCをそれぞれ単独で培養すると，Aは，Cからの誘導を受けないので外胚葉（表皮）に分化します。一方，Cは内胚葉（消化管）に分化します。

② AとCを接触させると，Cから分泌されるノーダルタンパク質の作用により，Aは中胚葉に誘導されます。

③ AとCの間に，すべての分子を通さない膜をはさむと，Cから分泌されるノーダルタンパク質はAへ移動できないので，Aは外胚葉に分化します。

④ タンパク質は，多数のアミノ酸がつながった大きな物質であり，半透膜を通ることはできません。このため，AとCの間に半透膜をはさむと，Cから分泌されるノーダルタンパク質はAへ移動できないので，Aは外胚葉に分化します。

なお，Cは，Aと接触していてもしていなくても，①と同様に内胚葉に分化します。

A：③，④，C：②，③，④……答

87 神経誘導

問題

問題

アフリカツメガエルの胞胚の動物極周辺の予定外胚葉域（アニマルキャップ）を単独で培養すると表皮に分化する。しかし，アニマルキャップの細胞をバラバラに解離して生理食塩水でよく洗浄したあとに培養すると神経に分化する。

(1) BMPとアニマルキャップの相互作用に対する説明として適当でないものを，次の**ア**～**エ**から1つ選べ。

ア BMPは表皮への分化を誘導する。

イ BMPは神経への分化を誘導する。

ウ BMPを阻害すると，表皮への分化が抑制される。

エ BMPを阻害すると，神経への分化が誘導される。

(2) 下線部の操作がアニマルキャップの表皮への分化を抑制する理由として適当なものを，次の**ア**～**ウ**から1つ選べ。

ア 洗浄によってBMPが変性したため。

イ 洗浄によってBMPが除去されたため。

ウ 洗浄によって細胞が刺激され，BMPが産生されて濃度が上昇したため。

（2017麻布大）

解くための材料

胞胚期には，胚の全域でBMPとよばれるタンパク質が発現している。形成体からはノギンやコーディンというタンパク質が分泌され，BMPの受容体への結合を妨げる。

まずは，神経誘導のしくみを押さえておきましょう。

胞胚期には，胚の全域でBMPとよばれるタンパク質が発現しています。外胚葉では，BMPが受容体に結合すると，細胞は表皮に分化します（下の図A）。

一方，形成体に隣接する外胚葉の細胞には，形成体から分泌されたノギンやコーディンというタンパク質が作用します。すると，BMPと受容体の結合が妨げられ，細胞は神経に分化します（下の図B）。

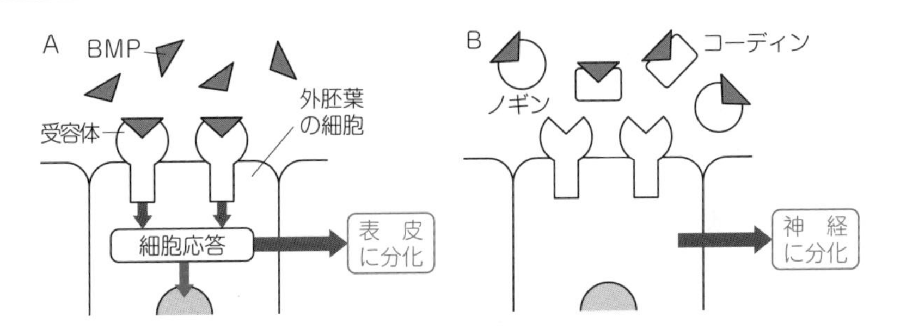

(1)　上の図のAのように，BMPは，表皮への分化を誘導します（**ア**は正しい，**イ**は誤り）。一方，上の図のBのように，ノギンやコーディンによりBMPが阻害されると，表皮への分化が抑制され，細胞は神経に分化します（**ウ**は正しい，**エ**は正しい）。

イ……**答**

(2)　外胚葉の細胞が神経に分化したということは，下線部の操作によって，BMPと受容体が結合できなくなったということです。

アのようにBMPが変性すると，BMPは受容体に結合できなくなる可能性があります。しかし，生理食塩水によってタンパク質が変性することは，あまり考えられません。よって，**ア**は不適当です。

BMPは細胞外に分布しています。このため，細胞をよく洗浄すると**イ**のようにBMPが除去され，BMPは受容体に結合できなくなると考えられます。よって，**イ**は適当です。

ウのようにBMPの濃度が上昇すると，逆にBMPと受容体の結合は促進されると考えられます。よって，**ウ**は不適当です。

88 誘導の連鎖

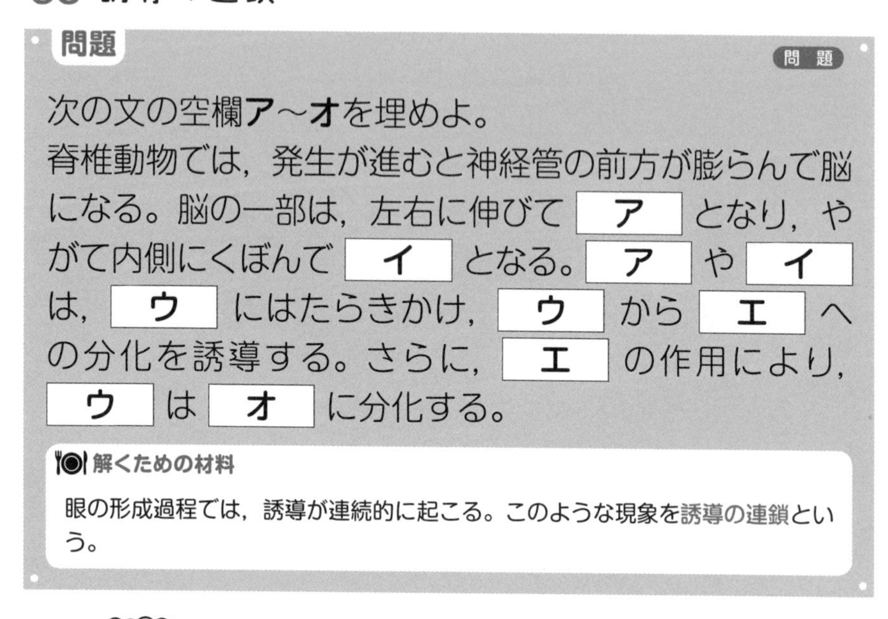

問題

次の文の空欄**ア**～**オ**を埋めよ。
脊椎動物では，発生が進むと神経管の前方が膨らんで脳になる。脳の一部は，左右に伸びて［ア］となり，やがて内側にくぼんで［イ］となる。［ア］や［イ］は，［ウ］にはたらきかけ，［ウ］から［エ］への分化を誘導する。さらに，［エ］の作用により，［ウ］は［オ］に分化する。

解くための材料

眼の形成過程では，誘導が連続的に起こる。このような現象を**誘導の連鎖**という。

解き方

下の図は，脊椎動物における眼の形成過程の模式図です。

発生が進むと，脳の一部は左右に伸びて**眼胞**になり，やがて内側にくぼんで**眼杯**になります。眼胞や眼杯は，表皮にはたらきかけ，表皮から**水晶体**への分化を誘導します。さらに，水晶体の作用により，表皮は**角膜**に分化します。

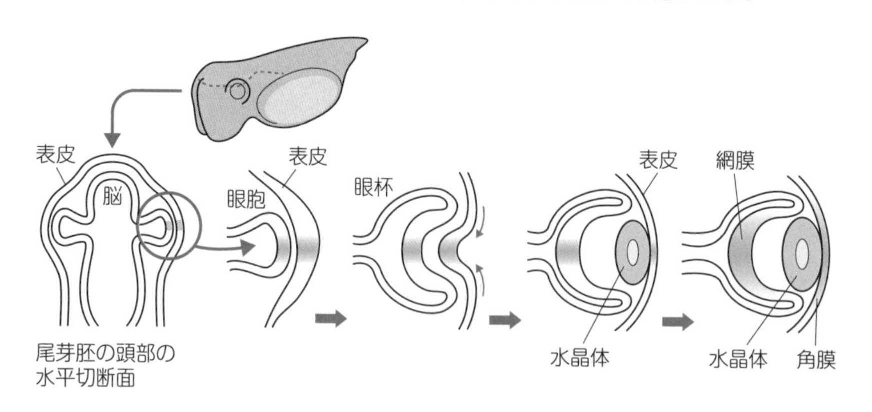

ア：眼胞，イ：眼杯，ウ：表皮，エ：水晶体，オ：角膜……答

89 局所生体染色

問題

右の図は，イモリの胞胚の原基分布図（予定運命図）である。

(1) 図のような予定運命を明らかにしたのは誰か。

(2) **ア～カ**の部域の名称を答えよ。

(3) 肝臓，心臓，骨格筋，脊髄は，それぞれ**ア～カ**のどの部域からつくられるか。

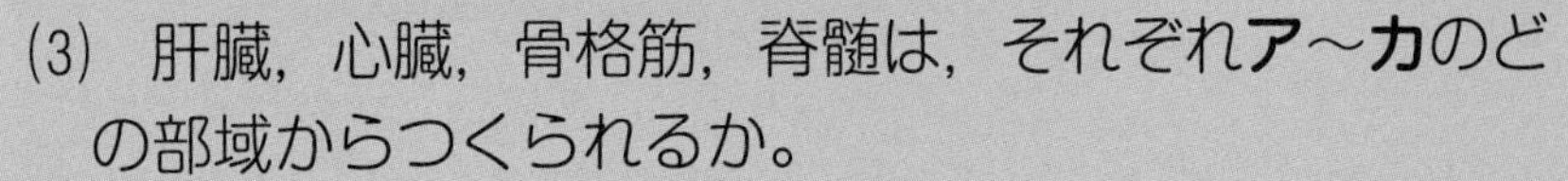

解くための材料

ア，エは予定外胚葉域，イ，オ，カは予定中胚葉域，ウは予定内胚葉である。

解き方

(1) **フォークト**は，イモリの胚を用いて**局所生体染色**を行い，各部域の予定運命を明らかにしました。

フォークト……答

(2) イモリの胞胚の各部域の予定運命は，右の図のようになっています。このような図を**原基分布図（予定運命図）**といいます。

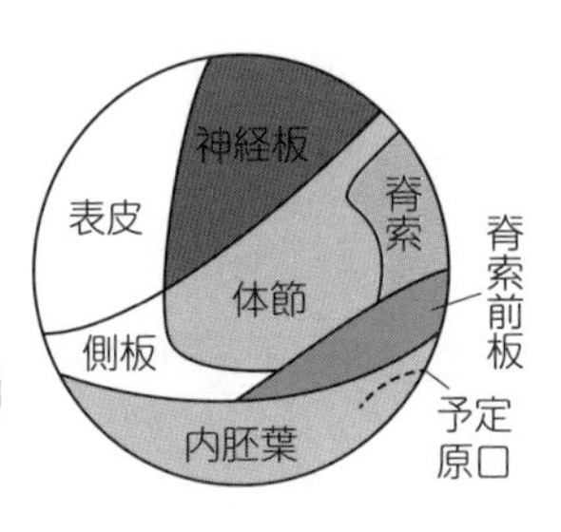

ア：表皮，イ：側板，ウ：内胚葉，エ：神経板，オ：体節，カ：脊索……答

(3) 肝臓は内胚葉，心臓は側板，骨格筋は体節，脊髄は神経板から分化します。

肝臓：**ウ**，心臓：**イ**，骨格筋：**オ**，脊髄：**エ**……答

90 交換移植実験

問題

観察＆実験

色の異なる2種類のイモリの胚を用いて実験を行った。

① 下の図のように，初期原腸胚の予定神経域と予定表皮域の間で交換移植を行い，移植片のその後の発生のようすを調べた。

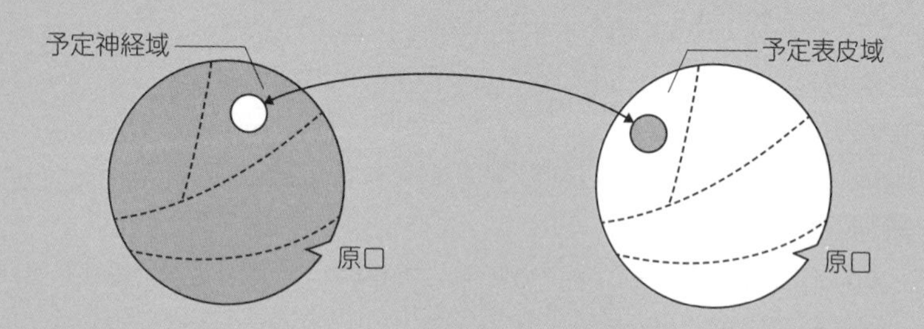

② ①と同様の実験を，初期神経胚で行った。

実験①，②の結果として適当なものを，それぞれ次の**ア**～**エ**から1つずつ選べ。

ア どちらの移植片も表皮に分化した。

イ どちらの移植片も神経に分化した。

ウ 予定表皮域に移植した移植片は表皮に，予定神経域に移植した移植片は神経に分化した。

エ 予定表皮域に移植した移植片は神経に，予定神経域に移植した移植片は表皮に分化した。

解くための材料

シュペーマンは，本問のような実験を行い，予定運命が決定される時期を調べた。

受精卵は，どのような細胞にでも分化できる能力を備えていますが，発生が進むにつれて，胚の領域ごとに将来どの組織に分化するかという発生運命が決定され，ほかの組織には分化できなくなります。

ドイツのシュペーマンは本問のような交換移植実験を行い，イモリ胚の各領域の発生運命が決定される時期を調べました。下の表は，その実験結果をまとめたものです。

時　期	移植元		移植先	結　果
初期原腸胚 （実験①）	予定神経域	→	予定表皮域	表皮に分化
	予定表皮域	→	予定神経域	神経に分化
初期神経胚 （実験②）	予定神経域	→	予定表皮域	神経に分化
	予定表皮域	→	予定神経域	表皮に分化

この結果から，次のようなことがいえます。

- 初期原腸胚では，それぞれの移植片は，移植先の予定運命にしたがって分化した。
- 初期神経胚では，それぞれの移植片は，自身の予定運命にしたがって分化した。

これらのことから，移植片の発生運命は，初期原腸胚期にはまだ決まっていませんが，初期神経胚期には決まっていることがわかりました。

実験①：**ウ**，実験②：**エ**……答

2種類の胚を用いた理由

色の異なる2種類の胚を用いたのは，色の違いにより移植片と宿主胚の細胞を見分けるためである。

91 二次胚の誘導

問題

観察&実験

イモリの発生のしくみを調べるために，下の図のように，白色のイモリの初期原腸胚から，原口の動物極側の部分（X）を切りとり，黒褐色のイモリの初期原腸胚の腹側赤道部に移植した。移植された胚（宿主胚）の発生のようすを観察すると，腹側に神経板がつくられ，やがて前後軸と背腹軸をもつ小型の二次胚が生じた。

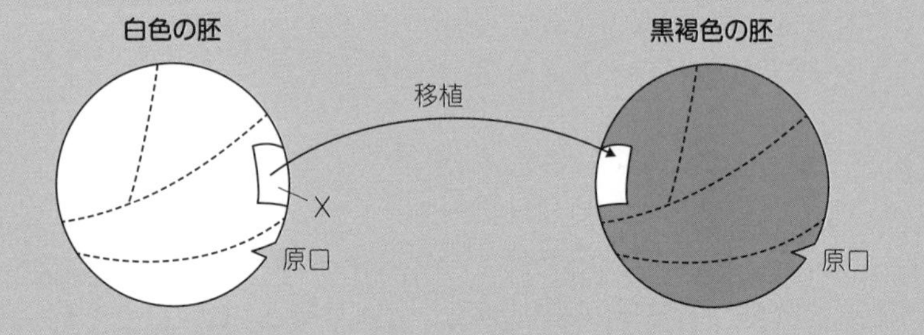

(1) Xの部分の名称を答えよ。

(2) Xのように形態形成に影響を及ぼす部分を何というか答えよ。

(3) 形成された二次胚の組織のうち，次の**ア**~**ウ**はそれぞれ移植片と宿主胚のどちらに由来するか。

ア 腸管　**イ** 脊索　**ウ** 神経管

解くための材料

シュペーマンとマンゴルドは，本問のような実験を行い，二次胚の誘導のしくみを調べた。

⑴　イモリの初期原腸胚における原口の動物極側の部分を**原口背唇部**といいます。

原口背唇部……答

⑵　ドイツのシュペーマンとその弟子マンゴルドは，本問のような実験を行い，移植された原口背唇部が，宿主胚において二次胚を誘導することを明らかにしました。そこで，シュペーマンは，このようなはたらきをもつ原口背唇部を**形成体（オーガナイザー）**と名づけました。

形成体（オーガナイザー）……答

⑶　下の図のように，形成された二次胚の組織のうち，脊索や体節の一部などは移植した原口背唇部に由来しますが，そのほかの神経管や腸管などは宿主胚に由来します。

これは，形成体自身は脊索や体節などに分化しながら，宿主胚の細胞にはたらきかけて，神経や腸管などを誘導したからです。

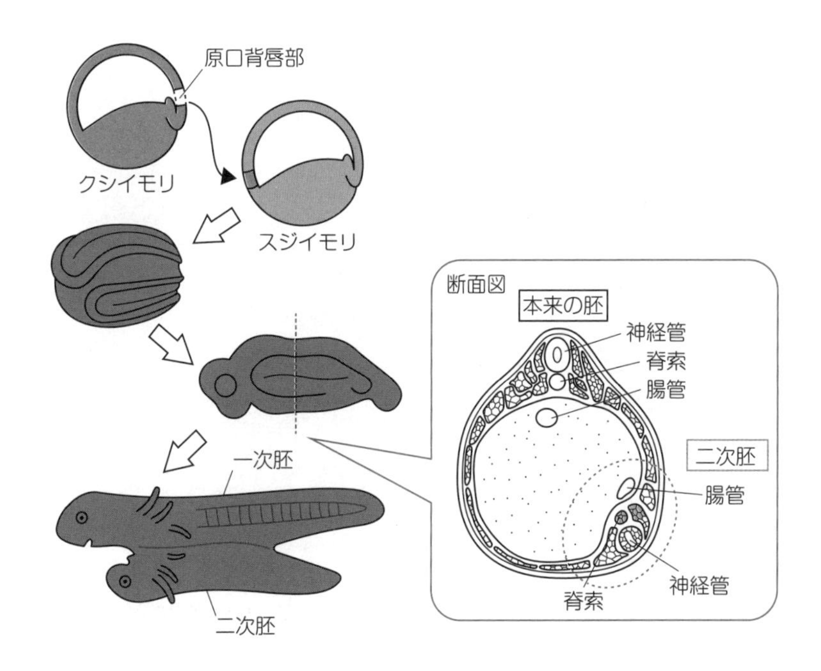

ア：宿主胚，イ：移植片，ウ：宿主胚……答

92 ニワトリの発生

問題

観察＆実験・思考探究

ニワトリ胚の皮膚では，背中に羽毛が，あしにうろこができる。羽毛もうろこも表皮が変化したものである。受精卵を温め始めてから5日目，8日目の胚から背中の皮膚の原基を，10日目，13日目，15日目の胚からあしの皮膚の原基を，それぞれ切り出した。皮膚の表皮と真皮を分離したあと，いろいろな組み合わせで数日間培養した（右の図）。その結果，表皮は右下の表のように分化した。なお，背中の表皮と背中の真皮，あしの表皮とあしの真皮の組み合わせでは，胚の日数によらず，それぞれつねに羽毛とうろこが生じた。

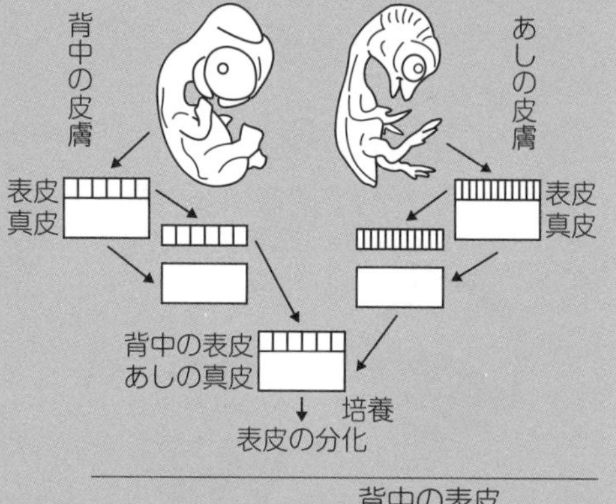

あしの真皮	背中の表皮 5日目胚	背中の表皮 8日目胚
10日目胚	羽　毛	羽　毛
13日目胚	うろこ	羽　毛
15日目胚	うろこ	羽　毛

(1)　5日目および8日目の表皮は，それぞれ分化の方向は決定されているか。

(2)　真皮の誘導能力は10日目と15日目のどちらが高いか。

（2002センター試験）

解くための材料

誘導する側と誘導を受ける側のタイミングが合ったときだけ誘導が起こる。

本問は，ニワトリの皮膚の発生に関する実験を題材としています。皮膚は，表面の表皮とその内側にある真皮から構成されています。本実験では，表皮と真皮を分離して，さまざまな組み合わせで培養することで，真皮からの誘導により，表皮の発生運命が決定されるかどうかを調べています。

(1) 表を見ると，5日目胚では，組み合わせる真皮しだいで，羽毛に分化したりうろこに分化したりしています。すなわち，5日目の表皮は，まだ分化の方向は決定されていないことがわかります。

一方，8日目胚では，どのような真皮と組み合わせても羽毛に分化しています。すなわち，8日目の表皮は，すでに分化の方向が決定されていることがわかります。

5日目：**決定されていない**，8日目：**決定されている**……

(2) 背中の表皮は，本来は羽毛に分化する組織です。しかし，(1)でわかったように，5日目の表皮は，まだ分化の方向が決定されていないので，あしの真皮から誘導を受けると，うろこに分化します。

ここで，5日目の表皮について表を見ると，10日目の真皮と組み合わせた場合は，誘導を受けませんが，13日目や15日目の真皮と組み合わせた場合は，誘導を受けることがわかります。

すなわち，真皮の誘導能力は，10日目よりも13日目や15日目のほうが高いことがわかります。

15日目……答

93 ショウジョウバエの発生

問題　観察&実験・思考探究

ショウジョウバエの発生におけるビコイド遺伝子のはたらきを調べるため実験①～③を行った。**ア**～**エ**に入る語を答えよ。

① 卵割初期の野生型胚の前端の細胞質を，別の野生型胚の後端に注入すると，右の図に示すように，幼虫の後端側にも，頭部・胸部構造が形成された。

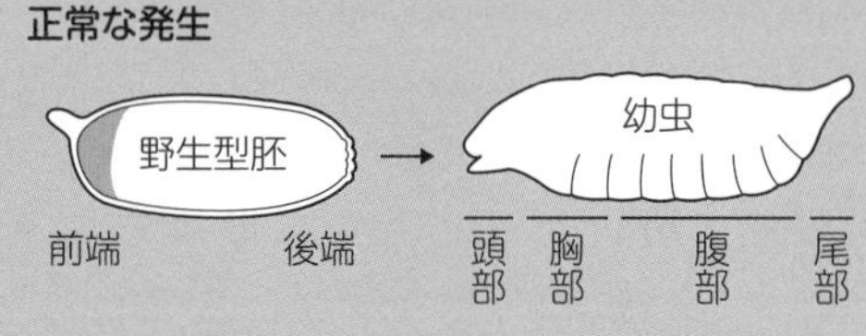

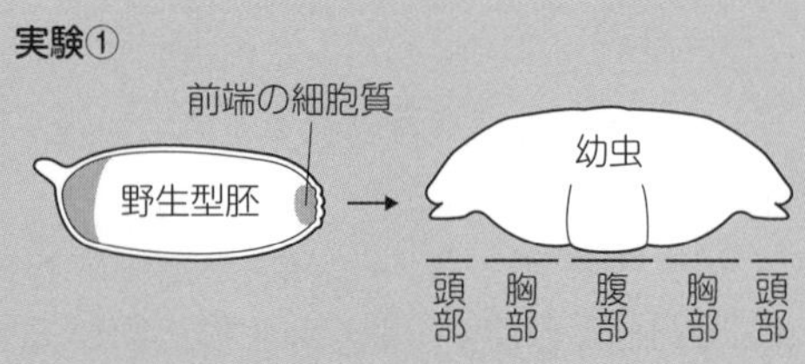

② ビコイド突然変異型胚を幼虫にまで育てると，両端に尾部構造が形成された。

③ 卵割初期の野生型胚の前端の細胞質を，卵割初期のビコイド突然変異型胚の前端に注入すると，正常に発生した。

実験①～③から，卵割初期の［ア］型胚の［イ］に，卵割初期の［ウ］型胚の［エ］からとった細胞質を注入すると，幼虫の中央部には頭部構造が形成され，その両端に胸部構造が形成されることが予想される。

（2018センター試験追試）

解くための材料

ビコイドタンパク質の濃度勾配により，前後軸が形成される。

ショウジョウバエでは，ビコイドやナノスの遺伝子（母性効果遺伝子）が母親の体内で転写され，未受精卵にmRNAが蓄積します。このとき，下の図のように，前方にビコイド，後方にナノスのmRNAが局在します。受精後，これらのmRNAからタンパク質が合成され，その濃度勾配により前後軸が形成されます。

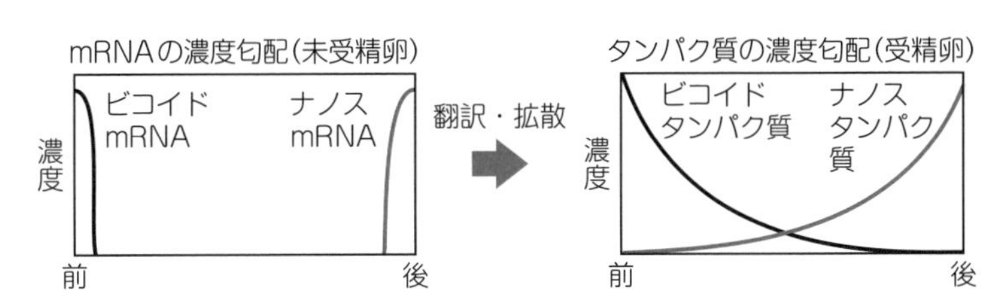

実験①～③の内容を確認していきましょう。

① 野生型胚の前端の細胞質(ビコイドタンパク質を含んでいる)を，別の野生型胚の後端に注入すると，両端にビコイドタンパク質が高濃度で存在することになるので，両端に頭部構造が形成されます。

② ビコイド突然変異型胚とは，正常なビコイドタンパク質をもたない胚と考えられます。この場合，ビコイドタンパク質がはたらかないので，前端にも尾部構造が形成されます。

③ ②のように，突然変異型胚は正常なビコイドタンパク質をもちませんが，野生型胚の前端の細胞質を前端に注入すると，前端に正常な頭部構造が形成されます。

ビコイドタンパク質の濃度勾配

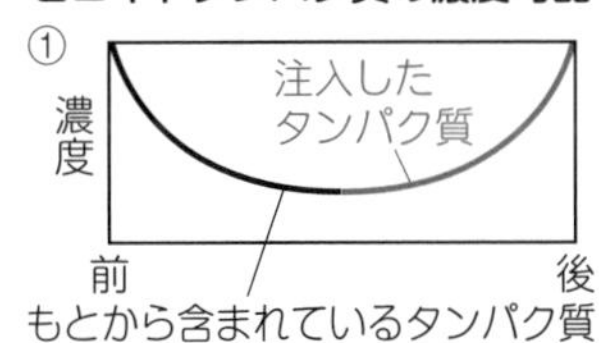

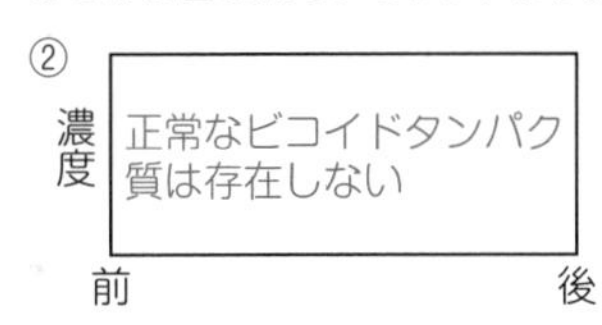

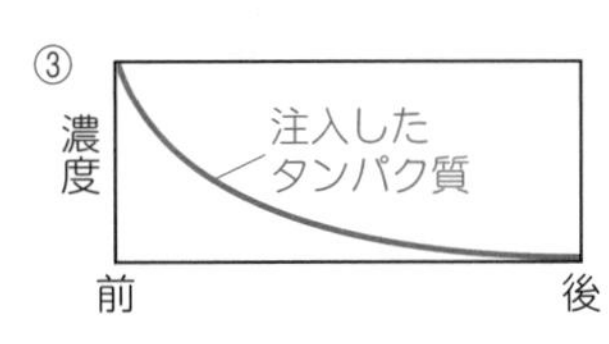

ここで，幼虫の中央部に頭部構造，その両端に胸部構造をつくる方法を考えてみましょう。まず，両端に頭部構造をつくりたくないので，ビコイド突然変異型胚を用いることを考えます。この胚の中央部に，ビコイドタンパク質を含む細胞質，すなわち野生型胚の前端からとった細胞質を注入すれば，目的とする幼虫をつくることができそうです。このとき，前端と後端では，中濃度のビコイドタンパク質により胸部構造が形成されます。

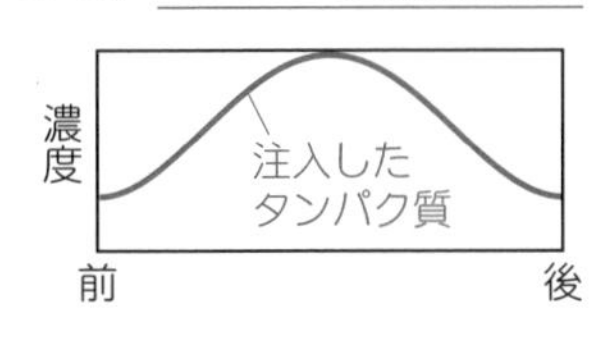

ア：ビコイド突然変異，イ：中央部，ウ：野生，エ：前端……

94 ES細胞

問題

問題

ES細胞は，胚盤胞の内部細胞塊を取り出して多分化能と分裂能を維持したまま培養細胞として確立したものであり，培養条件によってさまざまな種類の細胞に分化することができるため，近年，再生医療への応用が期待されている。しかし，他人のES細胞から作製した臓器は，移植したときに拒絶反応を引き起こすため，医療には使用できない。

(1) マウスのES細胞を胚盤胞へ注入すると，ES細胞は胚に取りこまれて正常に発生する。このとき，ES細胞は胎児を構成するすべての細胞に分化するが，受精卵に由来するある組織には分化しない。その組織の名称を答えよ。

(2) あらかじめ核を除いたカエルの受精卵に上皮などに分化した体細胞の核を移植すると，正常に発生して成体に成長することが知られている。この現象は哺乳類でも認められている。以上のことから，拒絶反応を回避する方法としてiPS細胞を用いる方法以外にどのような方法が考えられるか。簡潔に説明せよ。ただし，純粋に学術上の想定とし，倫理的側面については考慮しなくてよい。

(2017横浜国立大)

解くための材料

胚盤胞は，胚のからだを形成する内部細胞塊と，胎盤などを形成する栄養外胚葉から構成されている。

(1)　**ES細胞（胚性幹細胞）**は，受精卵が「胎盤以外」になる細胞（内部細胞塊）と「胎盤」になる細胞（栄養外胚葉）に分化した段階で，「胎盤以外」になる細胞を取り出してつくったものです。

このため，ES細胞は，胎児のからだを構成するすべての細胞に分化できますが，胎盤にだけは分化することができません。

iPS細胞（人工多能性幹細胞）

体細胞に人為的に遺伝子を導入することでつくったもの。ES細胞と同様にすべての細胞に分化でき，さらに受精卵を用いないため倫理的な問題が解消される。

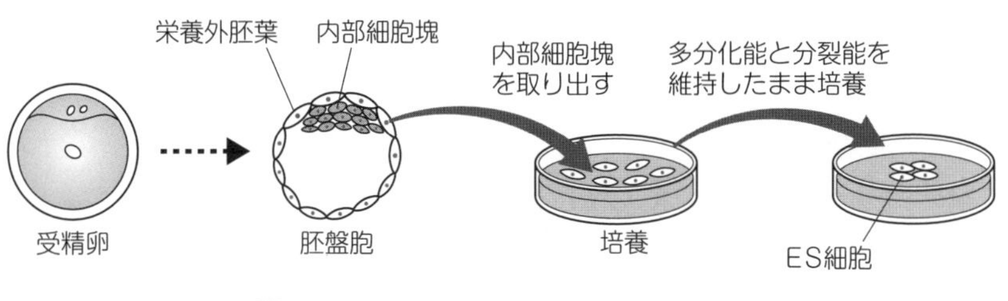

胎盤……答

(2)　(2)の問題文の前半部分に書かれている現象について考えてみましょう。

例えば，受精卵Aの核を除いて，そこに体細胞Bの核を移植したとします。すると，この方法で得られた成体は，体細胞Bと同じ遺伝情報をもつことになります。このような同じ遺伝情報をもつ個体を**クローン**といいます。

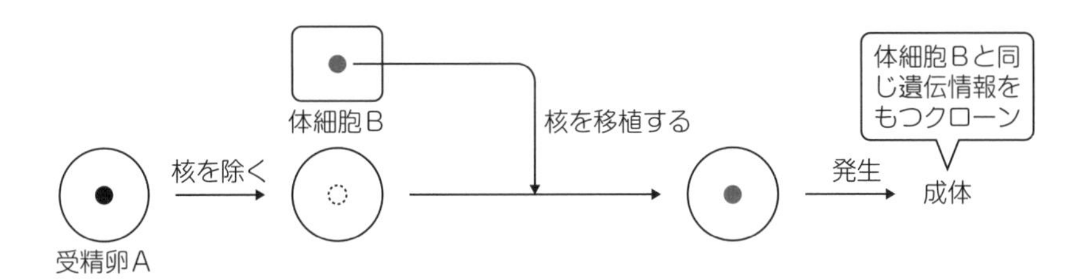

これを利用すると，移植を受ける個体（レシピエント）と同じ遺伝情報をもつES細胞をつくることができます。ただし，この方法は受精卵を用いるので，倫理的な問題があります。

核を除いた受精卵に，レシピエントの体細胞から取り出した核を移植し，それを胚盤胞まで発生させる。この胚から内部細胞塊を取り出してES細胞をつくる。……答

まとめ

▶目的の遺伝子を含むDNAを別のDNAにつなぎ，それを細胞に導入することを**遺伝子組換え**という。

▶遺伝子組換えの手順

① 目的の遺伝子を含むDNAと，大腸菌がもつ小さな環状のDNAである**プラスミド**を，同じ**制限酵素**で切断する。

② 目的の遺伝子を含むDNAとプラスミドを**DNAリガーゼ**でつなぐ。

③ 大腸菌に，目的のDNAを組みこんだプラスミドを取りこませる。

④ 大腸菌を培養する。

■大腸菌の中でヒトのインスリンをふやす方法

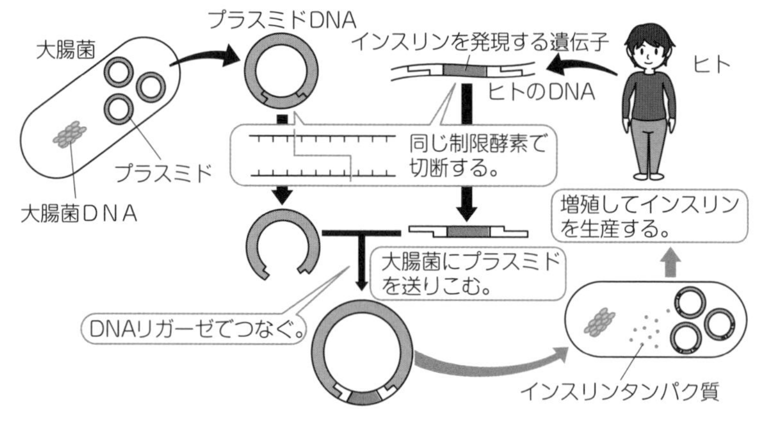

▶人為的に外来の遺伝子が導入された生物を**トランスジェニック生物**という。

▶プラスミドのようにDNAを運ぶはたらきをするものを**ベクター**という。

▶植物に遺伝子を導入する場合は，**アグロバクテリウム**という細菌が用いられることが多い。

▶**PCR法（ポリメラーゼ連鎖反応法）**を行うと，わずかなDNAを多量に増幅させることができる。

▶DNAを含む水溶液に電圧を加え，DNAを分子量によって分離する方法を**電気泳動法**（でんきえいどうほう）という。

95 遺伝子組換え技術

問題

問題

真核生物由来の遺伝子を大腸菌に導入して，大腸菌にタンパク質を生産させる場合，注意しなければならない点は何か。最も適当なものを，次の**ア**～**エ**から1つ選べ。

ア　イントロンを取り除いたDNAを導入する。
イ　真核生物由来のプロモーターを用いる。
ウ　真核生物由来のリボソームを用いる。
エ　コドンをすべて大腸菌で使われるものに変換する。

解くための材料

原核生物では，スプライシングがほとんど行われない。

解き方

ア　正しい記述です。一般に，大腸菌ではスプライシングが行われないので，イントロンをあらかじめ取り除いたDNAを導入する必要があります。

イ　誤った記述です。大腸菌の細胞内で転写させるので，大腸菌由来のプロモーターを用います。

ウ　誤った記述です。大腸菌の細胞内に存在するリボソームにより翻訳させるので，真核生物由来のリボソームを用いる必要はありません。

エ　誤った記述です。コドンはすべての生物に共通しているので，コドンを変換する必要はありません。

ア……答

原核生物の遺伝子発現

原核生物は，転写と翻訳が同じ場所でほぼ同時に行われる，DNAが環状で小さい，スプライシングがほとんど行われないなどの特徴をもつ。

96 制限酵素

問題

計・算

制限酵素*Hind* IIIの認識配列と切断部位は下の図の通りである。

```
A|A G C T T
 └───────┐
T T C G A|A
```

(1) ある生物のゲノムDNA中で，*Hind* IIIが認識する配列は，平均すると何塩基対の配列中に1回の頻度で出現するか。ただし，DNAの塩基配列はランダムであるものとする。

(2) 約460万塩基対からなる大腸菌のDNAを*Hind* IIIで切断したとき，理論上いくつの断片が生じるか。小数第1位を四捨五入して答えよ。ただし，DNAの塩基配列はランダムであるものとする。

解くための材料

制限酵素は，DNAの特定の塩基配列を認識し，その部分を切断する。

解き方

(1) あるDNAの塩基配列中で，アデニン（A）が出現する頻度を考えてみましょう。塩基は，A，チミン（T），グアニン（G），シトシン（C）の4種類があるので，塩基配列中からランダムに1塩基を選んだとき，それがAである確率は$\frac{1}{4}$です。つまり，Aは，平均すると4塩基に1回の頻度で出現します。

同様にして，*Hind*Ⅲの認識部位が出現する頻度を考えてみましょう。連続した6塩基対の配列の組み合わせは全部で4^6種類あります。

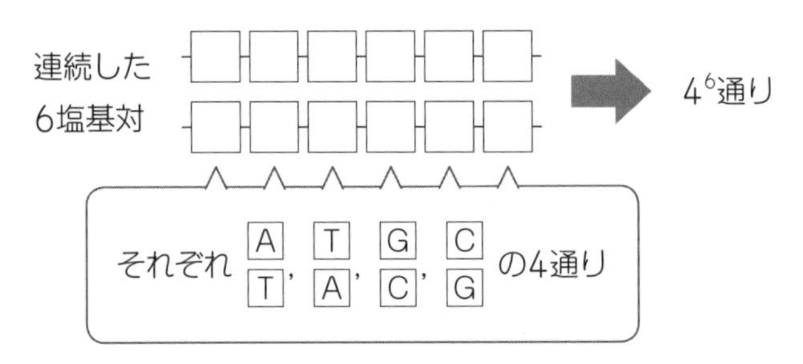

よって，ある生物のゲノムDNA中からランダムに6塩基対の配列を選んだとき，それが*Hind*Ⅲの認識部位である確率は$\frac{1}{4^6}=\frac{1}{4096}$です。つまり，*Hind*Ⅲの認識部位は，平均すると4096塩基対の配列中に1回の頻度で出現することがわかります。

4096塩基対の配列中に1回……答

(2)　(1)より，*Hind*Ⅲの認識部位は，平均すると4^6塩基対の配列中に1回の頻度で出現するので，約460万塩基対からなるDNA中に存在する*Hind*Ⅲの認識部位の理論上の数は，

$$\frac{4.6\times10^6}{4^6}\fallingdotseq 1123\text{か所}$$

大腸菌のDNAは環状なので，1123か所で切断すると1123個の断片が生じます。

1123個……答

制限酵素の由来

制限酵素は，本来，細菌が外から侵入してきたDNAを切断して，そのはたらきを“制限”するために用いていた酵素である。これまでに多くの細菌から，さまざまな制限酵素が見つかっており，バイオテクノロジーに利用されている。

97 遺伝子組換え実験

問題

観察＆実験

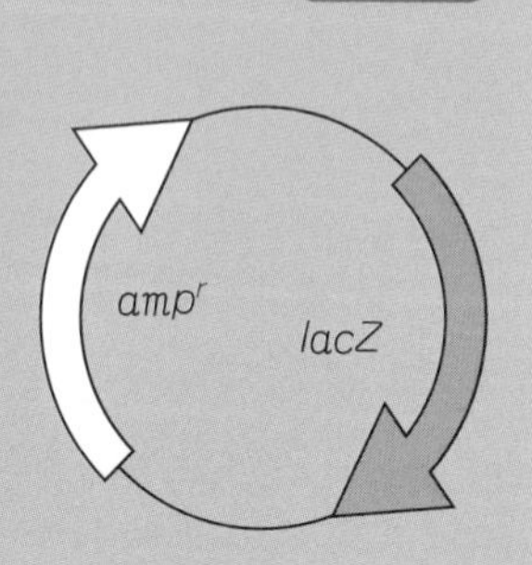

ある遺伝子*X*を大腸菌に導入するために，プラスミド（右の図）を用意した。このプラスミドは，ラクトース分解酵素であるβガラクトシダーゼの遺伝子（*lacZ*）と抗生物質であるアンピシリンを分解する酵素の遺伝子（amp^r）を含む。
*lacZ*の中には，外来遺伝子が組みこまれる領域があり，遺伝子が組みこまれると，*lacZ*は分断されて機能を失う。
実験操作として，まず，遺伝子*X*を含むDNAとプラスミドを同じ制限酵素で切断し，両者を混合してDNAリガーゼを作用させた。この液と大腸菌を含む培養液を混合し，アンピシリンとX-gal（βガラクトシダーゼが作用すると青色に発色する）を含む培地にまいて培養すると，青色のコロニーと白色のコロニーが形成された。
青色のコロニーと白色のコロニーは，それぞれどのような大腸菌によって形成されたか。遺伝子*X*が組みこまれたかどうか，プラスミドが取りこまれたかどうかに着目して，それぞれ簡潔に説明せよ。

解くための材料

1つのコロニーに含まれる大腸菌はすべて同じ遺伝子型をもっている。

遺伝子組換え実験では，外来遺伝子は一部のプラスミドにしか組みこまれません。同様に，遺伝子導入では，プラスミドは一部の大腸菌にしか取りこまれません。

このため，培養した大腸菌のなかから，外来遺伝子を含むプラスミドを取りこんだ大腸菌だけを選別する必要があります。そのために利用されるのが*amp*ʳや*lacZ*です。どのようにして大腸菌を選別すればよいのか見ていきましょう。

本問のような実験を行うと，右の図のように，培地に青色のコロニーと白色のコロニーが形成されます。

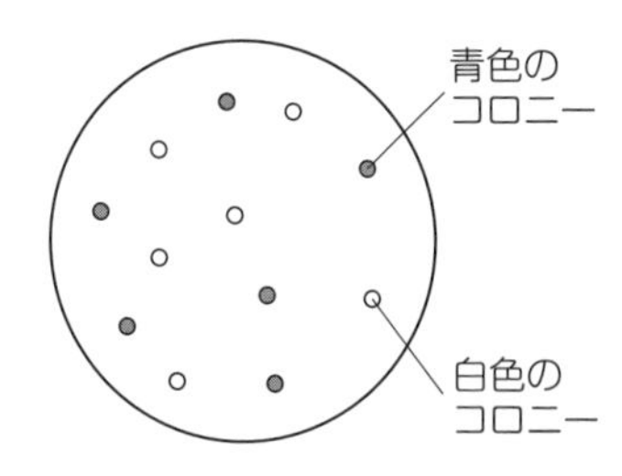

コロニーとは，1個体の大腸菌が分裂して形成されるものなので，1つのコロニーに含まれる大腸菌はすべて同じ遺伝子型をもっています。

では，青色のコロニーと白色のコロニーは，それぞれどのような大腸菌によって形成されたのでしょうか。

まず，実験で用いた培地には，抗生物質であるアンピシリンが含まれているため，ふつうの大腸菌は生育できません。よって，この培地で生育したのは*amp*ʳをもっている大腸菌，すなわちプラスミドを取りこんだ大腸菌であるといえます。

また，培地にはX-galが含まれています。X-galはβガラクトシダーゼが作用すると青色に発色する物質です。よって，青色のコロニーを形成しているのは，正常な*lacZ*をもっている大腸菌，すなわち遺伝子*X*が組みこまれていないプラスミドを取りこんだ大腸菌であるといえます。

一方，白色のコロニーを形成しているのは，遺伝子*X*が組みこまれたプラスミドを取りこんだ大腸菌です。

青色のコロニー：**遺伝子*X*が組みこまれていないプラスミドを取りこんだ大腸菌によって形成された。**
白色のコロニー：**遺伝子*X*が組みこまれたプラスミドを取りこんだ大腸菌によって形成された。** ……答

98 PCR法

問題 計算

PCR法は，下に示す①～③からなるサイクルをくり返すことにより，DNAを増幅する方法である。

① 約95℃に加熱して，2本鎖DNAを1本鎖にする。

② 50～60℃にして，鋳型DNAにプライマーを結合させる。

③ 約72℃にして，DNAポリメラーゼによりDNAを合成させる。

(1) ①～③のサイクルを30回くり返すと，DNAは理論上何倍に増幅されるか。

(2) ①～③のサイクルをn回くり返すと，2つのプライマーにはさまれた領域だけからなるDNAは，1分子のDNAから何分子合成されるか。

解くための材料

PCR法（ポリメラーゼ連鎖反応法）のサイクル1回で，DNAは2倍に増幅される。

解き方

(1) PCR法では，サイクルを1回行うたびに，2本鎖DNAのそれぞれが鋳型となって新生鎖が合成されるため，DNAは2倍に増幅されます。したがって，サイクル数を増やしていくと，増幅されるDNA数は次のように増えていきます。

1サイクル→$2=2$倍

2サイクル→$2\times2=2^2$倍

3サイクル→$2\times2\times2=2^3$倍

⋮

nサイクル→$2\times2\times\cdots\cdots\times2=2^n$倍

よって，サイクルを30回くり返すと，DNAは理論上2^{30}倍に増幅されます。

2^{30}倍……答

(2)　PCR法でDNAが増幅されるようすを図解すると，右の図のようになります。

2つのプライマーにはさまれた領域だけからなるDNAが現れるのは3サイクル目です。

そして，サイクルをn回くり返すと，2つのプライマーにはさまれた領域だけからなるDNAは2^n-2n倍になります。

2^n-2n倍……答

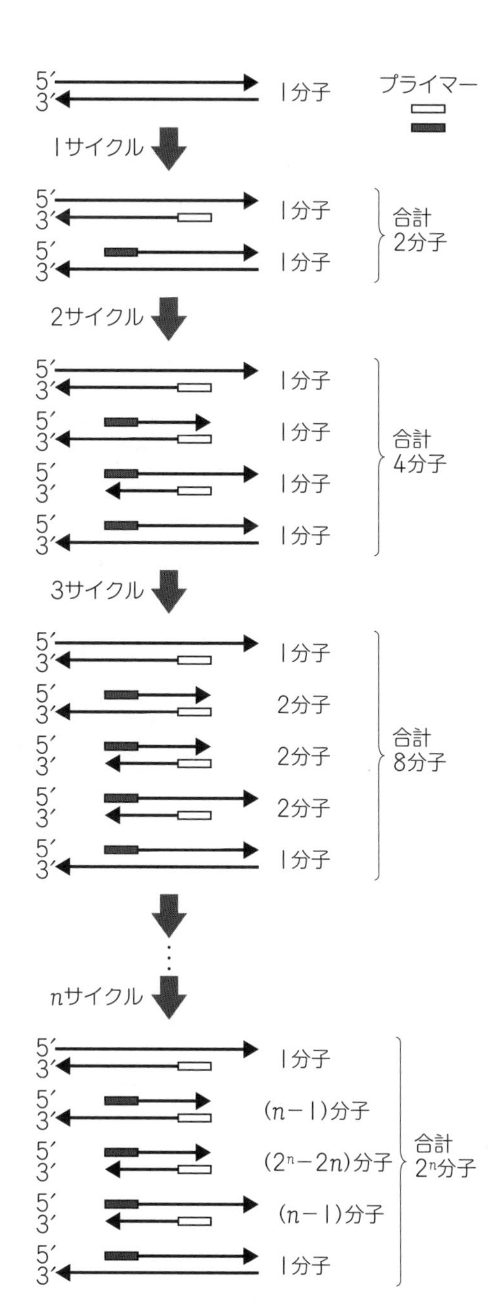

遺伝子を扱う技術

99 制限酵素と電気泳動法

問題

観察&実験・思考探究

図1に示すプラスミドは3kbpの大きさであり，4種類の制限酵素（*Eco*RⅠ，*Pst*Ⅰ，*Bam*HⅠ，*Hind*Ⅲ）の切断部位を1つずつもつ。このプラスミドを*Pst*Ⅰ，*Bam*HⅠの両方で切断して，ある遺伝子*X*を同じように切断し，この中に組みこんだ。このようにして作製した組換えプラスミドを*Eco*RⅠ，*Pst*Ⅰ，*Bam*HⅠ，*Hind*Ⅲのいずれかで切断後に，DNA断片を電気泳動した。その結果を図2に示している。

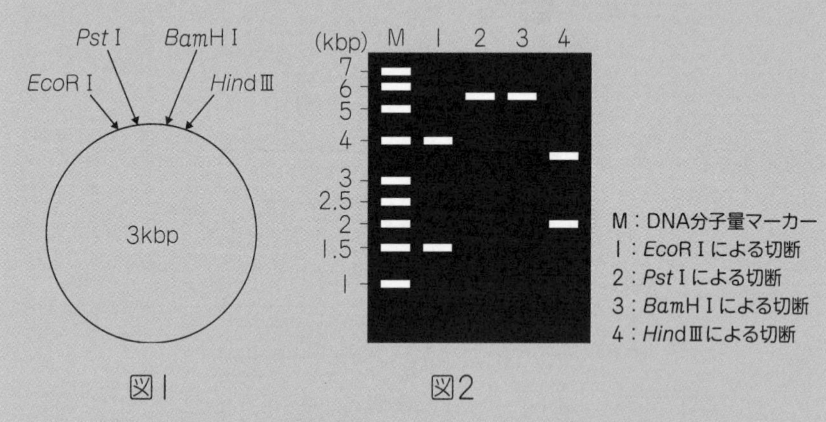

図1　　　　図2

(1)　遺伝子*X*の塩基対数（kbp）を求めよ。

(2)　遺伝子*X*には，実験で用いた制限酵素の認識部位がどのように配置されているか。制限酵素の認識部位と，その間の塩基対数（kbp）を図示せよ。

（2017島根大）

解くための材料

電気泳動を行うと，塩基対数によってDNA断片を分離できる。

(1) 環状のプラスミドのうち1か所を切断すると1本の線状のDNAに，2か所を切断すると2本の線状のDNAになります。

Pst Iで切断したレーン2や*Bam*H Iで切断したレーン3では，約5.5kbpのバンド1つだけが検出されたので，*Pst* Iや*Bam*H Iによる認識部位は1か所だけであり，組換えプラスミドの全長は約5.5kbpであると推定できます。

遺伝子*X*を組みこむ前のプラスミドの全長は3kbpなので，遺伝子*X*の長さは，

$$5.5-3=2.5\text{kbp}$$

2.5kbp……答

▼塩基対の単位

bpは塩基対（base pair）を表す。1kbp＝1000bpである。

(2) *Eco*R Iで切断すると2つのバンドが検出されたことから，組換えプラスミドには，*Eco*R Iの認識部位が2か所あることがわかります。図1より，このうちの1か所はプラスミドに存在するので，残りの1か所は遺伝子*X*に存在します。

また，*Eco*R Iで切断すると4kbpと1.5kbpのDNA断片が生じています。このうちの長いほうは，プラスミドを含むDNA断片なので，*Eco*R Iの認識部位は図3のようになっていることがわかります。

同様にして，*Hind*Ⅲの認識部位は図4のようになっていることがわかります。

図3と図4を合わせると，図5のようになります。

図5参照……答

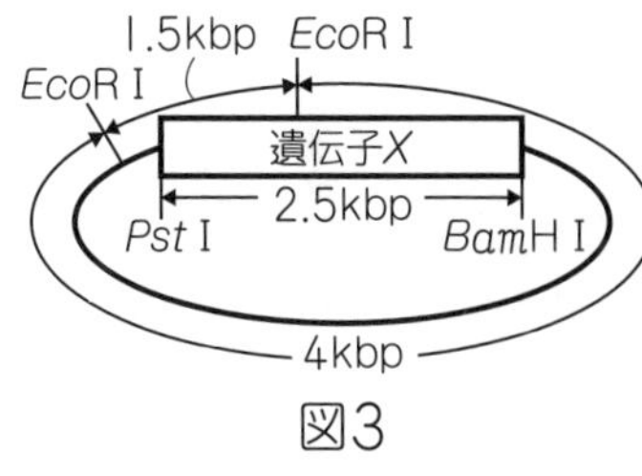

図3

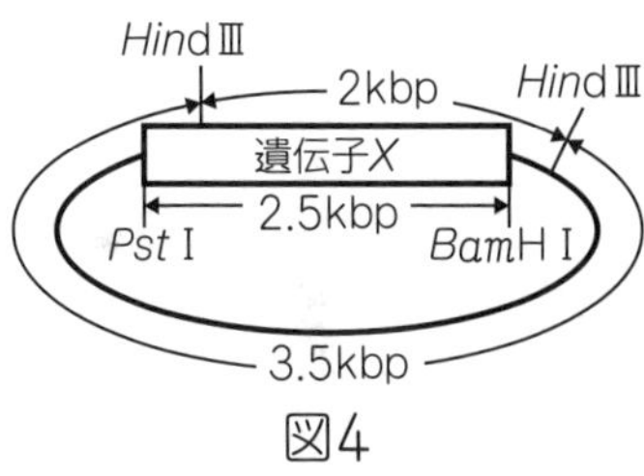

図4

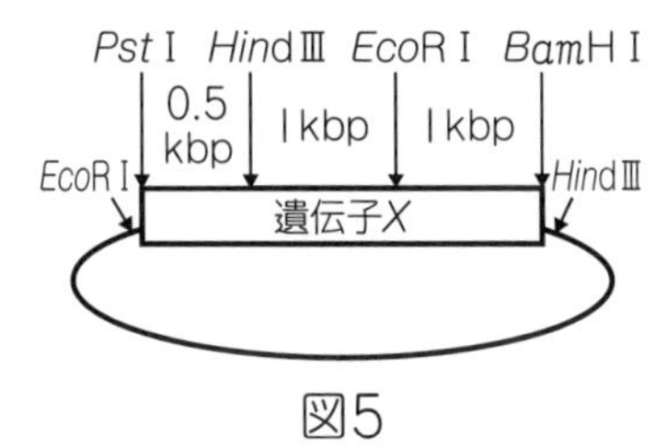

図5

DNA分子量マーカー

すでに塩基対数がわかっているDNA断片を含んだもの。調べたいDNAと同時に電気泳動することで，そのDNAの塩基対数を推定できる。

100 サンガー法

問題

問題

1970年代の後半，イギリスのサンガーによってDNAの塩基配列を読み取る技術が確立された。
この方法は，まず解析したい1本鎖DNAを加えた溶液に，DNAポリメラーゼ，プライマー，DNA合成の材料となるデオキシリボヌクレオシド三リン酸(dNTP)，そして塩基ごとに標識をした少量のジデオキシリボヌクレオシド三リン酸(ddNTP)という特殊なヌクレオチドを加える。DNA合成をこの溶液中で行うと，さまざまな長さのDNA鎖が合成される。そして，電気泳動によって合成されたDNA鎖を長さの順に並べ，標識した塩基の種類を順にたどることでDNAの塩基配列を読み取ることができる。

(1) 下線部において，dNTPがddNTPとは異なる点を，ヌクレオチドの構造に着目して説明せよ。

(2) 右の図は，サンガー法によって得られたさまざまな長さのDNA断片を示している。鋳型となった1本鎖DNAの塩基配列を，右の例にならって記せ。なお，プライマーと相補的な結合をしている部分は除くものとする。

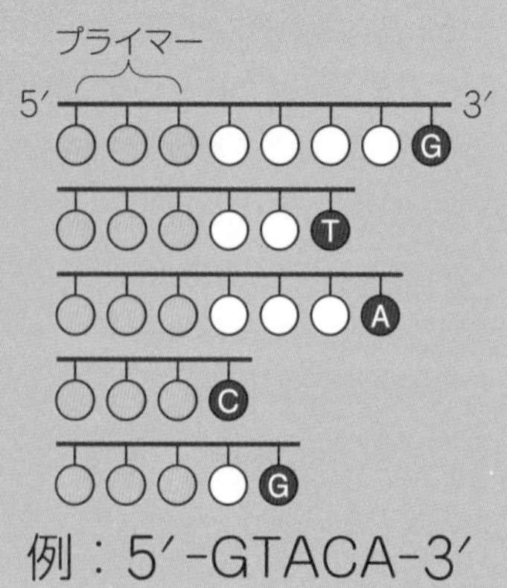

例：5′-GTACA-3′

解くための材料

DNA合成の際，合成途中のDNA鎖にジデオキシリボヌクレオシド三リン酸が結合すると，そこでDNA鎖の伸長は停止する。

サンガー法は，以下の手順で行います。

① 混合液（解析したい1本鎖DNA，DNAポリメラーゼ，プライマー，dNTP，蛍光色素により標識されたddNTPを含む）を準備し，DNA合成を行います。

② 合成されたさまざまなDNA断片を電気泳動によって分離し，長さの順に並べます。

③ DNA断片の末端に標識されている色素を順にたどることで，DNAの塩基配列を読み取ることができます。

(1) デオキシリボヌクレオシド三リン酸（dNTP）とジデオキシリボヌクレオシド三リン酸（ddNTP）の構造は以下のようになります。

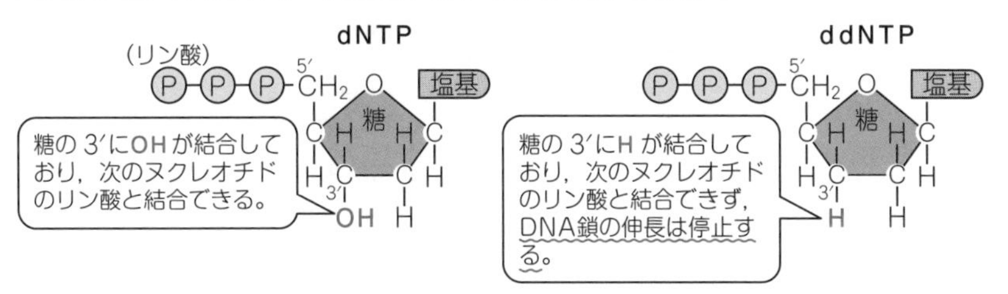

dNTPは糖の3′にOHが結合しているのに対し，
ddNTPは糖の3′にHが結合している。 ……答

(2) 図中の塩基をDNA鎖の長さの短い順に並べると，CGTAGとなります。この塩基配列は，最後まで完全に合成されたDNAの塩基配列と同じです。したがって，塩基の相補性より，鋳型となったDNA鎖の塩基配列を5′末端側から順に並べると，CTACGとなります。

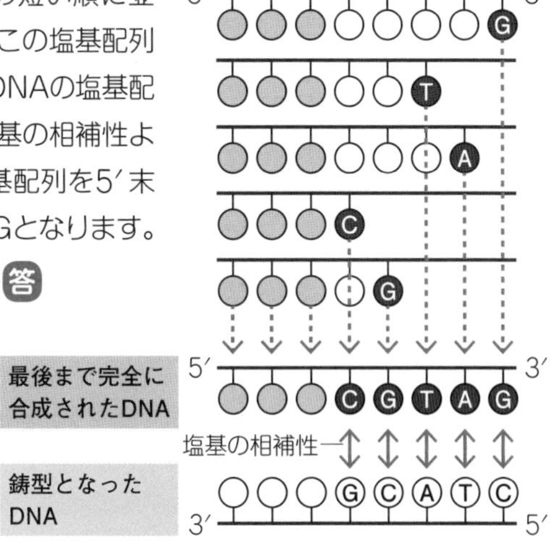

101 GFPを用いた遺伝子発現解析

問題

観察＆実験・思考探究

遺伝子*A*は，マウスの肝臓で特異的に発現する遺伝子である。遺伝子*A*の上流には，転写調節領域（R）とプロモーター（P）が存在する。
遺伝子*A*の発現調節のしくみについて調べるため，RをR1～R5の5つの領域に分け，下の図の左側のように，各領域をさまざまな組み合わせでGFP（緑色蛍光タンパク質）の遺伝子につないで人工DNA Ⅰ～Ⅵを作製し，それを肝臓の細胞に導入した。実験の結果，GFPによる発光強度は下の図の右側のようになった。この結果から，R1～R5を，転写を促進する領域，抑制する領域，転写調節に関与しない領域に分類せよ。

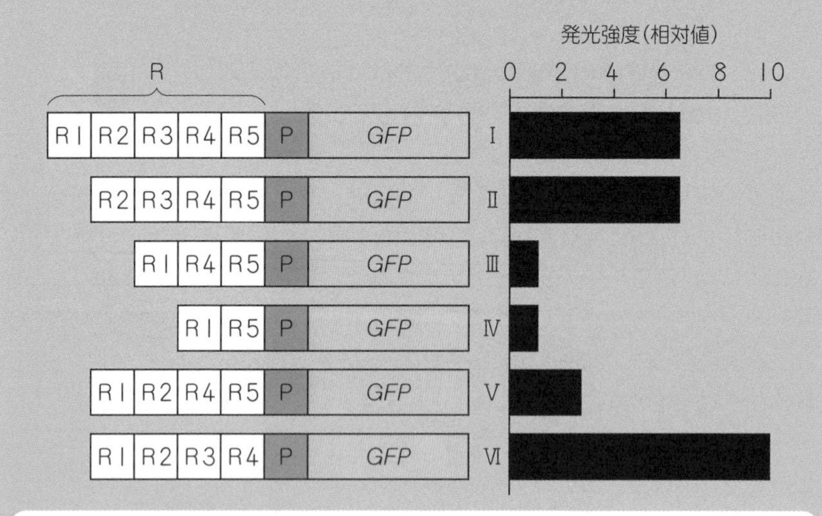

解くための材料

GFP（緑色蛍光タンパク質）は，青色光または紫外線を照射すると，緑色の蛍光を発するタンパク質である。

本問のように，調べたい転写調節領域をGFPの遺伝子につないで細胞に導入すると，発光強度からその領域のはたらきを推定することができます。

実験結果を考察するときは，1つの結果だけを見てもその強弱がわからないので，以下のように必ず複数の結果を比較するようにしましょう。

- ⅠとⅡの比較：R1があってもなくても発光強度は同じなので，R1は転写調節に関与しないことがわかります。
- ⅢとⅣの比較：R4があってもなくても発光強度は同じなので，R4は転写調節に関与しないことがわかります。
- ⅠとⅤの比較：R3がない場合，発光強度が弱くなることから，R3は転写を促進することがわかります。
- ⅢとⅤの比較：R2がない場合，発光強度が弱くなることから，R2は転写を促進することがわかります。
- ⅠとⅥの比較：R5がない場合，発光強度が強くなることから，R5は転写を抑制することがわかります。

以上の比較から，転写を促進するのはR2とR3，抑制するのはR5，転写調節に関与しないのはR1とR4であることがわかりました。

転写を促進する領域：**R2，R3，**
転写を抑制する領域：**R5，** ……答
転写調節に関与しない領域：**R1，R4**

ある領域について考察するときは，ほかの部分は同じで，その領域の有無だけが異なる人工DNAの結果を比較するんだ！

102 ゲノム編集

問題

問題

ゲノム編集についての説明として適当なものを，次の**ア**～**エ**からすべて選べ。

ア　ゲノム編集は，特殊なRNA分解酵素を用いて目的の遺伝子を任意に改変する技術である。

イ　ゲノム編集では，従来の遺伝子組換え技術と比べて，目的の遺伝子を改変するのに時間がかかる。

ウ　ゲノム編集によって，遺伝子の改変をより多くの生物種で行うことが可能になった。

エ　ゲノム編集の手法の1つとしてCRISPR/Cas9（クリスパーキャスナイン）という手法がある。

解くための材料

特殊なDNA分解酵素を用いて目的の遺伝子を任意に改変する技術をゲノム編集という。

解き方

ア　誤った記述です。ゲノム編集は，特殊なDNA分解酵素を用いて目的の遺伝子に突然変異を誘発させたり，外来遺伝子を挿入したりすることで，遺伝子操作を行います。

イ　誤った記述です。ゲノム編集は，従来の遺伝子組換え技術と比べて比較的短時間に目的の遺伝子を改変することができます。

ウ　正しい記述です。従来の遺伝子組換えでは特定の遺伝子を改変できる生物種は限られていましたが，ゲノム編集はもともと生物に備わっているDNA修復機構を利用するため，より多くの生物種で容易に行うことが可能になりました。

エ　正しい記述です。CRISPR/Cas9は，Cas9というDNA分解酵素を利用したゲノム編集の手法の1つであり，この手法を開発したシャルパンティエとダウドナは2020年にノーベル化学賞を受賞しました。

ウ，エ……答

103 遺伝子を扱う技術の応用

問題

問 題

次の①〜③に関係する語句を，それぞれ下の**ア**〜**カ**から1つずつ選べ。

① 犯罪捜査において，毛髪などに含まれる微量のDNAから個人識別を行う。

② トウモロコシに害虫抵抗性をもつ外来遺伝子を人為的に導入することで，害虫による食害を受けにくいトウモロコシを作出した。

③ 運動ニューロンの機能の維持に必要な遺伝子が変異したことで筋力の低下が起きてしまった病気に対し，正常な遺伝子を組みこんだウイルスを患者に投与することで運動機能が改善された。

ア 遺伝子治療　**イ** トランスジェニック生物
ウ クローン技術　**エ** ゲノムプロジェクト
オ 遺伝子診断　**カ** DNA型鑑定

解くための材料

遺伝子操作を中心とした生物がもつ機能を利用する技術をバイオテクノロジーといいます。

解き方

① 個体識別や血縁鑑定には**DNA型鑑定**（**カ**）が行われます。

② 外来遺伝子を人為的に導入した生物を**トランスジェニック生物**（**イ**）といいます。

③ 変異してしまった遺伝子に対し，正常な遺伝子を導入して病気の治療を行うことを**遺伝子治療**（**ア**）といいます。

①：**カ**，②：**イ**，③：**ア**……答

104 ヒトゲノム計画

問題

問題

ヒトゲノム計画からわかったことについて説明した文として最も適当なものを，次の**ア**～**ウ**から1つ選べ。

ア　実際につくられるタンパク質の種類よりもタンパク質の情報をもつ遺伝子数のほうが多い。

イ　全塩基配列のうち，アミノ酸を指定しているのは2%以下である。

ウ　1組のヒトゲノムは，約60億塩基対のDNAから構成されている。

解くための材料

ヒトゲノムの解読を目的とした国際プロジェクト「ヒトゲノム計画」は，1990年に始まり，2003年にはほとんどの塩基配列が決定された。

解き方

ア　誤った記述です。タンパク質の情報をもつ遺伝子数は約2万個ですが，実際につくられるタンパク質は10万種類以上といわれています。これは，1つの遺伝子から数種類のタンパク質がつくられているためです。

イ　正しい記述です。アミノ酸を指定している配列以外にも，イントロンやtRNA，rRNAなどの情報をもつ配列が存在します。

ウ　誤った記述です。1組のヒトゲノムは，約30億塩基対のDNAから構成されています。1個の体細胞は，2組のヒトゲノムをもつので，約60億塩基対のDNAを含んでいることになります。

イ……答

ヒトゲノムのうち99.9%の塩基配列は，すべてのヒトで共通しているよ！

生物の環境応答

まとめ

- 神経系の構成単位である**ニューロン**（**神経細胞**）は，核がある**細胞体**，長い突起である**軸索**（**神経繊維**），枝分かれした短い突起である**樹状突起**からなる。
- 多くの神経繊維は**シュワン細胞**でできた**神経鞘**という膜でおおわれている。神経繊維のうち，シュワン細胞の細胞膜が何重にも巻きついた**髄鞘**（**ミリエン鞘**）をもつものを**有髄神経繊維**という。髄鞘の切れ目を**ランビエ絞輪**という。髄鞘をもたない神経繊維を**無髄神経繊維**という。
- 刺激を受けていないニューロンでは，細胞膜の外側は正（＋），内側は負（－）に帯電している。この電位差を**静止電位**という。
- ニューロンは，刺激を受けると膜内外の電位が瞬間的に逆転する。このような電位の変化を**活動電位**という。活動電位が生じることを**興奮**という。
- ニューロンは，刺激の強さが**閾値**以上でなければ興奮しないが，それよりも刺激を強くしても興奮の大きさは変化しない。これを**全か無かの法則**という。
- 興奮が軸索を伝わっていくことを**伝導**という。
- 有髄神経繊維では，興奮がランビエ絞輪をとびとびに伝導する（**跳躍伝導**）。このため，無髄神経繊維よりも伝導速度が大きい。
- 軸索の末端は，**シナプス**とよばれるすきまを隔ててほかのニューロンや効果器と連絡している。興奮が軸索の末端まで伝わると，**神経伝達物質**が**シナプス間隙**に分泌されることで，興奮が次のニューロンに伝わる。これを興奮の**伝達**という。

- それぞれの受容器が受け取ることのできる刺激の種類を**適刺激**という。
- ヒトの視細胞のうち，うす暗い場所でよくはたらくものを**桿体細胞**，色の識別に関与しているものを**錐体細胞**という。
- 近くのものを見るときは**毛様筋**が収縮し，**チン小帯**がゆるみ，**水晶体**が厚くなる。
- 明所から暗所に入ったときに，しだいに視細胞の感度が上昇して見えるようになることを**暗順応**，暗所から明所に出たときに，しだいに視細胞の感度が調節されてものが見えるようになることを**明順応**という。

▶ヒトの耳には，音を受容する**コルチ器**や，からだの傾きを受容する**前庭**（ぜんてい），からだの回転を受容する**半規管**（はんきかん）がある。

▶神経系のうち**脳**と**脊髄**を**中枢神経系**（ちゅうすうしんけいけい），それ以外を**末しょう神経系**（まっしょうしんけいけい）という。

▶脊椎動物の脳は，**大脳**，**間脳**，**中脳**，**小脳**，**延髄**（えんずい）に分けられる。

▶ニューロンの細胞体が集まっている**大脳皮質**（だいのうひしつ）は**灰白質**（かいはくしつ），軸索が集まっている**大脳髄質**（だいのうずいしつ）は**白質**（はくしつ）とよばれる。脊髄では，皮質が白質，髄質が灰白質になっている。

▶ヒトの大脳皮質は，新皮質と辺縁皮質からなり，辺縁皮質には記憶の形成にかかわる**海馬**が存在する。

▶感覚神経は**背根**（はいこん）を通って脊髄に入り，運動神経や自律神経は**腹根**（ふくこん）を通って脊髄から出ている。

▶**反射**は，受容器→感覚神経→反射中枢→運動神経→効果器という経路を興奮が伝わることで起こる。このような興奮の経路を**反射弓**（はんしゃきゅう）という。

▶**骨格筋**は，**筋細胞**（**筋繊維**（きんせんい））とよばれる多核の細胞からなり，その細胞質には**筋原繊維**（きんげんせんい）の束がある。筋原繊維のZ膜とZ膜の間を**サルコメア**（**筋節**（きんせつ））という。

▶筋原繊維は2種類のフィラメントからなり，太いほうを**ミオシンフィラメント**，細いほうを**アクチンフィラメント**という。

■筋肉の構造

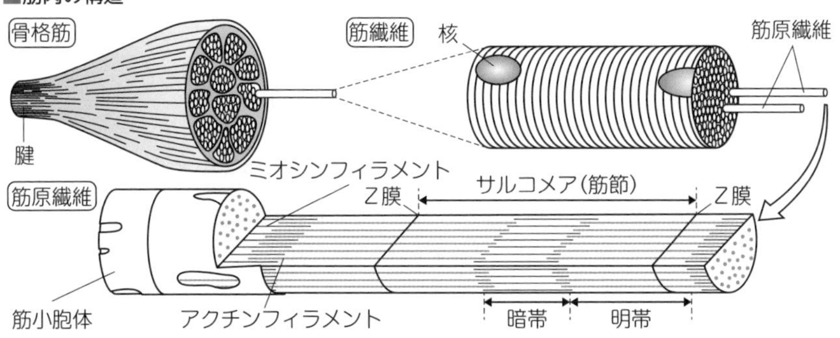

105 ニューロンの構造

問題

問題

下の図は，ニューロンの構造の模式図である。

(1)　図中の**ア**～**カ**の名称を答えよ。

(2)　興奮が伝導するのは，**エ**と**オ**のどちらか。

解くための材料

ニューロンは，おもに細胞体，軸索，樹状突起からなる。

解き方

(1)　ニューロンの核がある部分を細胞体（**ア**），長い突起の部分を軸索（**ウ**），枝分かれした短い突起の部分を樹状突起（**イ**）といいます。

軸索は，シュワン細胞でできたうすい膜でおおわれています。これを**神経鞘**（**カ**）といいます。シュワン細胞の細胞膜が何重にも巻きついた構造は**髄鞘**（**エ**）です。髄鞘の切れ目を**ランビエ絞輪**（**オ**）といいます。

ア：**細胞体**，**イ**：**樹状突起**，**ウ**：**軸索**，
エ：**髄鞘**，**オ**：**ランビエ絞輪**，**カ**：**神経鞘** ……答

(2)　髄鞘をもつ神経繊維を**有髄神経繊維**といいます。有髄神経繊維では，興奮がランビエ絞輪をとびとびに伝導します。これを**跳躍伝導**といいます。

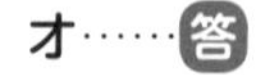

興奮の伝導速度

有髄神経繊維では，跳躍伝導が起こるため，無髄神経繊維よりも興奮の伝導速度が大きい。

106 興奮の伝導と伝達

問題

問題

下の図は，機能的につながった3つのニューロンの模式図である。いま，図の矢印の部分に電気刺激を与えると興奮が起こった。その興奮は，図のA～Dにそれぞれ伝わるか。

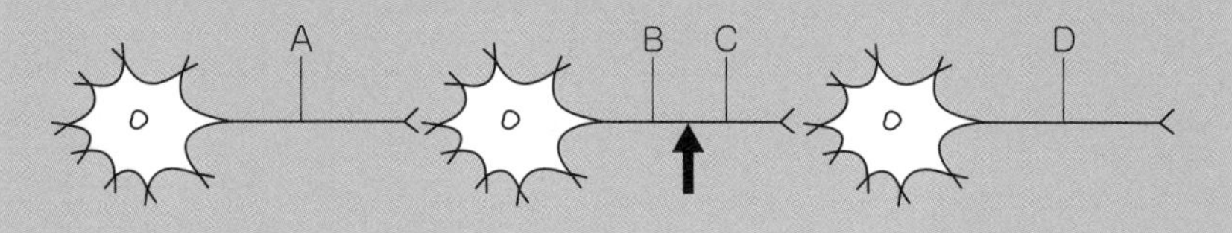

解くための材料

興奮は，軸索を両方向へ伝導する。一方，シナプスでは，軸索の末端から次のニューロンへ一方向に伝達する。

解き方

軸索では，興奮は両方向に伝導するので，図の矢印部分を刺激して生じた興奮は，BとCに伝わります。

一方，シナプスでは，軸索の末端から次のニューロンへ一方向に伝達するので，図の矢印部分を刺激して生じた興奮は，Dには伝わりますが，Aには伝わりません。

B，C，D……答

! 興奮の伝導のしくみ

軸索の刺激部分に興奮が生じると，興奮部と静止部との間に微弱な**活動電流**が流れる。この電流が刺激となって，その隣の部分が興奮し，さらに隣の部分も興奮するというようにして，興奮は軸索の両方向に順々に伝わっていく。
軸索では，興奮が終わった直後の部分は，しばらく刺激に反応できない状態（**不応期**（ふおうき））となる。このため，いったん興奮が終わった部分へ逆方向に興奮が伝わることはない。

107 活動電位

問題　　問題・グラフ

下の図は，ニューロンが活動するときの膜電位の時間的な変化を示したものである。

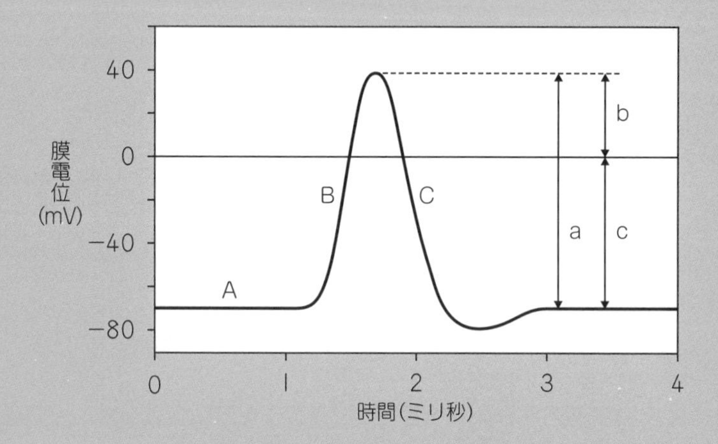

(1)　静止電位と活動電位は，それぞれ図中のa～cのどれか。

(2)　細胞膜には，次の①～③のチャネルが存在する。図のA，B，Cでは，それぞれのチャネルは「開」「閉」のいずれの状態になっているか。

①　電位変化に依存して開くナトリウムチャネル

②　電位変化に依存して開くカリウムチャネル

③　電位変化に依存しないカリウムチャネル

解くための材料

刺激を受けていないニューロンでの，膜内外の電位差を静止電位，刺激を受けたときの電位差を活動電位という。

(1)　膜外を基準（0mV）としたときの膜内の電位を**膜電位**といいます。静止状態のとき，ニューロンの膜電位は－50～－90mVになっています。

刺激を受けると，膜内外の電位が瞬間的に逆転し，内側が正，外側が負になります。このときの電位差を活動電位といいます。

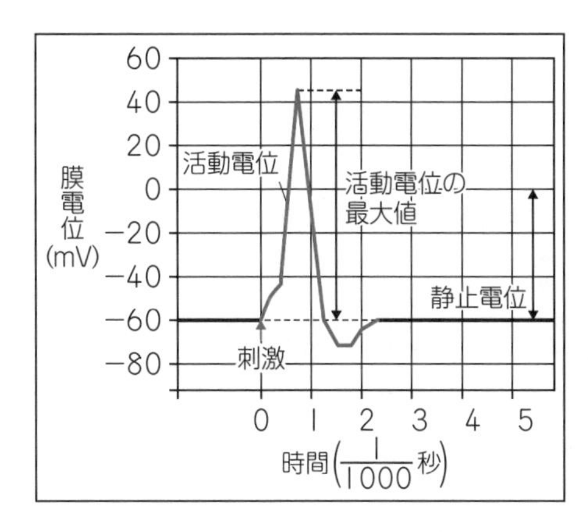

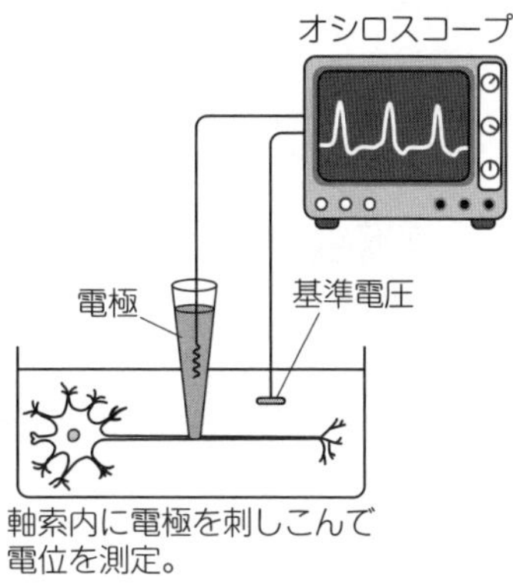

軸索内に電極を刺しこんで電位を測定。

静止電位：c，活動電位：a……答

(2)A　静止状態では，ナトリウムポンプがNa^+を細胞外に排出し，K^+を細胞内に取りこんでいるため，細胞外にNa^+が多く，細胞内にK^+が多い状態になっています。また，電位変化に依存しないカリウムチャネル（③）はつねに開いていて，K^+は細胞外に漏れ出しています。このため，細胞内は負，細胞外は正になっています。

B　刺激を受けると，電位変化に依存して開くナトリウムチャネル（①）が開き，細胞内にNa^+が一気に流入し，膜内外の電位が逆転します。

C　①のナトリウムチャネルはすぐに閉じ，電位変化に依存して開くカリウムチャネル（②）が開きます。すると，電位差を解消するようにK^+が細胞外へ流出し，細胞内外の電位差はもとに戻ります。その後，ナトリウムポンプのはたらきにより，イオンの分布はもとに戻ります。

A：①**閉**，②**閉**，③**開**
B：①**開**，②**閉**，③**開**……答
C：①**閉**，②**開**，③**開**

108 全か無かの法則

問題

カエルを用いて次の実験を行った。

① 座骨神経のうちの1本の神経繊維を取り出し，電気刺激を与えて活動電位を測定した。活動電位は，刺激を<u>A ある強さ</u>以上にすると生じたが，それ以上強くしても大きくならなかった。

② 神経繊維の束である座骨神経に電気刺激を与えて活動電位を測定した。活動電位は，刺激をある強さ以上にすると生じ，<u>B ある範囲までは刺激を強くしていくほど大きくなった</u>が，それ以上強くしても大きくならなかった。

(1) 下線部Aについて，この刺激の強さのことを何というか。

(2) 1本の神経繊維に与える刺激の強さを強くしていくとどうなるか。次の**ア**～**ウ**から1つ選べ。

ア 生じる興奮の頻度が高くなる。

イ 興奮の生じている時間が長くなる。

ウ 生じる興奮のようすはまったく同じである。

(3) 下線部Bのようになった理由を簡潔に説明せよ。

解くための材料

興奮が起こる最小の刺激の強さは，ニューロンごとに異なる。

(1), (2)　ニューロンは，一定以上の強さの刺激を与えなければ興奮しません。興奮が起こる最小の刺激の強さを**閾値**といいます。閾値以上であれば，どのような強さの刺激でも，生じる興奮の大きさは同じです。ニューロンは，「興奮している」「興奮していない」のどちらかの状態しかとりません。これを**全か無かの法則**といいます。

ただし，右の図のように刺激を強くしていくほど興奮の頻度が高くなっていきます。

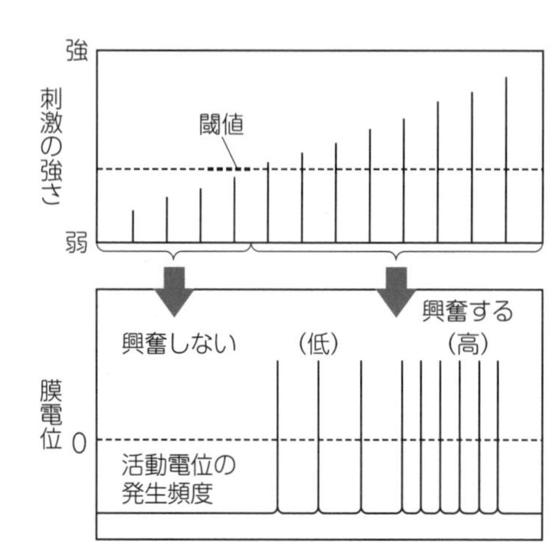

(1)　**閾値**，(2)　**ア**……答

(3)　座骨神経系は，閾値の異なる多数の神経繊維が集まってできています。このため，刺激を強くしていくと，はじめは最も閾値が小さい神経繊維が興奮します。さらに刺激を強くしていくと，興奮する神経繊維の数が多くなっていくため，活動電位も大きくなります（下の図）。やがて，すべての神経繊維が興奮するようになると，それ以上刺激を強くしても，活動電位は大きくなりません。

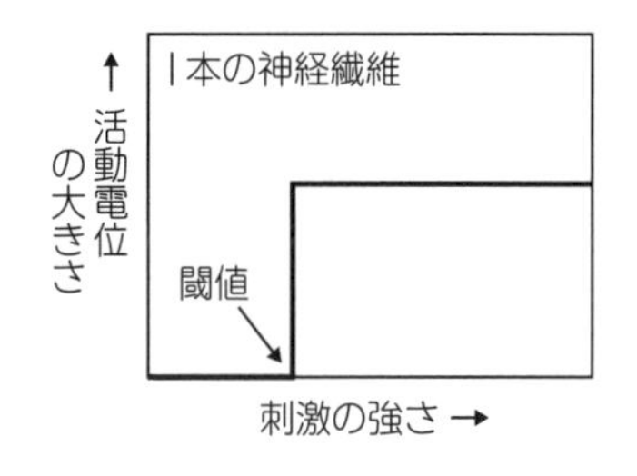

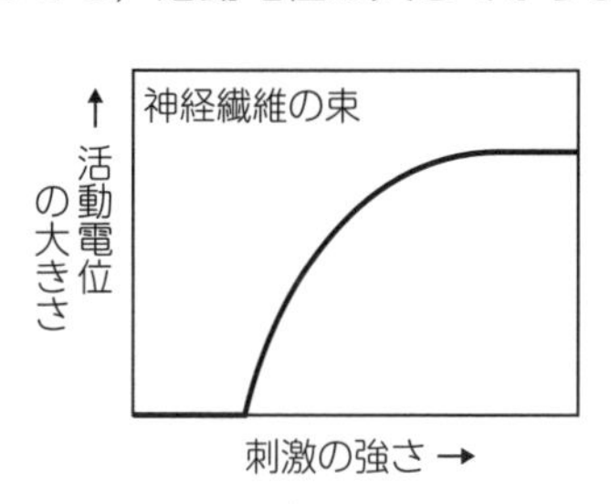

閾値は神経繊維ごとに異なっており，刺激を強くするほど興奮する神経繊維の数が多くなるから。……答

動物の刺激の受容と反応

109 神経筋標本による実験

問題　計算

座骨神経がつながったカエルの神経筋標本を使って，次の実験を行った。

① 神経末端と筋の接続部から60mm離れたA点を刺激すると8.0ミリ秒後に筋肉が収縮し，15mm離れたB点を刺激すると6.5ミリ秒後に筋肉が収縮した。

② 筋肉を直接刺激すると，3.5ミリ秒後に筋肉が収縮した。

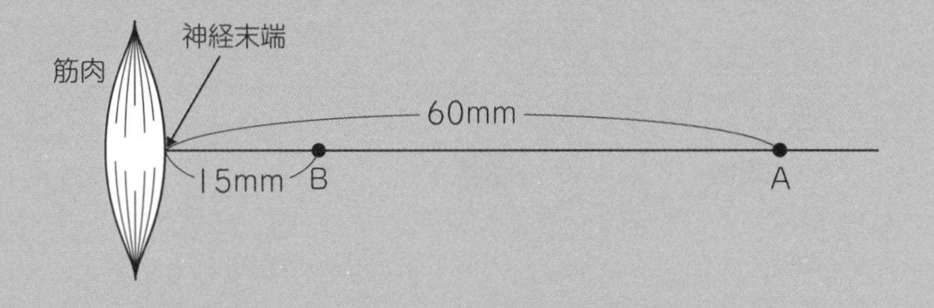

(1) この実験で神経の興奮の伝導速度（m/秒）を求めよ。

(2) 神経末端から筋肉への興奮の伝達に要する時間（ミリ秒）を求めよ。

(3) 神経末端と筋の接続部から27mm離れた点を刺激したとき，筋肉が収縮するまでに要する時間（ミリ秒）を求めよ。

解くための材料

神経を刺激してから筋肉が収縮するまでに，興奮の伝導，興奮の伝達，筋肉の収縮という3つのステップがある。

神経を刺激してから筋肉が収縮するまでには，次の3つのステップがあります。

- ステップ1　神経上を興奮が伝導する
- ステップ2　神経末端と筋肉の間のシナプスを興奮が伝達する
- ステップ3　筋肉が興奮を受け取ったあと収縮する

(1)　60mmを8.0ミリ秒で割ったり，15mmを6.5ミリ秒で割ったりしてはいけません。なぜなら，これらの時間には，上記のステップ1〜3に要した時間が含まれているからです。

純粋にステップ1の速度だけを求めるためには，A点からB点までの興奮の伝導に着目します。

$$\frac{\text{AB間の距離}}{\text{AB間の伝導に要した時間}}=\frac{60-15}{8.0-6.5}=\frac{45\text{mm}}{1.5\text{ミリ秒}}=30\text{m/秒}$$

30m/秒……**答**

(2)　これはステップ2に要する時間を求める問題です。神経末端から15mm離れたB点を刺激したときに要した時間6.5ミリ秒から，ステップ1とステップ3に要する時間を引いて，求めることにしましょう。　←A点に着目して求めてもよい

(1)より，興奮の伝導速度は30m/秒＝30mm/ミリ秒なので，15mmの神経を興奮が伝導するのに要する時間は，

15mm÷30mm/ミリ秒＝0.5ミリ秒　←ステップ1に要する時間

また，実験②より，筋肉が興奮を受け取ったあと収縮するまでに要する時間は，3.5ミリ秒です。←ステップ3に要する時間

よって，ステップ2に要する時間は，6.5−0.5−3.5＝2.5ミリ秒

2.5ミリ秒……**答**

(3)　27mmの神経を興奮が伝導するのに要する時間は，

27mm÷30mm/ミリ秒＝0.9ミリ秒　←ステップ1に要する時間

(2)より，ステップ2には2.5ミリ秒，ステップ3には3.5ミリ秒要するので，

0.9＋2.5＋3.5＝6.9ミリ秒

6.9ミリ秒……**答**

110 シナプス後電位

問題

グラフ・観察&実験

図1のように，ニューロンA，B，Cそれぞれの細胞体の膜電位を記録した。この状態で，ニューロンA，Bの軸索をaやbの位置で1回刺激すると，ニューロンCの細胞体からはそれぞれ図2，3のようなシナプス後電位が記録された。

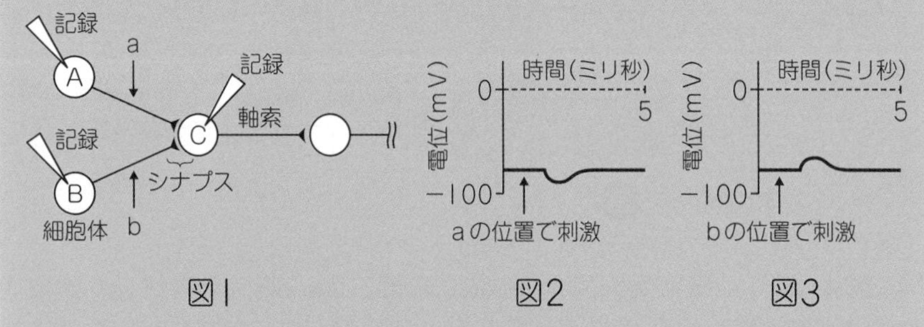

図1　図2　図3

軸索をaとbの位置で同時に刺激すると，ニューロンA，B，Cの細胞体からはそれぞれどのような電位変化が記録されると予想されるか。次の**ア**～**ウ**から1つずつ選べ。

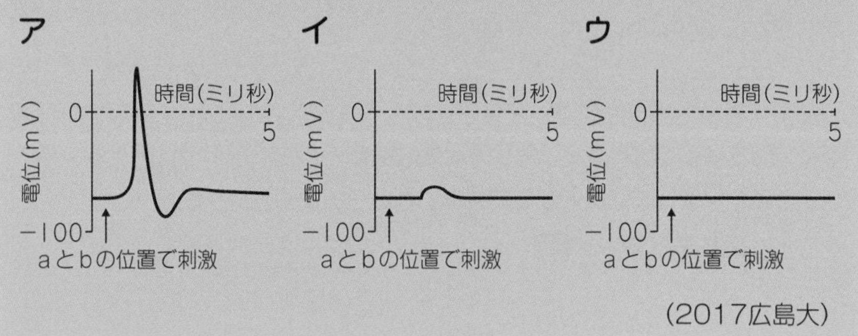

(2017広島大)

解くための材料

シナプスには，次のニューロンを興奮させるものと抑制するものがある。

シナプスで，神経伝達物質を受け取る側の細胞（**シナプス後細胞**）で生じる電位変化を**シナプス後電位**といいます。この電位変化は，どのようなイオンチャネルが開くかによって異なります。

例えば，ナトリウムチャネルが開くと，シナプス後細胞にNa^+が流入して，膜電位は正の方向に変化（**脱分極**）します。この電位変化を**興奮性シナプス後電位**（**EPSP**）といい，EPSPを生じさせるシナプスを**興奮性シナプス**といいます。

一方，クロライドチャネルが開くと，シナプス後細胞にCl^-が流入して，膜電位は負の方向に変化（**過分極**）します。この電位変化を**抑制性シナプス後電位**（**IPSP**）といい，IPSPを生じさせるシナプスを**抑制性シナプス**といいます。

本問では，図2がIPSP，図3がEPSPを示しているので，ニューロンAは抑制性シナプス，ニューロンBは興奮性シナプスであることがわかります。

一般に，1つのニューロンは，多数のニューロンとの間に，興奮性シナプスや抑制性シナプスを形成しています。

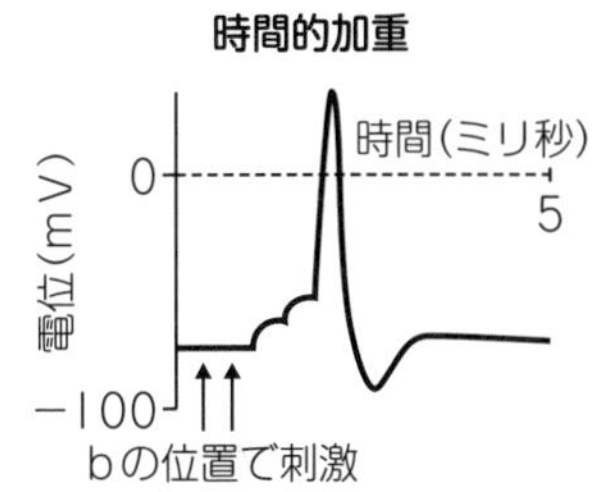

通常は，図3のように，1つの興奮性シナプスからの単独のEPSPでは活動電位は生じませんが，短い時間間隔で2回bの位置を刺激するなどして，連続的にEPSPが生じると，EPSPが重なり合って，右の図のように活動電位が生じます。これを**時間的加重**といいます。

これとは別に，異なる複数の興奮性シナプスによって，同時にEPSPが生じると，重なり合って活動電位が生じることもあります。これを**空間的加重**といいます。EPSPとIPSPが同時に生じると，互いに打ち消し合って，シナプス後細胞の膜電位はほとんど変化しません。

本問では，ニューロンA，Bの軸索をaとbの位置で同時に刺激すると，EPSPとIPSPが同時に生じるので，ニューロンCの細胞体の電位変化は**ウ**のようになると考えられます。

一方，ニューロンA，Bでは，活動電位が生じていて，軸索の両方向に興奮が伝導するので，ニューロンA，Bの細胞体の電位変化は，それぞれ**ア**のようになると考えられます。

ニューロンA：**ア**，ニューロンB：**ア**，ニューロンC：**ウ**……

111 ヒトの眼の構造

問題

問題

下の図はヒトの眼の構造を示した模式図である。

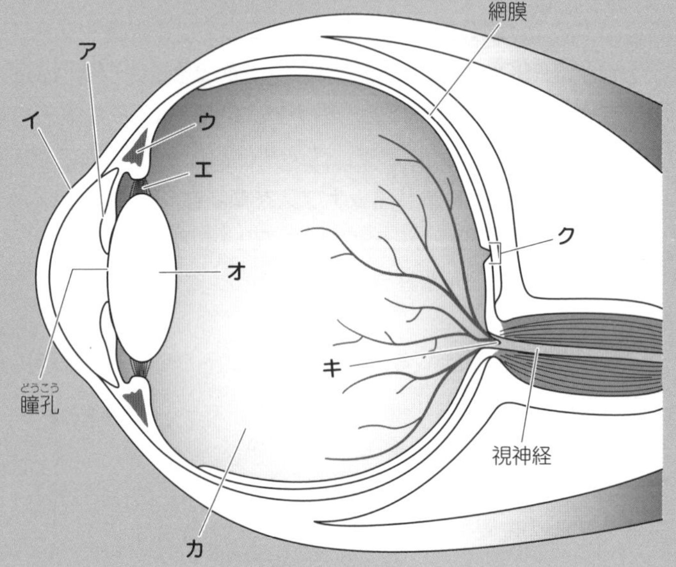

(1) 図中の**ア**～**ク**の名称を答えよ。

(2) 次の文章の空欄を埋めよ。

近くのものを見るとき，**ウ**の筋肉が［ ① ］し，**エ**が［ ② ］，**オ**が［ ③ ］なることで近くのものに焦点が合うようになる。

解くための材料

外からの光は，図中のイとオで屈折し，カを通過して，網膜で像を結ぶ。
遠近調節は，オの厚さを変えることで行っている。

解き方

(1) ヒトの眼の構造は，右の図のようになっています。

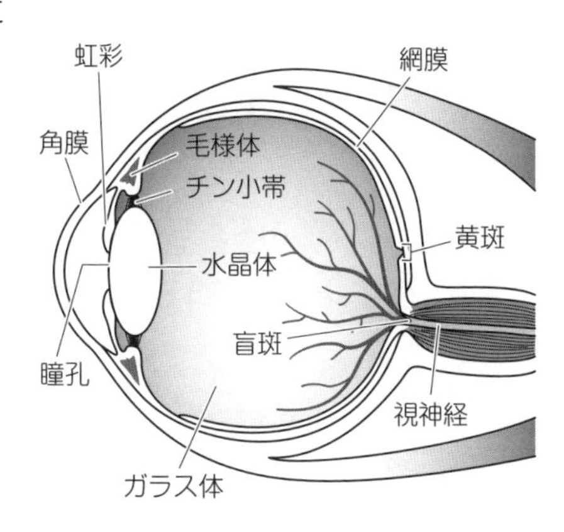

ア：虹彩（こうさい），
イ：角膜，
ウ：毛様体，
エ：チン小帯，
オ：水晶体（レンズ）， ……答
カ：ガラス体，
キ：盲斑（もうはん），
ク：黄斑（おうはん），

(2) 遠近調節は，下の図のように水晶体（レンズ）の厚さを変えて行われます。

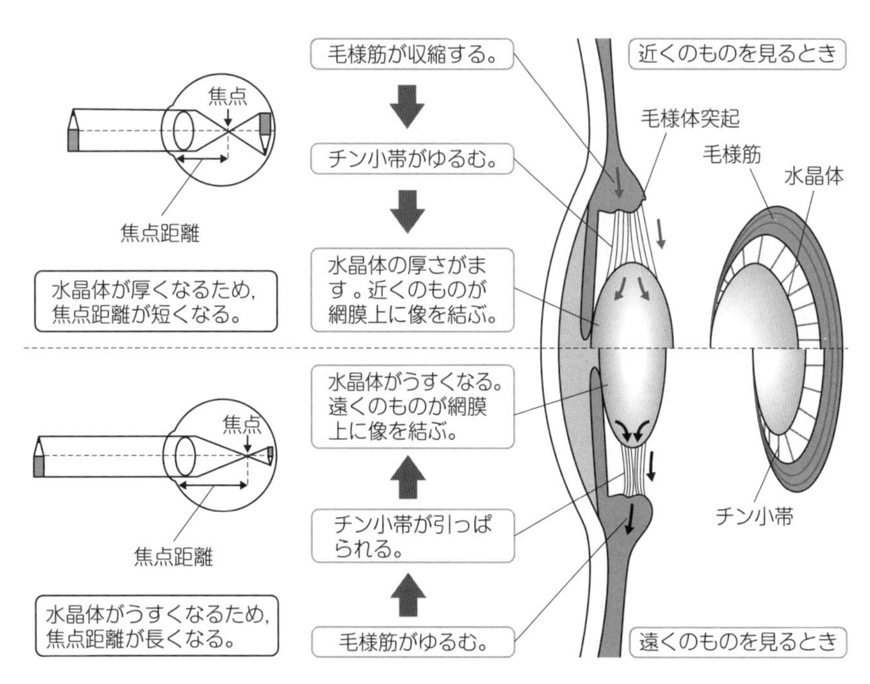

① 収縮，② ゆるみ，③ 厚く ……答

112 視細胞①

問題

問題

次の文の**ア**～**ウ**に当てはまる語句を，それぞれ選べ。
チェコの生理学者プルキンエは，ある日，赤色と青色の花が咲いている公園を散歩していて，昼間は赤色の花が青色の花よりも明るくはっきりと見えるが，夕方，日が暮れて暗くなるにつれ，青色の花のほうが赤色の花よりもはっきりと見えるようになることに気づいた。この現象は，ヒトの網膜では，赤錐体細胞は青錐体細胞よりも数が多いこと，暗くなるにつれて［**ア** 明　暗］順応が起き，［**イ** 錐体　桿体］細胞の感度が上がること，また，［**ウ** 赤　青］色として認識される光の波長は，桿体細胞で高い吸光量となる波長に近いこと，などによって説明される。

（2019センター試験）

解くための材料

錐体細胞は明るい場所ではたらき，桿体細胞はうす暗い場所ではたらく。

解き方

ア　暗い場所に行くと，はじめはよく見えませんが，やがて視細胞の感度が上昇してものが見えるようになります。これを**暗順応**といいます。

イ　暗い場所でよくはたらく視細胞は桿体細胞です。

ウ　暗い場所では青色のほうが赤色よりもはっきり見えることから，桿体細胞によってよく吸収される色は青色であると考えられます。

ア：暗（順応），イ：桿体（細胞），ウ：青（色）……答

113 視細胞②

問題

錐体細胞は，黄斑とよばれる網膜の中央部に多く存在し，桿体細胞は，黄斑を取り巻く部分に多く存在する。夜空にある暗い星を肉眼で観測したい場合の方法として最も適当なものを，次の**ア**～**エ**から１つ選べ。

ア　多くの光を眼球に取りこむため，目を大きく開き，星を眺める。

イ　多くの光を眼球に取りこむため，まわりに明るい街灯があるところで星を眺める。

ウ　星を視線の中心（黄斑の中心）にとらえて眺める。

エ　星を視線の中心（黄斑の中心）からずらして眺める。

（2019センター試験）

解くための材料

明るい場所に出ると，明順応が起きて視細胞の感度が低下する。

解き方

眼球に多くの光が入ると，明順応が起きて視細胞の感度が低下します。すると，暗い星は逆に見えにくくなります（**ア**，**イ**は誤り）。

黄斑の中心には，明るい場所でよくはたらく**錐体細胞**が多く存在します。このため，暗い星を視線の中心にとらえて眺めても，よく見えません（**ウ**は誤り）。

一方，網膜の周辺部には，うす暗い場所でよくはたらく**桿体細胞**が多く存在します。このため，暗い星を視線の中心からずらして眺めると，よく見えるようになります（**エ**は正しい）。

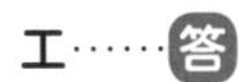

114 ヒトの視覚経路と視交さ

問題

問題

右の図は，ヒトの視神経が間脳で交さしているようすを示したものである。このように視神経が交さすることを視交さ(しこう)という。両眼の左側の網膜で受け取られた視覚情報は左の脳へ，右側の網膜で受け取られた視覚情報は右の脳へ伝えられる。図中のA～Cの各部位に損傷が起きた場合，視覚にはどのような影響が現れるか。最も適当なものを，それぞれ次の**ア**～**カ**から1つずつ選べ。

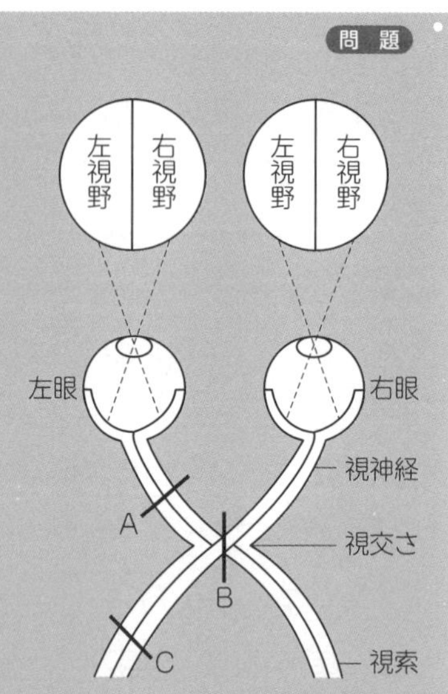

ア　両眼の左視野が欠損する。
イ　両眼の右視野が欠損する。
ウ　左眼の左視野と右眼の右視野が欠損する。
エ　左眼の右視野と右眼の左視野が欠損する。
オ　左眼の両視野が欠損する。
カ　右眼の両視野が欠損する。

解くための材料

光が網膜まで届くと視細胞で興奮が生じ，その興奮が視神経によって大脳に伝えられ，そこではじめて視覚が生じる。

Aの部位に損傷が起きると，図1のように，左眼で受け取られた両視野の視覚情報が脳へ伝えられなくなります。よって，左眼の両視野が欠損します。

Bの部位に損傷が起きると，図2のように，左眼で受け取られた左視野の情報と右眼で受け取られた右視野の情報が脳へ伝えられなくなります。よって，左眼の左視野と右眼の右視野が欠損します。

Cの部位に損傷が起きると，図3のように，左眼で受け取られた右視野の情報と右眼で受け取られた右視野の情報が脳へ伝えられなくなります。よって，両眼の右視野が欠損します。

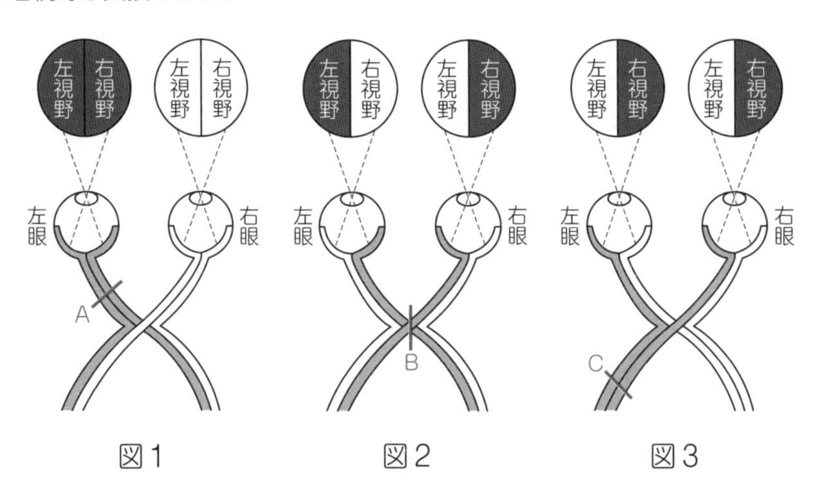

A：オ，B：ウ，C：イ……答

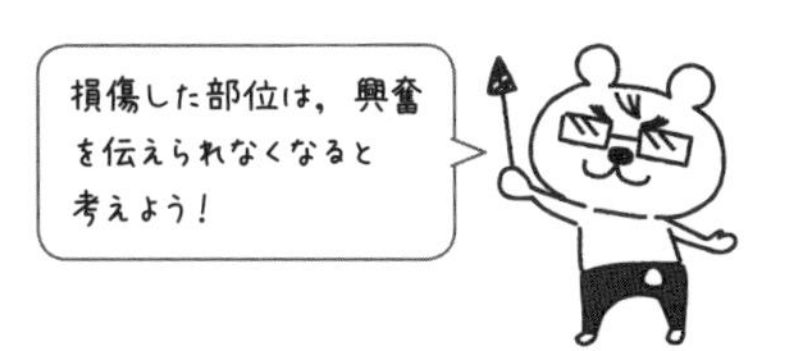

115 ヒトの眼の盲斑

問題

計算・観察&実験・思考探究

右眼の盲斑から黄斑までの直線距離を下の図のような試験紙を用いて測定する。
はじめ，左眼を閉じて，右眼の視野中央に＋印の位置がくるように試験紙を置き，＋印を注視する。次に試験紙を遠近の方向に動かすと，試験紙と眼の距離が400mmのとき，●印が見えなくなった。
水晶体と網膜の距離を20mmとし，＋と●の距離が90mmの場合，盲斑から黄斑までの直線距離を求めよ。ただし，試験紙と盲斑と黄斑を含む面は平行であるとする。

（2017九州工業大）

解くための材料

黄斑は，網膜の中心部にある。視野の中央に見える像は，黄斑に当たった光によってできたものである。
盲斑は，網膜のやや鼻側にある。ここは視神経繊維が束になって眼球から出る部分で，視細胞が分布していない。このため，盲斑に光が当たっても像はできない。

本問は，眼の盲斑から黄斑までの距離を測定する方法が題材となっています。

試験紙の●印が見えなくなったのは，●印からの光がちょうど盲斑に当たっていたからです。一方，＋印からの光は黄斑に当たっているので，このときの試験紙と眼球との位置関係は，次の図のようになっています。

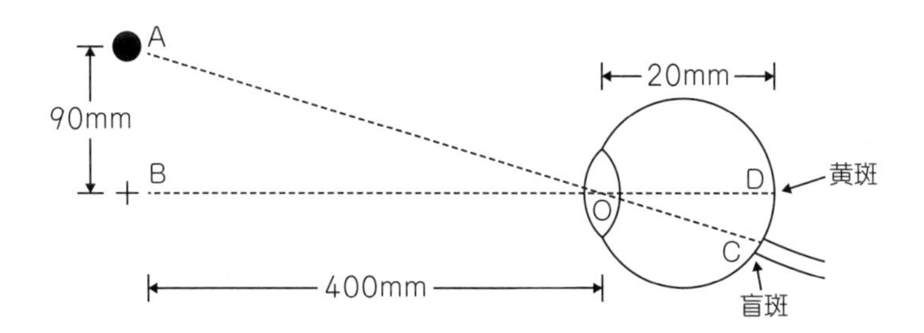

ここで，試験紙と盲斑と黄斑を含む面は平行である，すなわちAB//CDであると考えると，△ABOと△CDOは相似な図形とみなすことができます。

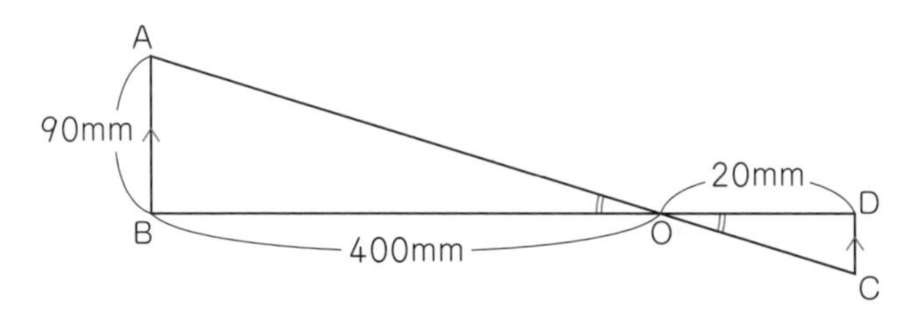

CDが盲斑から黄斑までの距離なので，

CD：DO＝AB：BO

CD：20＝90：400

$$CD=\frac{20\times 90}{400}=4.5\text{mm}$$

4.5mm……答

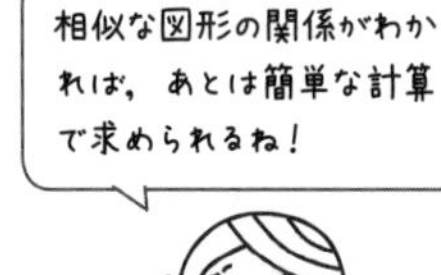

盲斑を意識しない理由

盲斑があっても，普段それを意識することなく生活できているのは，左右の眼が互いに見えない部分を補っているから。また，脳が自動的に見えない部分を補完しているため，片眼で見たときも視野に欠けている部分がないように感じられる。

116 明暗調節①

問題

グラフ

右の図は，ヒトが明るい場所から暗い場所に入ったときに，視細胞の閾値（感知できる最小限の光の強さ）が時間経過にともなってどのように変化するかを示したものである。

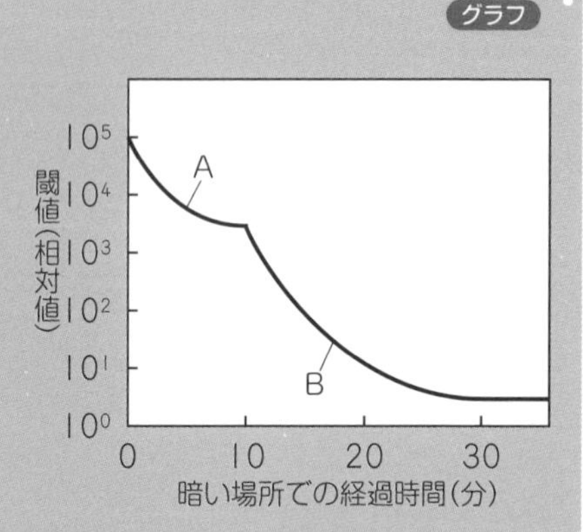

(1) 曲線A，Bは，それぞれ何を示しているか。最も適当なものを，それぞれ次の**ア**～**エ**から1つずつ選べ。

ア 錐体細胞の感度の上昇
イ 錐体細胞の感度の低下
ウ 桿体細胞の感度の上昇
エ 桿体細胞の感度の低下

(2) 暗い場所に入ってから30分後の視細胞の感度は，10分後の感度のおよそ何倍か。最も適当なものを，次の**ア**～**オ**から1つ選べ。

ア 10倍　**イ** 10^2倍　**ウ** 10^3倍
エ 10^4倍　**オ** 10^5倍

解くための材料

本問のグラフは，縦軸が対数目盛りで示されており，1目盛りごとに10倍になる。

(1) 明るい場所から暗い場所に入ると，まず**錐体細胞**の感度が上昇します。続いて，**桿体細胞**の感度が上昇することで，暗い場所でもものが見えるようになります。これを**暗順応**といいます。

感度が上昇する順番から，曲線Aは錐体細胞による暗順応，曲線Bは桿体細胞による暗順応を示していることがわかります。

おもに明るい場所ではたらく錐体細胞は，あまり感度が高くなりませんが，うす暗い場所でよくはたらく桿体細胞は，感度が大きく上昇します。

A：**ア**，B：**ウ**……答

(2) 本問のグラフは，縦軸が対数目盛りで示されています。対数目盛りは，1目盛り増えるごとに値が10倍になるグラフです。

暗所に入ってから10分後の閾値は10^3〜10^4ですが，30分後の閾値は10^0〜10^1まで変化しています。よって，30分後の視細胞の感度は，10分後の感度と比べて10^3倍になっているといえます。

ウ……答

錐体細胞の種類

ヒトの錐体細胞には，青紫色光（波長430nm付近）をよく吸収する青錐体細胞，緑色光（波長530nm付近）をよく吸収する緑錐体細胞，赤色光（波長560nm付近）をよく吸収する赤錐体細胞の3種類がある。
それぞれの錐体細胞の反応の強さにより，色の違いが区別される。3種類の錐体細胞が同程度に反応すると，白色に見える。
このように，錐体細胞は，色の区別に関与するが，暗い場所ではあまり感度が高くならない。暗い場所で色を区別しにくいのは，このためである。

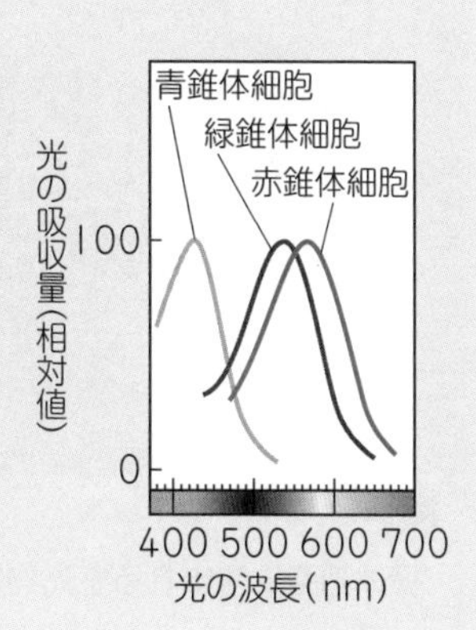

117 明暗調節②

問題 グラフ

正常なヒトの視細胞の感度は下の図の点線で示すように変化する。しかし，ビタミンAが不足すると，［ア］細胞ははたらくものの［イ］細胞がはたらかなくなる。

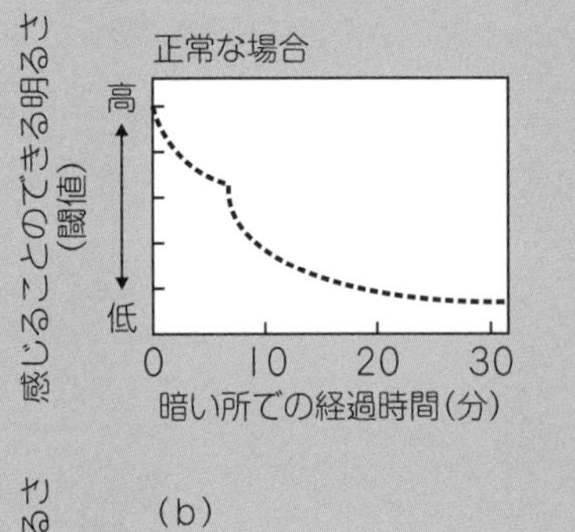

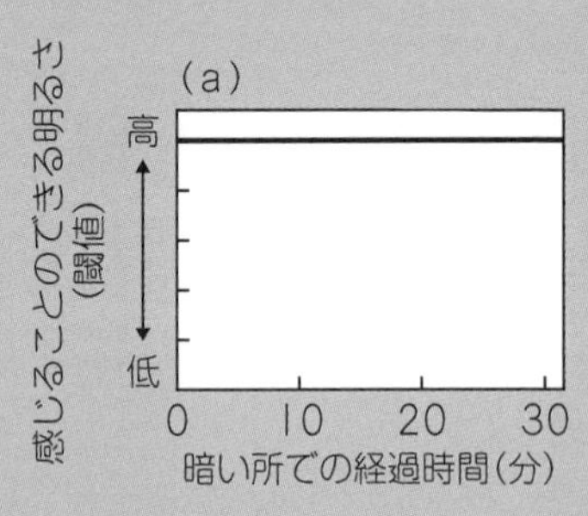

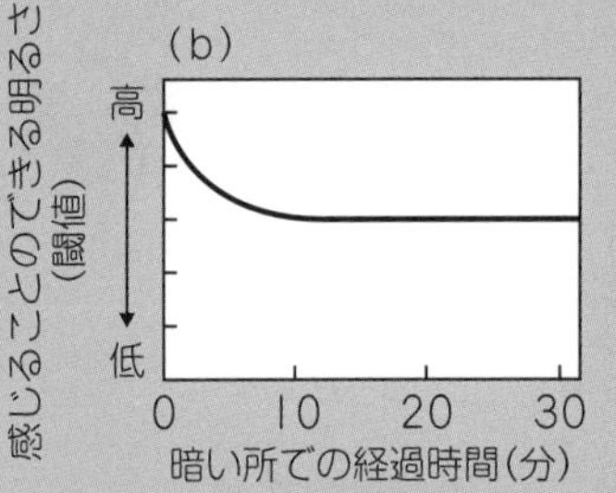

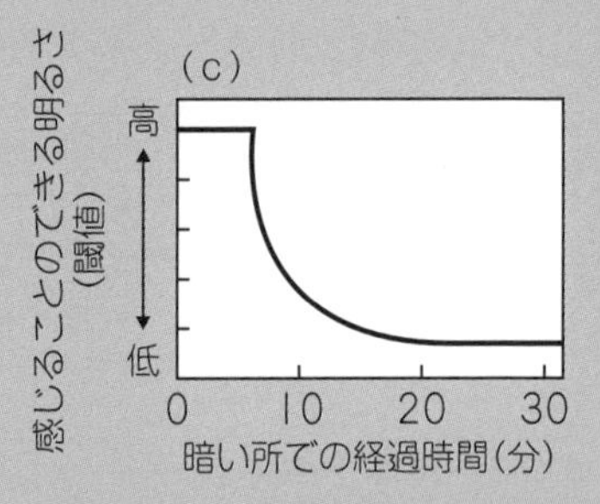

(1) 文章中の空欄に当てはまる語句を答えよ。

(2) ビタミンAが不足した状態における視細胞の感度の変化として最も適当なものを，図の(a)～(c)から1つ選べ。

（2016横浜国立大）

解くための材料

桿体細胞に含まれる感光物質は，ビタミンAからつくられる。

桿体細胞の感度が変化するしくみについて押さえておきましょう。

桿体細胞には，**ロドプシン**という感光物質（視物質）が含まれています。ロドプシンは，レチナールという色素とオプシンというタンパク質が組み合わさってできています。

光が当たると，レチナールの立体構造が変化してオプシンから離れ，それをきっかけに桿体細胞に興奮が起こります。これにより，脳は光を認識します。

明るい場所では，ロドプシンの分解が連続して起こり，再生産が間に合わなくなるので全体の量が減少します。その結果，桿体細胞の感度が低下します。

一方，暗い場所では，ロドプシンが分解されずにしだいに蓄積されるので，桿体細胞の感度が大きく上昇します。

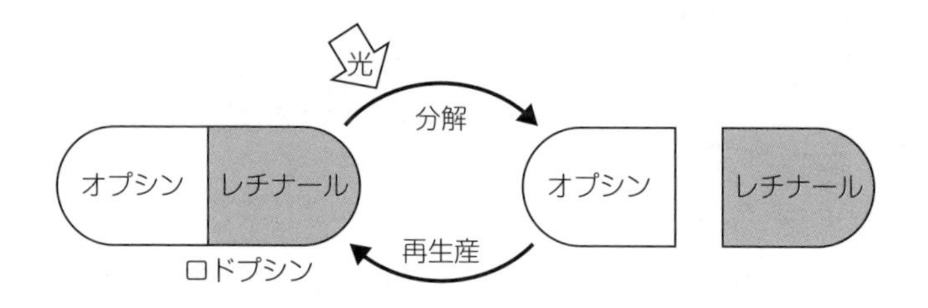

(1) 桿体細胞の感光物質の一部であるレチナールは，ビタミンAからつくられます。このため，ビタミンAが不足すると桿体細胞がはたらかなくなり，うす暗いところでものがよく見えなくなります。このような病気を夜盲症（やもうしょう）といいます。

ア：錐体（細胞），イ：桿体（細胞）……答

(2) 点線のグラフのうち，はじめの曲線は錐体細胞の感度上昇，あとの曲線は桿体細胞の感度上昇を示しています（右の図）。

ビタミンAが不足すると，桿体細胞ははたらかなくなりますが，錐体細胞ははたらきます。このため，グラフは，錐体細胞の感度上昇だけが示されている(b)のような形になります。

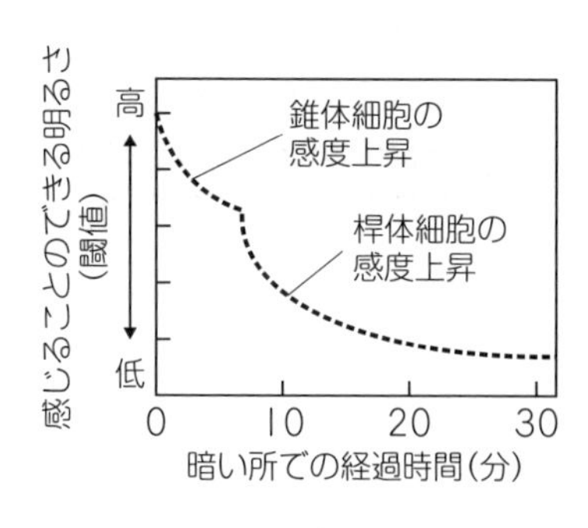

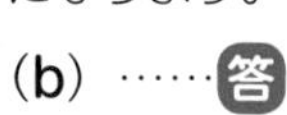

118 聴覚器・平衡受容器

問題

問題

ヒトの聴覚器・平衡受容器について説明した文として適当なものを，次の**ア**～**キ**からすべて選べ。

ア　外耳道は，外部からの音を増幅して中耳に伝えるはたらきをする。

イ　中耳の内部は，鼓室とよばれ，通常は空気で満たされている。

ウ　耳小骨は，中耳に存在し，おもに中耳の構造を支える役割を果たしている。

エ　聴神経は，中耳に存在し，聴細胞の興奮を大脳に伝えるはたらきをする。

オ　聴細胞の感覚毛は基底膜と接触しており，振動によって感覚毛が曲がると，聴細胞に興奮が生じる。

カ　音波がうずまき管に伝わると，高音は基部に近い基底膜を，低音は奥に近い基底膜を振動させる。

キ　前庭では，感覚細胞の上に平衡砂（耳石）がのっていて，からだの傾きが受容される。

解くための材料

ヒトの耳は，外耳，中耳，内耳に分かれており，音波を受容する聴覚器とからだの動きや傾きを受容する平衡受容器をもつ。

ヒトの耳の構造は，下の図のようになっています。

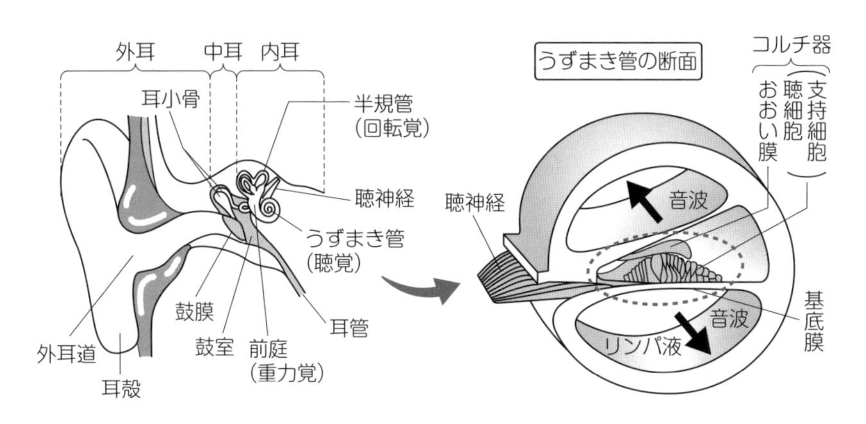

ア　誤った記述です。**外耳道**は，外部からの音波を**鼓膜**に伝えるはたらきをもちますが，このとき音は増幅されません。

イ　正しい記述です。**鼓室**の下部から咽頭まで，**耳管**（**エウスタキオ管**）とよばれる管が通っていて，この管により鼓室の空気圧は大気圧と等しくなります。

ウ　誤った記述です。**耳小骨**は，おもに鼓膜の振動を増幅して内耳の**うずまき管**に伝えるはたらきをします。

エ　誤った記述です。**聴神経**は内耳に存在します。

オ　誤った記述です。**基底膜**の上に**聴細胞**がのっていて，聴細胞の感覚毛は**おおい膜**と接触しています。そして，振動によって感覚毛が曲がると，聴細胞に興奮が生じます。聴細胞とおおい膜を合わせて**コルチ器**といいます。

カ　正しい記述です。振動数が大きい音（高音）は基部に近い基底膜を振動させ，振動数が小さい音（低音）は奥に近い基底膜を振動させます。このように，振動数によって興奮する聴細胞の位置が異なるので，ヒトは音の高低を識別することができます。

キ　正しい記述です。**前庭**では，感覚細胞の上に平衡砂（耳石）がのっていて，からだが傾くと，重力により平衡砂が動き，感覚細胞の感覚毛が曲げられます。これによって，からだの傾きが受容されます。耳には，からだの回転などを受容する**半規管**も存在します。

119 中枢神経系での情報処理

問題

下の図は右手に生ずる興奮の伝達経路にかかわる部位を模式的に示したもので，脳や脊髄は正面から見たものである。

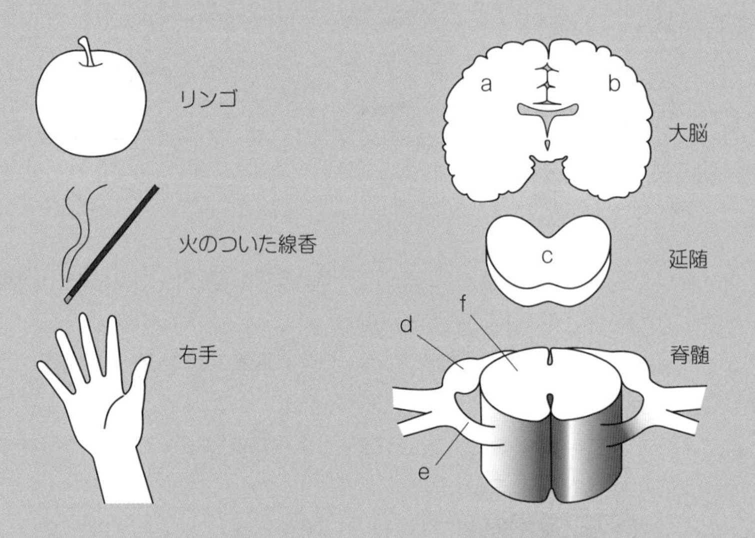

(1) 右手にリンゴが触れたことを認識する場合，神経の興奮はa～fをどの順序で経由するか。例にならって答えよ。 （例：a→b→c）

(2) 右手に火のついた線香が触れると思わず手が引っこんだ。この場合，神経の興奮はa～fをどの順序で経由するか。(1)の例にならって答えよ。

（2016立命館大）

解くための材料

反射は，大脳を経由せずに無意識に起こる反応である。

脊髄を中心とした中枢神経系の構造を確認しておきましょう。感覚神経は**背根**を通って脊髄に入り，運動神経や自律神経は**腹根**を通って脊髄から出ています。

脊髄と脳をつなぐ経路の多くは，延髄で左右が交さしています（痛覚の経路は，脊髄で左右が交さしています）。この構造により，右半身の情報は脳の左半球へ，左半身の情報は脳の右半球へ伝えられます。

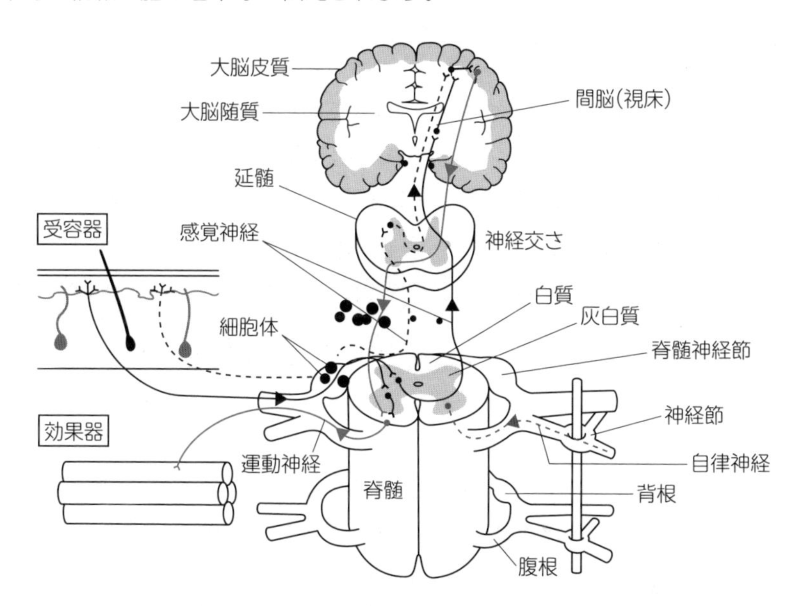

(1) リンゴに触れたという刺激は，皮膚の受容器によって受け取られ，その後，感覚神経により背根（d）を通って脊髄（f）に伝えられます。

さらに，その情報は延髄（c）を経由して大脳に伝えられます。このとき，神経交さにより，右半身の情報は脳の左半球（b）に伝えられます。

d→f→c→b……**答**

(2) 反射は，受容器→感覚神経→反射中枢→運動神経→効果器という経路（**反射弓**）を興奮が伝わって起こる反応です。

よって，火のついた線香に触れたという情報は，感覚神経により背根（d）を通って脊髄（f）に伝えられ，運動神経により腹根（e）を通って効果器に伝えられ，手を引っこめるという運動が起きます。

d→f→e……**答**

120 サルコメアの長さと張力のグラフ

問題

グラフ・思考探究

図1はサルコメアの模式図，図2はサルコメアの長さと筋の張力との関係を示したグラフである。筋の張力は，ミオシン頭部とアクチンフィラメントとの結合部位が多くなるほど大きくなり，すべてのミオシン頭部がアクチンフィラメントと結合すると張力は最大となる（図2B）。サルコメアの長さが2.0μm以下になると，アクチンフィラメントどうしが衝突して張力は減少する（図2C）。さらにサルコメアの長さが1.6μm以下になると，ミオシンフィラメントがZ膜と衝突して張力はより減少する（図2D）。図1のx，y，zの値をそれぞれ求めよ。

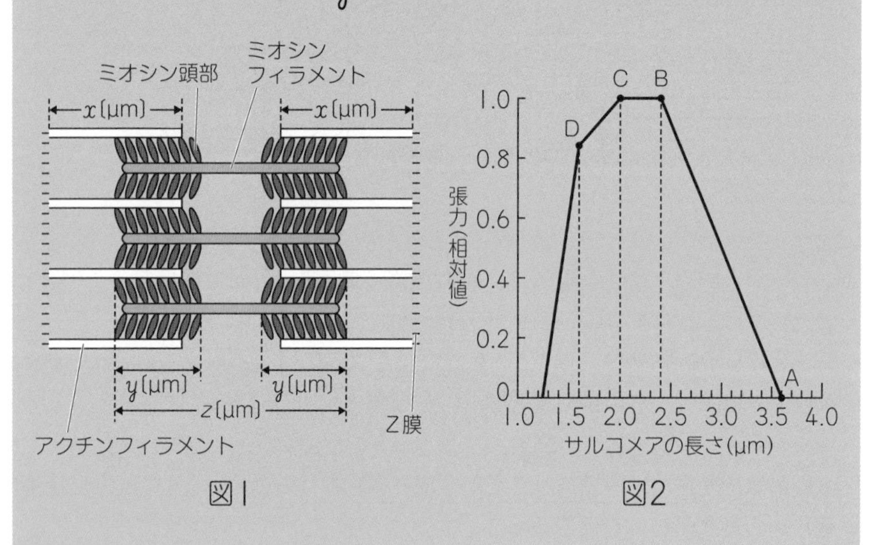

解くための材料

筋収縮は，ミオシンフィラメントがミオシン頭部の部分でアクチンフィラメントと結合し，アクチンフィラメントを内側にたぐり寄せることで起こる。

図2のA～Dで，サルコメア（筋節）がどのような状態になっているか考えてみましょう。右下の図のように，図示するとイメージしやすくなります。

A（長さ3.6μm）：サルコメアが最も長いときの状態です。このとき，ミオシン頭部とアクチンフィラメントはまったく結合していないので，張力は0となります。

B（長さ2.4μm）：すべてのミオシン頭部がアクチンフィラメントと結合している状態なので，張力は最大となります。

C（長さ2.0μm）：アクチンフィラメントどうしが衝突している状態です。これよりもサルコメアの長さが短くなると，張力は減少します。

D（長さ1.6μm）：ミオシンフィラメントがZ膜と衝突している状態です。これよりもサルコメアの長さが短くなると，張力はさらに減少します。

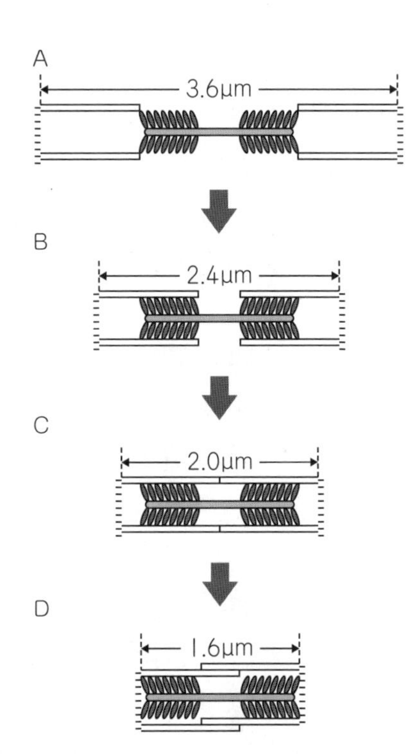

ここで，それぞれの状態の長さから，x～zの値を求めていきましょう。

xの値は，Cの長さを2で割ると求められます。

$x=2.0\div2=1.0$

yの値は，AとBの差を2で割ると求められます。

$y=(3.6-2.4)\div2=0.6$

zの値は，Dの長さと等しいので1.6です。

$x=$**1.0**〔μm〕，$y=$**0.6**〔μm〕，$z=$**1.6**〔μm〕……答

121 グリセリン筋の収縮実験

問題

計算・観察&実験

筋収縮のしくみについて調べるため，カエルから採取した無処理の筋肉と，それを50%グリセリン溶液に長時間浸して得られるグリセリン筋を用意した。
グリセリン筋とは，細胞内外の膜構造が壊れて，細胞内のトロポニン，トロポミオシンなどは失われているが，収縮に必要な構造（アクチンフィラメントやミオシンフィラメントなど）は残っている筋肉である。
これらに対して，次の操作Ⅰ～Ⅲを行った。

Ⅰ　電気刺激を与える。
Ⅱ　ATP溶液を加える。
Ⅲ　Ca^{2+}を含む溶液を加える。

(1)　無処理の筋肉とグリセリン筋に操作Ⅰ～Ⅲを行うと，それぞれ筋収縮は起こるか。
(2)　グリセリン筋に対して適当な操作を行うと，グリセリン筋が3.2cmから2.6cmに収縮した。このときの収縮率（%）を，小数第1位を四捨五入して整数で答えよ。

解くための材料

トロポミオシンは，アクチンフィラメントのミオシン結合部位をふさいでいるが，Ca^{2+}がトロポニンと結合すると，トロポミオシンの立体構造が変化して，アクチンフィラメントはミオシンと結合できるようになる。

筋収縮のしくみを押さえておきましょう。

① 興奮が筋細胞に伝わると，**筋小胞体**からCa^{2+}が放出されます。

② Ca^{2+}濃度が上昇すると，Ca^{2+}がトロポニンと結合し，アクチンフィラメントをおおっていたトロポミオシンの立体構造が変化して，筋原繊維のミオシン頭部とアクチンフィラメントが結合できる状態になります。

③ ミオシン頭部は**ATPアーゼ**としてはたらき，ATPのエネルギーを使って立体構造を変化させます。

④ ミオシン頭部の立体構造の変化により，ミオシンフィラメントはアクチンフィラメントをたぐり寄せます。

(1) グリセリン筋には膜構造がないことをふまえて考えましょう。

Ⅰ 電気刺激を与えた場合

無処理の筋肉に電気刺激を与えると，上記の反応が起きて収縮します。一方，グリセリン筋には，電気刺激を受け取る膜構造がないので収縮しません。

Ⅱ ATP溶液を加えた場合

無処理の筋肉では，ATPが細胞膜を透過できないので収縮しません。一方，グリセリン筋では，膜構造が壊れていてATPがミオシン頭部まで到達するので収縮します。

Ⅲ Ca^{2+}を含む溶液を加えた場合

無処理の筋肉では，Ca^{2+}が細胞膜を透過できないので収縮しません。一方，グリセリン筋では，膜構造が壊れていてCa^{2+}は内部まで到達しますが，ATPがないので収縮しません。

無処理の筋肉：Ⅰ **収縮する**，Ⅱ **収縮しない**，Ⅲ **収縮しない**
グリセリン筋：Ⅰ **収縮しない**，Ⅱ **収縮する**，Ⅲ **収縮しない** ……

(2) 収縮率は，次のようにして求められます。

$$収縮率=\frac{収縮した長さ}{もとの長さ}\times 100=\frac{もとの長さ-収縮後の長さ}{もとの長さ}\times 100$$

$$=\frac{3.2-2.6}{3.2}\times 100=18.75\fallingdotseq 19\%$$

19%……答

動物の行動

まとめ

▶動物の行動には，遺伝的に決まっている**生得的行動**と，生後の経験によって変化する**習得的行動**がある。

▶動物に特定の行動を起こさせる刺激を**かぎ刺激（信号刺激）**という。

■かぎ刺激によるイトヨの求愛行動

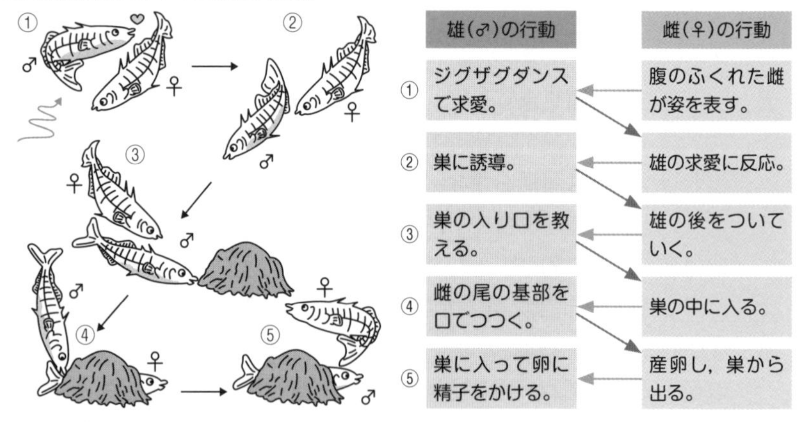

	雄(♂)の行動	雌(♀)の行動
①	ジグザグダンスで求愛。	腹のふくれた雌が姿を表す。
②	巣に誘導。	雄の求愛に反応。
③	巣の入り口を教える。	雄の後をついていく。
④	雌の尾の基部を口でつつく。	巣の中に入る。
⑤	巣に入って卵に精子をかける。	産卵し，巣から出る。

▶生得的行動のうち，動物が刺激に対して，特定の方向を定める行動を**定位**という。刺激源に近づいたり遠ざかったりする**走性**は定位の一種である。

▶動物の体内から分泌される化学物質で，他個体に特定の行動を起こさせるものを**フェロモン**という。

▶ミツバチは，蜜源が近くにある場合は**円形ダンス**を行い，遠くにある場合は**8の字ダンス**を行う。

▶アメフラシの水管を刺激すると，えらを引っこめる反射行動を示すが，水管をくり返し刺激すると，やがてえらを引っこめなくなる。これを**慣れ**という。

▶2つの異なる出来事を関連づけて学習することを**連合学習**という。

▶連合学習のうち，本来の刺激によって引き起こされる行動が，それとは無関係な刺激と結びついて学習されることを**古典的条件づけ**という。

▶連合学習のうち，試行錯誤などの自発的な行動と，その結果生じる出来事が結びついて学習されることを**オペラント条件づけ**という。

122 動物の行動をめぐる4つの「なぜ」

問題 問題

動物の行動に対し，なぜそのような行動が起こるのかという問いを立てた場合，次の4つの視点からの答え方がある。

① その行動が起こるメカニズム
② その行動が発生や成長の過程で形成されるしくみ
③ その行動が動物の生活の中で果たしている役割
④ その行動が進化の過程で獲得されてきた経緯

次の**ア**～**ウ**の文章は，それぞれ①～④のどの視点からの説明か答えよ。

ア 小鳥は，求愛のシグナルを送ったり縄張りを宣言したりするためにさえずりを行う。
イ 原人は，サバンナでの環境に適応した結果，二足歩行を行うようになった。
ウ コウモリは，超音波の鳴き声を発し，標的からはね返ってくる反響音を分析することで定位する。

解くための材料

おもに①は動物の行動，②は発生，③は生態系，④は進化の単元で学習する。

解き方

ア 役割について述べているので，③の視点からの説明です。
イ 進化について述べているので，④の視点からの説明です。
ウ メカニズムについて述べているので，①の視点からの説明です。

ア：③，**イ**：④，**ウ**：①……**答**

123 イトヨの生殖行動

問題

観察＆実験

イトヨ（トゲウオの一種）は，繁殖期になると縄張りに入ってきた雄に対して攻撃行動をとる。この行動について調べるため，繁殖期の雄に対して，下の図のような4種類の模型を近づけて，雄がどのような行動をとるか調べた。その結果，AとDに対しては攻撃しなかったが，BとCに対しては攻撃した。この結果から，雄の攻撃を引き起こすかぎ刺激は何と考えられるか。

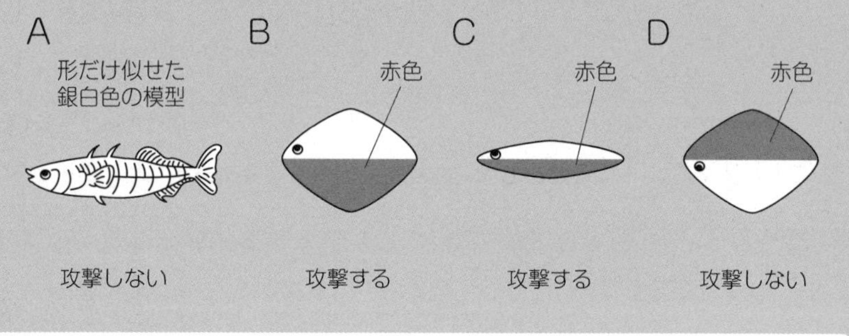

解くための材料

動物に特定の行動を起こさせる刺激をかぎ刺激（信号刺激）という。

解き方

形が似ているAに対して攻撃しなかったのに対して，形が似ていないBに対しては攻撃したことから，形はかぎ刺激ではないことがわかります。

また，形はBと同じですが，赤色の部分が異なるDに対しては攻撃しなかったことから，赤色になっている部分が重要であることがわかります。

そして，攻撃行動を引き起こしたBとCは，腹側が赤色であるということが共通していることから，赤色の腹がかぎ刺激であると考えられます。

赤色の腹……答

124 走　性

問題

問 題

昼間に山道を歩いていると，足元に①アリが行列をつくっていた。アリの行列は大きな石を避けていたので，石を持ち上げてみると，隠れていた②ミミズが地中に姿を消した。再び1時間ちょっと歩いたところで，池が見えてきた。そこでは，③カルガモのひなが親の後ろを追いかけていた。水面には④ミドリムシが集まっていた。
下線の生物が示した行動のうち走性でない行動をしていたのはどれか。

（2014自治医科大）

解くための材料

生得的行動のうち，動物が刺激に対して，一定の方向に移動する行動を走性という。

解き方

① アリが行列をつくるのは，道しるベフェロモンを刺激として受け取ったアリが誘導されるためです。よって，この行動は正の化学走性です。
② ミミズが石の下にいたのは，光を避けて移動する習性があるためです。つまり，この行動は負の光走性といえます。
③ カルガモのひなが親の後ろを追いかけるのは，ふ化後間もない時期に見た動く物体を記憶して，その後ろを追いかける習性があるためです。この行動は学習の一種であり，刷込み（インプリンティング）とよばれます。
④ ミドリムシが水面に集まるのは，光のほうへ移動する習性があるためです。つまり，この行動は正の光走性といえます。

③……答

125 ミツバチのダンス

問題

問　題

ミツバチは，蜜のある花（えさ場）を見つけると，巣箱に戻り，巣板の面上でダンスを行うことでその情報をなかまに伝える。えさ場が約80m以内にある場合は，円形ダンスを行い，えさ場がそれよりも遠い場合は，8の字ダンスを行う。この8の字ダンスは，直進する部分と右または左へ半円を描いてもとの位置に戻る部分から構成されている。直進方向と鉛直上方（半重力方向）がなす角度は，巣箱から見て太陽の方向とえさ場の方向がなす角度を表している。

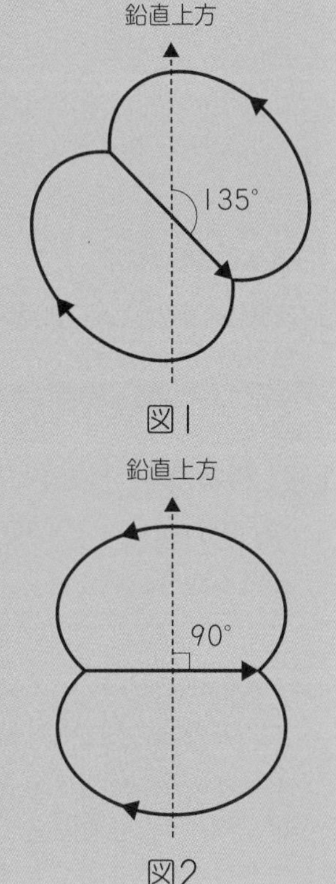

図1　図2

⑴　太陽が南中した正午にえさ場から戻ったハチは，図1のような8の字ダンスを行った。このとき，巣箱から見たえさ場の方角はどちらか。

⑵　⑴と同じ日に，同じえさ場から戻ったハチが図2のようなダンスを行った。このときの時刻は何時か。ただし，太陽の方角は1時間で15°変化するものとする。

解くための材料

同じえさ場を示す場合でも，太陽の位置が変わると8の字ダンスも変化する。

8の字ダンスでは，下の図のように，鉛直上方が太陽の方向を，直進方向がえさ場の方向を示しています。

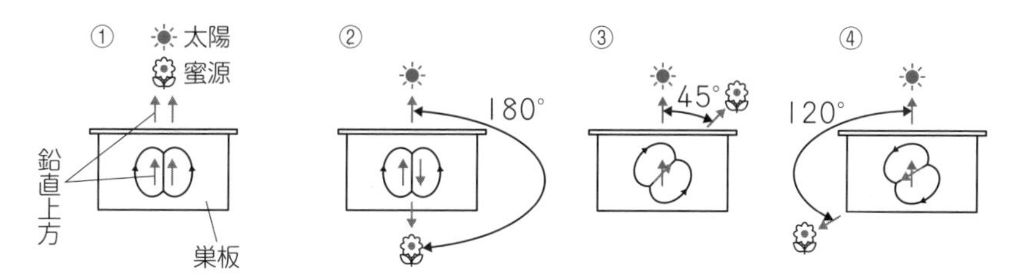

(1) 太陽が南中しているので，図1の鉛直上方が南に相当します。それを基準にして，右の図のように，東西南北の記号をかきこみます。

すると，えさ場は北西にあることがわかります。

北西……答

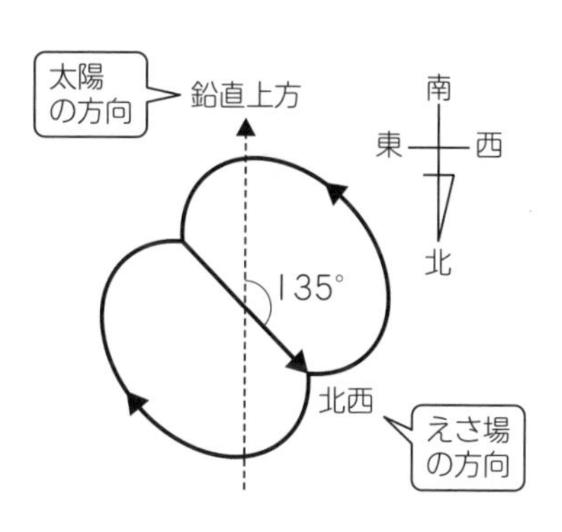

(2) 図1と図2は，同じえさ場の位置を示しています。つまり，えさ場の方角は北西なので，それを基準にして，東西南北の記号をかきこんでみます。

すると，このとき太陽は南西にあることがわかります。

すなわち，図1と比べると，図2では太陽は南から南西へ45°移動したということです。

太陽は1時間に15°西へ移動するので，

$45 \div 15 = 3$時間

より，図2は図1の3時間後であることがわかります。よって，図2のときの時刻は午後3時です。

午後3時……答

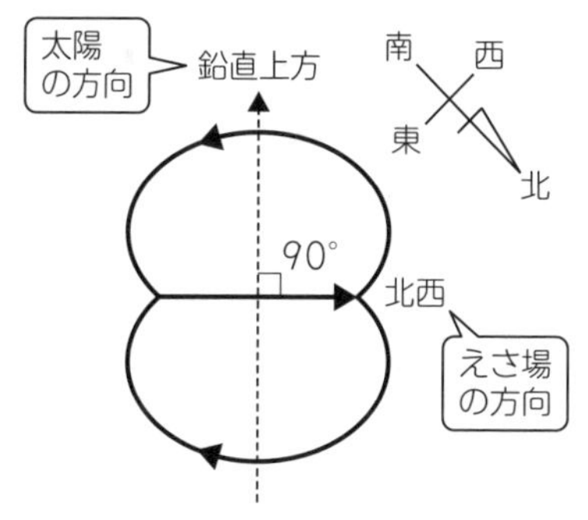

126 カイコガの生殖行動

問題

観察&実験

カイコガの生殖行動に関する次の実験を行った。

① 雄と雌を1匹ずつ別のペトリ皿に入れてふたをし，そのまま互いに近づけても雄は反応を示さなかったが，両方のペトリ皿のふたを開くと，雄ははねを羽ばたかせた。

② 3枚のろ紙A～Cを用意し，ろ紙Aは雌の頭部にこすりつけ，ろ紙Bは雌の尾部にこすりつけ，ろ紙Cには何もしなかった。それぞれを雄に近づけたところ，ろ紙Bを近づけたときだけ，雄ははねを羽ばたかせた。

③ 3匹の雄a～cを用意し，雄aには何も処理せず，雄bは両側の触角を切除し，雄cは片側の触角を切除した。実験台に雌を置き，約15cm離れたところに雄を放して観察したところ，雄aは雌のほうへ近づいたが，雄bは反応を示さず，雄cは触角の残っているほうに回転した。

①～③の結果から考えられることとして適当なものを，次の**ア**～**エ**からすべて選べ。

ア 雄は視覚によって雌を感知している。
イ 雄を誘引する物質は，空気中に拡散する。
ウ 雄を誘引する物質は，雌の頭部から分泌されている。
エ 雄は触角によって雌がいる方向を定めている。

解くための材料

カイコガの雄は，羽ばたきしながら雌に近づいて交尾をする。

それぞれの実験でどのようなことがいえるのか確認していきましょう。

① 雄と雌をそれぞれ別のペトリ皿に入れてふたをした場合，互いに近づけても雄は反応を示しませんでした。ペトリ皿は透明なので，このとき雄には雌が見えている状態です。よって，雄は視覚で雌を感知しているのではないことがわかります（**ア**は誤り）。

一方，ペトリ皿のふたを開くと，雄ははねを羽ばたかせて生殖行動を示しました。これは，雌が分泌した物質を，雄が嗅覚によって感知することで生殖行動を示したと考えると，矛盾なく説明できます（**イ**は正しい）。

② 雄は，雌の尾部にこすりつけたろ紙Bにだけ反応を示しました。このことから，雄を誘引する物質は，**雌の尾部から分泌されている**ことがわかります（**ウ**は誤り）。なお，ろ紙Cは，ろ紙そのものには反応しないことを確かめるための対照実験です。

③ 雄の両側の触角を切除すると雌に対して反応を示さなくなったことから，雄は触角によって雌がいる方向を定めていることがわかります。

片側の触角を切除したとき，触角の残っているほうに回転したのは，触角によって誘引物質をより強く感知した方向へ移動する習性があるためと考えられます（**エ**は正しい）。

以上のことをまとめると，雄は，雌の尾部から分泌された誘引物質を触角で感知し，より強く感知した方向へ移動しているといえます。

このように，動物の体内から分泌され，他個体に特有の行動を起こさせる化学物質を**フェロモン**といい，生殖行動にかかわるフェロモンを特に**性フェロモン**といいます。

イ，**エ**……答

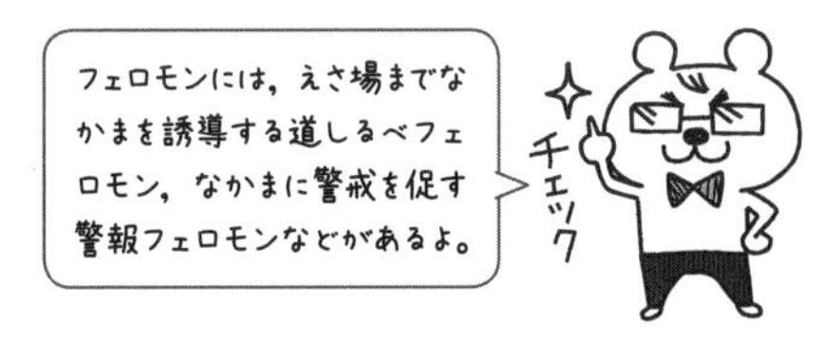

127 アメフラシのえら引っこめ反射

問題

アメフラシのえら引っこめ反射における鋭敏化には，右の図のようにニューロンX，Y，Z，および介在ニューロンがかかわっている。この介在ニューロンは，セロトニンを（　**ア**　）としている。介在ニューロンの末端から分泌されたセロトニンが，ニューロンXの終末の細胞膜にある受容体に結合すると，細胞内で情報伝達物質がつくられる。するとニューロンXの終末のカリウムチャネルが抑制され，この終末で脱分極性の活動電位の持続時間が長くなり，（　**イ**　）イオンがより多く細胞内に流入する。その結果，ニューロンXからの（　**ア**　）の放出が促進され，鋭敏化が生じる。

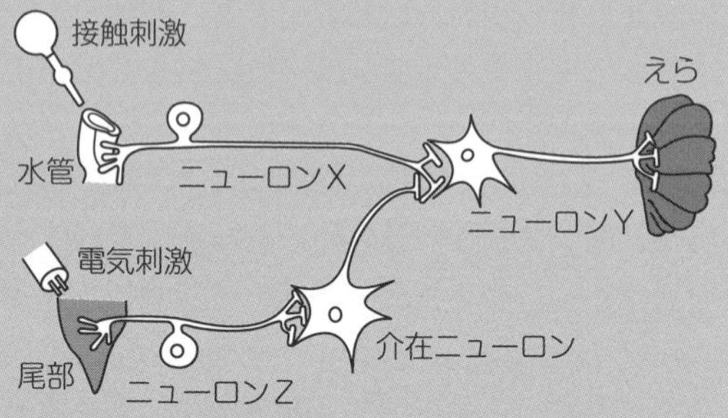

(1)　**ア**，**イ**に適当な語句を入れよ。

(2)　鋭敏化は，ニューロンXの終末のシナプスにおいて，何が変化したために起きたのか答えよ。

（2017横浜市立大）

解くための材料

Ca^{2+}が神経終末内に流入すると，神経伝達物質がシナプス間隙に分泌される。

解き方

(1) 興奮が神経終末まで伝導すると，電位依存性カルシウムチャネルが開き，Ca^{2+}（イ）が細胞内に流入します。すると，シナプス前膜に**シナプス小胞**が融合し，その中に含まれていた**神経伝達物質**（ア）がシナプス間隙に放出されます。シナプス後膜には神経伝達物質の受容体があり，これに神経伝達物質が結合することで，興奮性シナプス後電位（EPSP）や抑制性シナプス後電位（IPSP）が起こります。

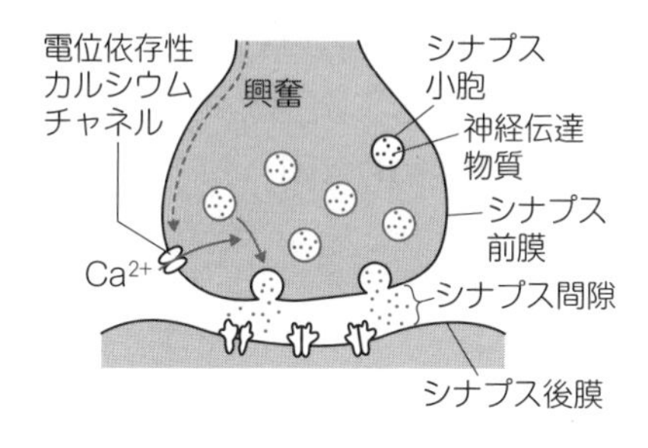

ア：神経伝達物質，イ：カルシウム（イオン）……答

(2) アメフラシの水管を刺激すると，えらを引っこめる反射（えら引っこめ反射）が起こります。この反射は，ふつう水管にある程度の強さの刺激を与えないと起こりませんが，尾部に強い電気刺激を与えると，水管への弱い刺激に対してもえら引っこめ反射が起こるようになります。この現象が**鋭敏化**です。

鋭敏化には，尾部の感覚ニューロン（ニューロンZ）と接続する介在ニューロンが大きくかかわっています。まず，尾部に強い電気刺激を与えると，介在ニューロンはセロトニンを分泌します（右下の図A）。セロトニンを受容した水管の感覚ニューロン（ニューロンX）では，カリウムチャネルが抑制されます。

通常，活動電位が生じて細胞外が負，細胞内が正となると，すぐにカリウムチャネルが開いて，K^{+}が細胞外へ流出することで，膜電位はもとに戻ります。しかし，カリウムチャネルが抑制されると，活動電位が維持されるので，電位依存性カルシウムチャネルの開いている時間が長くなり，より多くのCa^{2+}が細胞内に流入します（右の図B）。水管の感覚ニューロンの終末のシナプスでは，放出される神経伝達物質の量が増大し，えらの運動ニューロン（ニューロンY）に発生するEPSPも増大し，えら引っこめ反射が増強されるのです。

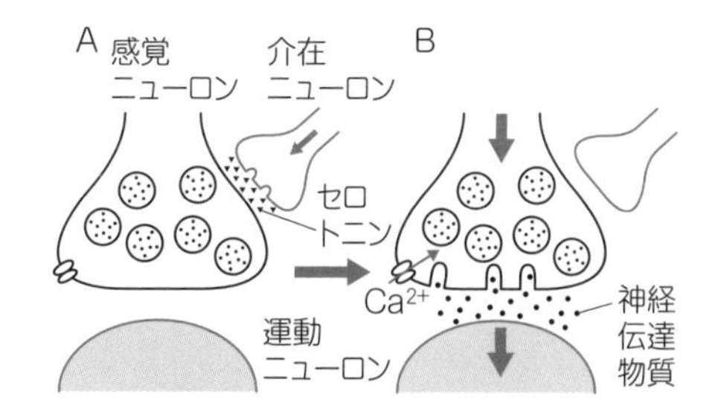

放出される神経伝達物質の量……答

128 古典的条件づけ

問題

観察＆実験

キンギョは水に溶けた酸素を摂取するために口から水を吸いこむ。これを吸水行動とよぶことにする。

① 実験に用いたことのないキンギョに，弱い電気刺激を10回与えると，10回とも吸水行動は中断された。次に，このキンギョにある音（音Aとする）のみを10回聞かせても，吸水行動は一度も中断されなかった。

② ①の翌日，このキンギョに音Aを聞かせながら弱い電気刺激を1回与えることを1回の訓練とし，この訓練を50回くり返した。

③ ②の翌日，このキンギョに音Aのみを10回聞かせた。その結果，10回とも吸水行動は中断された。

①，③で起こることの説明として最も適当なものを，それぞれ次の**ア**～**エ**から1つずつ選べ。

ア 弱い電気刺激が条件刺激となっている。
イ 弱い電気刺激に対する無条件反応が生じている。
ウ 音Aが条件刺激となっている。
エ 音Aに対する無条件反応が生じている。

（2012同志社大）

解くための材料

無条件刺激は，動物が本来もっている反応を引き起こす刺激，条件刺激は，もともと無関係であるが，訓練によって関係づけられた刺激である。

本問は**古典的条件づけ**に関する問題です。

古典的条件づけの例として有名なのは，パブロフが行ったイヌの実験です。イヌは，肉片を与えられると，反射的に唾液を分泌します。この場合の唾液の分泌のように，訓練をしなくても無条件に起こる反応を**無条件反応**といい，肉片のように無条件反応を引き起こす刺激を**無条件刺激**といいます。

パブロフは，毎回，肉片を見せる直前にベルを鳴らすようにしました。すると，イヌはベルの音を聞いただけで唾液を分泌するようになりました。この場合のベルの音のように，もともと無関係だった刺激を**条件刺激**といい，訓練により条件刺激と結びついて起こる反応を**条件反応**といいます。

以上の知識をふまえて問題を見ていきましょう。

① この段階では，訓練をしなくても弱い電気刺激により吸水行動が中断されました。つまり，弱い電気刺激は無条件刺激，吸水行動の中断は無条件反応であるといえます。

一方，音Aを聞かせても吸水行動は中断されなかったので，まだ音Aと吸水行動の中断は結びついていません。

③ ②の訓練を経たあと，①では無関係だった音Aを聞かせると，吸水行動が中断されました。このことから，音Aは条件刺激，吸水行動の中断は条件反応であるといえます。

①：**イ**，③：**ウ**……答

古典的条件づけでは，受動的な刺激とそれに対する反応が結びつけられるのに対し，**オペラント条件づけ**では，自発的な行動とそれによって生じる出来事が結びつけられる。例えば，レバーを押すとえさが出る装置をネズミに与えると，はじめのうちは偶然レバーを押すことでえさを得るが，やがて「レバーを押す」という行動と「えさ」という報酬が結びつけられて，積極的にレバーを押すようになる。

まとめ

▶植物が，刺激に対して一定方向に屈曲する反応を**屈性**(くっせい)という。

▶植物が，刺激の方向とは無関係に，一定方向に屈曲する反応を**傾性**(けいせい)という。

▶植物体が，屈性や一部の傾性のように，部分的に細胞の成長速度を変えることで起こす運動を**成長運動**という。

▶環境の変化を受容した細胞は，その情報をさまざまな**植物ホルモン**によってほかの細胞に伝達する。

▶成熟した種子は，**休眠**という状態になって生育に不適切な時期を乗り切る。

▶多くの種子では，**アブシシン酸**によって発芽が抑制されている。

▶種子の発芽のしくみ

① 休眠中の種子が温度や光などの刺激を受けると，**ジベレリン**が胚で合成される。

② ジベレリンが胚乳の周囲にある**糊粉層**(こふんそう)に作用すると，**アミラーゼ**が合成される。

③ 胚乳のデンプンがアミラーゼにより糖に分解され，胚に栄養分として供給される。

■種子の発芽

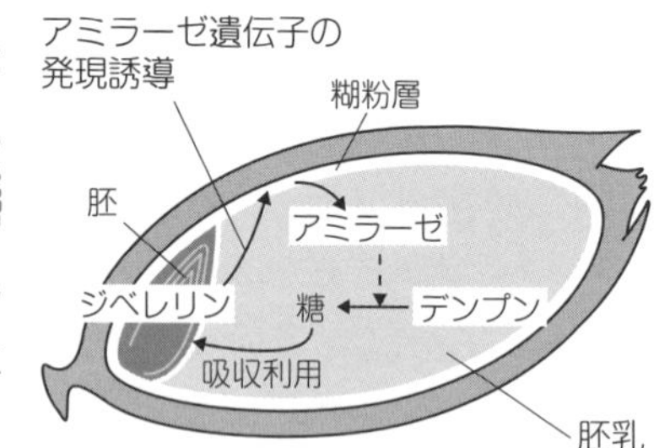

▶光によって発芽が促進される種子を**光発芽種子**(ひかりはつがしゅし)という。

▶光発芽種子の発芽は，**赤色光**(波長660nm付近)により促進される。**遠赤色光**(波長730nm付近)を照射すると，赤色光の影響が打ち消され，発芽は抑制される。

▶光発芽種子の発芽には，**フィトクロム**という光受容体がかかわっている。フィトクロムには，赤色光吸収型（**P_R型**）と遠赤色光吸収型（**P_{FR}型**）がある。

▶幼葉鞘(ようようしょう)の光屈性において，**オーキシン**は，光が当たらない側の伸長を促進している。

▶植物がもつ天然のオーキシンは，**インドール酢酸**（IAA）という物質である。

▶光屈性には，**フォトトロピン**という光受容体がかかわっている。

▶オーキシンが一定の方向のみに移動することを**極性移動**という。

▶重力屈性のしくみ

① マカラスムギの芽ばえを暗所で水平に置くと，下側のオーキシン濃度が高くなる。

② 茎では下側の成長が促進され，重力の方向と反対方向に屈曲する（負の重力屈性）。

③ 根では下側の成長が抑制され，重力の方向に屈曲する（正の重力屈性）。

■オーキシンの最適濃度

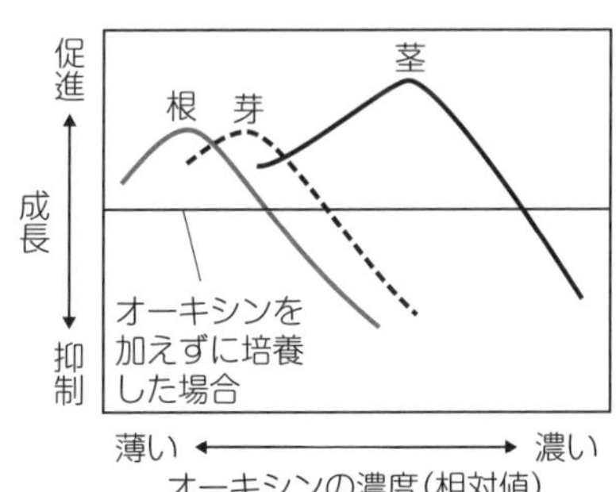

▶**ジベレリン**は茎の伸長成長を促進するのに対し，**エチレン**は茎の肥大成長を促進する。

▶頂芽でつくられた**オーキシン**は，下方に移動して，側芽の成長を抑制している。これを**頂芽優勢**（ちょうがゆうせい）という。頂芽を切り取ると側芽は成長を始める。

▶**気孔**の閉鎖には，**アブシシン酸**がかかわっている。

▶ウイルスなどの病原体に感染した植物は，感染部位の周囲でつくられた**エチレン**が移動し，ウイルスの増殖を防ぐ作用をもつ物質を合成することで病原体に対する抵抗性を高める。

▶日長に反応して生物の生理現象が起こることを**光周性**（こうしゅうせい）という。

▶日長が一定以上になると花芽形成する植物を**長日植物**（ちょうじつしょくぶつ），一定以下になると花芽形成する植物を**短日植物**（たんじつしょくぶつ），日長とは無関係に，一定の大きさに生長すると花芽形成する植物を**中性植物**という。

▶花芽形成するかしないかの境目となる暗期の長さを**限界暗期**という。

▶長日植物や短日植物に対し，暗期の途中で光を短時間照射すると，暗期を短くした場合と同様の効果がある。このような光照射を**光中断**（ひかりちゅうだん）という。

▶一定期間の低温によって花芽を形成できるようになる現象を**春化**（しゅんか）という。

▶植物は，日長の情報を感知すると，葉で**フロリゲン**（**花成ホルモン**）を合成し，花芽形成を促進する。また，果実の成熟には，**エチレン**がかかわっている。

129 種子の発芽とジベレリン

問題

観察&実験

オオムギの種子を，右の図のように胚のある部分（A）と胚のない部分（B）に切り分けた。ペトリ皿4枚にデンプンを含む寒天の層をつくり，そのうち2枚にはジベレリンを加えた。A，Bをそれぞれの寒天の上にしばらく置いた。その後，寒天にヨウ素溶液をかけて色の変化を観察したところ，下の表のような結果になった。

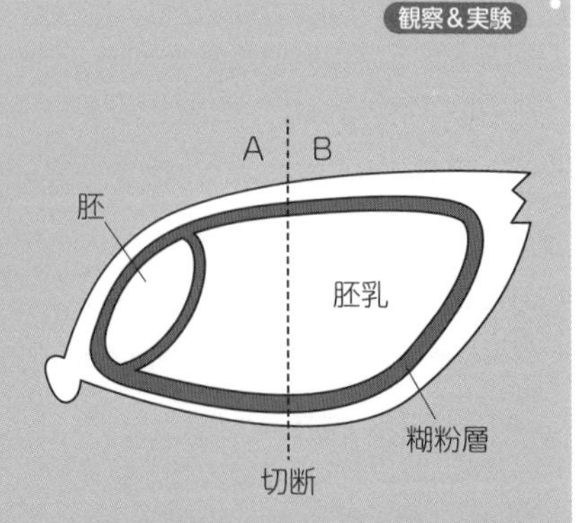

	A	B
デンプンだけを含む寒天	種子をのせた部分は青紫色にならなかった。それ以外の部分は青紫色になった。	寒天全体が青紫色になった。
デンプンとジベレリンを含む寒天	種子をのせた部分は青紫色にならなかった。それ以外の部分は青紫色になった。	種子をのせた部分は青紫色にならなかった。それ以外の部分は青紫色になった。

(1) ヨウ素溶液をかけても青紫色にならなかった部分では，何という酵素がはたらいたと考えられるか。

(2) 実験結果から考えられることを簡潔に説明せよ。

解くための材料

ヨウ素溶液は，デンプンと反応すると青紫色になる。

解き方

⑴ ヨウ素溶液をかけて青紫色にならなかったのは，寒天に加えたデンプンが分解されたためです。

アミラーゼは，デンプンをマルトース（麦芽糖）に分解する酵素です。すなわち，青紫色にならなかった部分では，アミラーゼがはたらいてデンプンが分解されたと考えられます。

アミラーゼ……答

⑵ ⑴より，寒天が青紫色にならなかった実験では，種子でアミラーゼが合成されたと考えられます。そこで，アミラーゼの合成の有無に着目して，実験結果をまとめると下のようになります。

	A（胚あり）	B（胚なし）
デンプンだけを含む寒天	結果①：アミラーゼが合成された。	結果②：アミラーゼは合成されなかった。
デンプンとジベレリンを含む寒天	結果③：アミラーゼが合成された。	結果④：アミラーゼが合成された。

まず，結果①と②を比較すると，胚があるほう（A）ではアミラーゼが合成されたのに対し，胚がないほう（B）ではアミラーゼが合成されませんでした。つまり，アミラーゼの合成には，胚が必要であると考えられます。

次に，結果②と④を比較すると，胚がなくても，ジベレリンを加えるとアミラーゼが合成されることがわかります。

以上のことから，胚にはジベレリンが含まれており，アミラーゼの合成にはジベレリンが必要であると結論づけられます。

胚にはジベレリンが含まれており，アミラーゼの合成にはジベレリンが必要である。……答

130 レタスの種子の光発芽実験

問題

問　題

物質Xには2つの型A，Bがある。右の図は，A，Bが吸収する光の度合いと光の波長との関係を示したものである。Aは約660nmの赤色光（R）を吸収するとBになり，Bは約730nmの遠赤色光（FR）を吸収するとAになる。

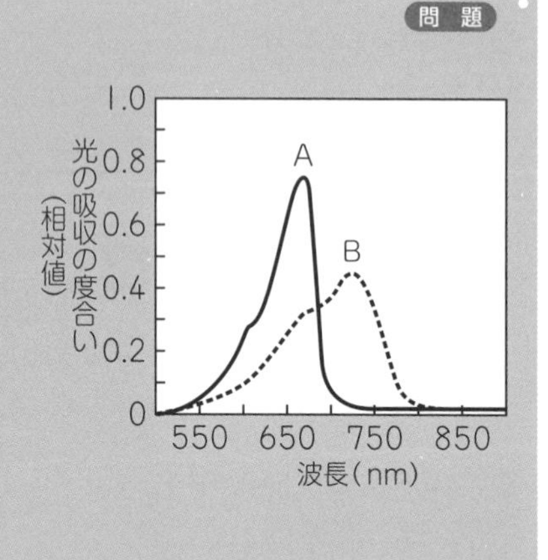

表は，休眠中のレタスの種子にRとFRを交互に照射したときの発芽率を調べた実験の結果を示している。

処理		発芽率（%）
a	暗所	7
b	R	75
c	R→FR	5
d	R→FR→R	73
e	R→FR→R→FR	5
f	R→FR→R→FR→R	74

(1)　物質Xの名称を答えよ。また，A，Bの型の名称をそれぞれ答えよ。

(2)　発芽の促進にはたらいているのは，A，Bのどちらか。

(3)　FRを照射すると発芽率が低下するのはなぜか。簡潔に説明せよ。

解くための材料

光によって発芽が促進される種子を光発芽種子という。光発芽種子の発芽は，赤色光により促進されるが，遠赤色光を照射すると抑制される。

ちなみに，光がなくても発芽する種子や光によって発芽が抑制される種子を暗発芽種子というよ。

(1) **フィトクロム**には，赤色光吸収型の**P_R型**と遠赤色光吸収型の**P_{FR}型**があります。これらは，光の吸収により可逆的に変化し，赤色光を吸収するとP_{FR}型に，遠赤色光を吸収するとP_R型になります。

問題のグラフより，赤色光の吸収の度合いが大きいAがP_R型，遠赤色光の吸収の度合いが大きいBがP_{FR}型とわかります。

物質X：**フィトクロム**，A：**P_R型**，B：**P_{FR}型**……答

(2) P_R型，P_{FR}型のどちらが発芽の促進にはたらいているのでしょうか。表から，発芽率が高かった処理に共通していることを探してみましょう。

実験では，b，d，fの処理で発芽率が非常に高くなっています。これらの処理では，すべて最後に照射した光が赤色光（R）です。

一方，まったく光を照射していないaや，最後に照射した光が遠赤色光（FR）であるc，eでは，ほとんど発芽していません。

よって，最後に赤色光を照射して，フィトクロムがP_{FR}型になったとき，発芽が促進されると考えられます。

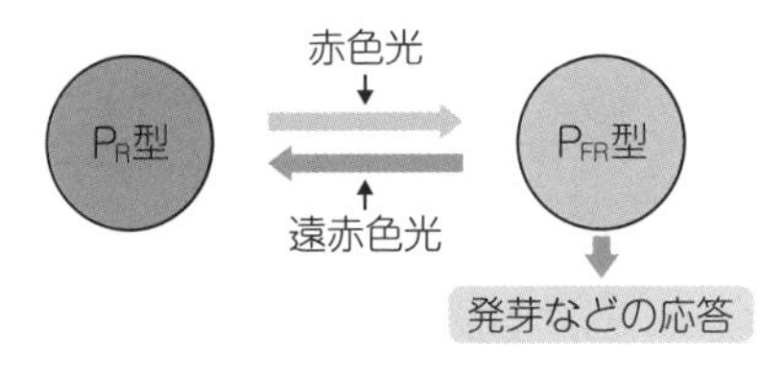

B（P_{FR}型）……答

(3) 遠赤色光を照射すると発芽率が低下したのは，発芽を促進するP_{FR}型が遠赤色光を吸収して，P_R型になったためと考えられます。

発芽を促進するP_{FR}型が遠赤色光を吸収して，P_R型になったから。……答

! フィトクロムのはたらき

フィトクロムは，通常は細胞質に存在しているが，赤色光を吸収してP_{FR}型になると核の中へ移動する。そして，転写にかかわるタンパク質と結合し，発芽などにかかわる一群の遺伝子の発現を調節している。

131 オーキシンの極性移動

問題

観察&実験

下の図のように，マカラスムギの幼葉鞘から切片を切り出し，切片の一方にはオーキシンを含ませた寒天を，他方にはオーキシンを含まない寒天をⅠ～Ⅳの4通りの方法でつけた。一定時間後，はじめオーキシンを含んでいなかった寒天を調べたところ，ⅠとⅣの場合のみオーキシンが検出された。実験の結果から，オーキシンの移動にはどのような特徴があり，重力はどのような影響を与えていると考えられるか。簡潔に説明せよ。

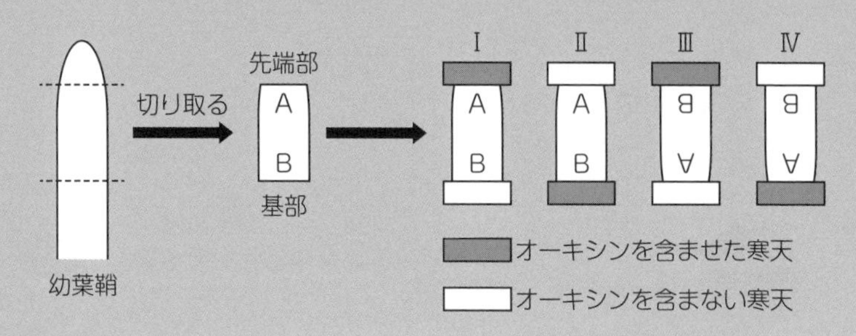

解くための材料

オーキシンは決まった方向のみに移動する。これを極性移動という。

解き方

実験結果から，オーキシンはA→Bの方向のみ，すなわち幼葉鞘の先端部から基部の方向へのみ移動していることがわかります。Ⅲ，Ⅳのように，幼葉鞘を逆さにした場合でも，オーキシンはA→Bの方向に移動しているので，この移動に重力は影響しないことがわかります。

オーキシンは，幼葉鞘の先端部から基部の方向へのみ移動する。この移動には重力は影響しない。……答

132 オーキシンの最適濃度

問題　グラフ

右の図は，オーキシン濃度と植物の器官の感受性の関係を示したものである。オーキシンに対する感受性は［ア］が最も高く，オーキシンが成長を促進する最適濃度は［イ］が最も高い。オーキシンは濃度によって成長を促進することもあれば抑制することもある。例えば，オーキシン濃度がXのとき，［ウ］の成長は促進されるが，［エ］の成長は抑制される。

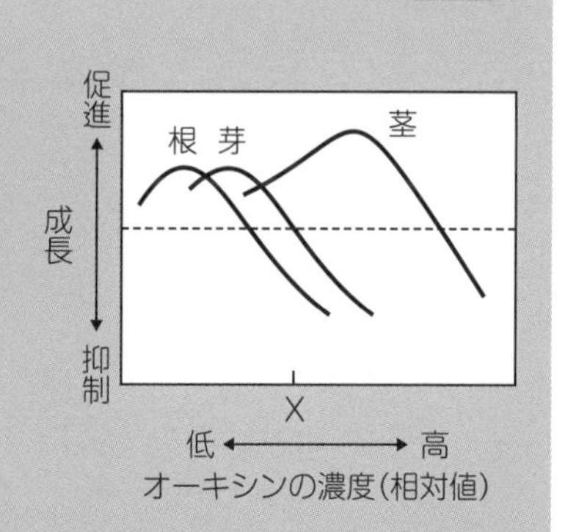

解くための材料

オーキシンが成長を最も促進するときの濃度を最適濃度という。

解き方

本問は，グラフを読み取る問題です。

ア　感受性が高いとは，低濃度のオーキシンに対しても反応するということです。グラフより，最も低濃度のオーキシンで成長が促進される器官は根であることがわかります。

イ　成長を最も促進するときの濃度（グラフの山の部分の濃度）が最も高いのは茎です。

ウ，エ　オーキシン濃度がXのとき，茎は成長が促進されますが，芽は促進も抑制もされず，根は抑制されます。

ア：根，イ：茎，ウ：茎，エ：根……答

133 重力屈性

問題 観察＆実験

植物の芽ばえを暗所で水平に置くと，根は正の重力屈性を示す。このしくみを調べるため，次の実験を行った。

① 根を地面に水平に置き，根冠をすべて除去したところ，屈曲は起こらなかった。

② 根を地面に垂直に置き，根冠を半分除去すると，根冠の残っているほうへ屈曲した。

③ 根を地面に垂直に置き，根端にガラス片を差しこんだところ，ガラス片とは反対側へ屈曲した。

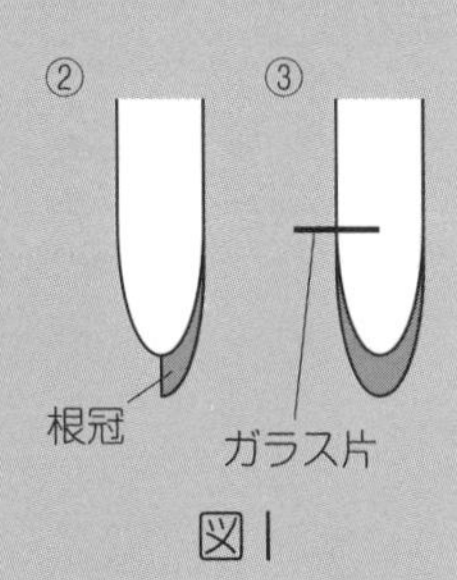

図1

(1) ①～③の結果から，根冠中に屈曲にかかわる物質があると考えられる。この物質は，根の成長に対してどのように作用するか。

(2) 図2のようにガラス片を差し込んだ**ア**～**ウ**のうち，根が正の重力屈性を示すものをすべて選べ。

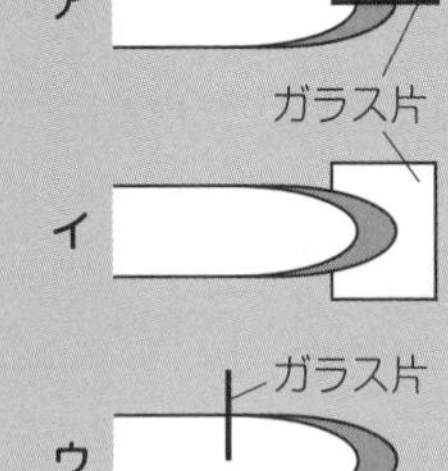

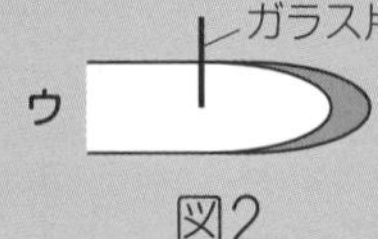

図2

解くための材料

重力屈性には，上方から師部を通って流れてきたオーキシンがかかわっている。

解き方

植物の器官の屈性では，多くの場合，刺激源のほうを向いている側と反対側で，成長速度に違いが生じることで屈曲が起こります。

このとき，図3のように，器官は成長量が小さいほうへ屈曲するということに注意しましょう。

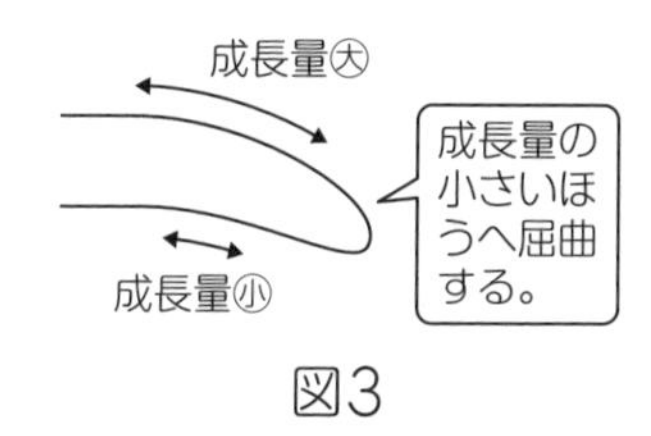

図3

(1) ①～③の結果からわかることを確認しましょう。

① 根冠を除去すると屈曲が起こりませんでした。このことから，根冠中に屈曲にかかわる物質（ここでは物質Xとする）があることがわかります。

② 根冠の半分を除去すると，根冠の残っているほうへ屈曲しました。つまり，根冠側で成長が抑制されたということなので，図4のように，根冠中の物質Xは根の成長を抑制することがわかります。

図4

③ ガラス片を差しこむと，ガラス片とは反対側へ屈曲しました。つまり，ガラス片とは反対側で成長が抑制されたということです。これは，図5のように，ガラス片側では，物質Xの根冠から上方への移動が妨げられて，成長が抑制されなかったためと考えられます。

図5

(1)では，物質Xが根の成長に対してどのように作用するかが問われているので，答えは「根の成長を抑制する」となります。

根の成長を抑制する。……答

(2) (1)より，水平に置いた根が正の重力屈性を示すのは，物質Xが下側（重力方向）へ移動しているからだと考えられます。また，③の結果から，ガラス片は物質Xの移動を妨げることがわかりました。これをふまえて，**ア**～**ウ**について考えてみましょう。

ア 物質Xは，下側へ偏りにくいので，ほとんど屈曲しないと考えられます。
イ 物質Xは，下側へ移動できるので，根は重力方向へ屈曲すると考えられます。
ウ 物質Xは，下側へ移動できるので，根は重力方向へ屈曲すると考えられます。

イ，ウ……答

134 茎の伸長成長

問題

観察＆実験

次の文の**ア**～**イ**に当てはまる語句を，それぞれ選べ。
下の図のように，植物の芽ばえから茎の切片を切り取り，植物ホルモンを含まない溶液あるいは含む溶液に浮かべ，伸長成長を調べた。それぞれの溶液に対して12切片を用い，8時間後に切片の長さと重さを測定したところ，平均値が下の表のようになった。この実験中，切片の細胞数には変化がなかった。なお，別の実験から，切片の重さの増加は主として水の増加によるものであり，体積の増加もともなうことがわかっている。実験結果から，[**ア** オーキシン　ジベレリン] だけで吸水力を高めていると考えられる。また，オーキシンとジベレリンを与えた切片は，オーキシンだけを与えたものより [**イ** 細い　太い] ことがわかる。

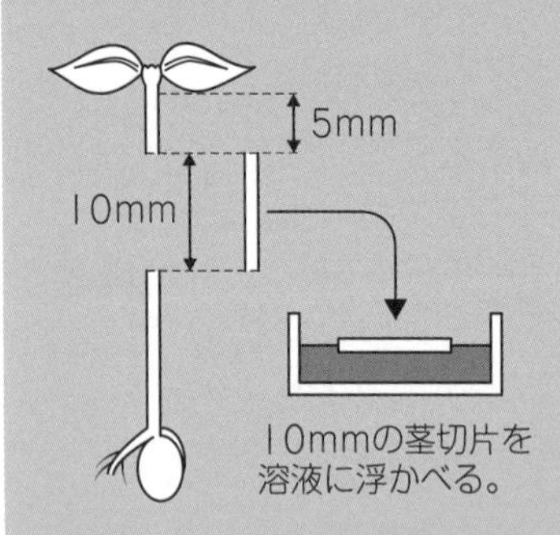

溶液の種類	長さ (mm)	重さ (mg)
植物ホルモンなし	10.6	29.5
オーキシン	14.4	45.6
ジベレリン	10.6	29.3
オーキシン＋ジベレリン	17.3	42.9

（2001センター試験）

解くための材料

茎の伸長成長には，オーキシンとジベレリンがかかわっている。

ア　問題文中に「切片の重さの増加は主として水の増加による」と書かれているので，切片が重くなっている茎ほど吸水力が高いと考えることができます。

「植物ホルモンなし」「オーキシン」「ジベレリン」の重さを比較すると，オーキシンを与えたときだけ，切片の重さが増加していることがわかります。よって，オーキシンを与えると吸水力が高められると考えられます。

オーキシン……答

イ　結果の表には，切片の太さが書かれていません。しかし，問題文に「切片の重さの増加は〜体積の増加もともなう」と書かれているので，長さ1mm当たりの重さを計算して比較することにしましょう。1mm当たりの重さが重いほど1mm当たりの体積が大きい，つまり，切片は太いということです。

オーキシンだけを与えた場合，1mm当たりの重さは，

$$\frac{45.6\text{mg}}{14.4\text{mm}} \fallingdotseq 3.17\text{mg/mm}$$

オーキシンとジベレリンを与えた場合，1mm当たりの重さは，

$$\frac{42.9\text{mg}}{17.3\text{mm}} \fallingdotseq 2.48\text{mg/mm}$$

よって，オーキシンとジベレリンを与えた切片は，オーキシンだけを与えたものより細いことがわかります。

細い……答

! 植物細胞の成長の調節

オーキシンは，細胞壁のセルロース繊維をゆるめることで，細胞の吸水を促進する。これに対し，ジベレリンや**エチレン**は，細胞の成長方向を決めるはたらきがある。
ジベレリンが作用すると，セルロース繊維が横方向にそろうため，細胞は縦方向へ伸長しやすくなる。一方，エチレンが作用すると，セルロース繊維が縦方向にそろうため，細胞は横方向へ肥大しやすくなる。

135 頂芽優勢

問題 観察＆実験

植物では，頂芽がさかんに成長しているとき，側芽の成長は抑制される。このような現象を頂芽優勢という。これについて調べるため，次の実験を行った。

① 頂芽を切り取ると，側芽が成長した。

② 頂芽を切り取った切り口にオーキシンを与えると，側芽は成長しなかった。

③ 頂芽を切り取り，側芽にオーキシンを与えると，側芽は成長した。

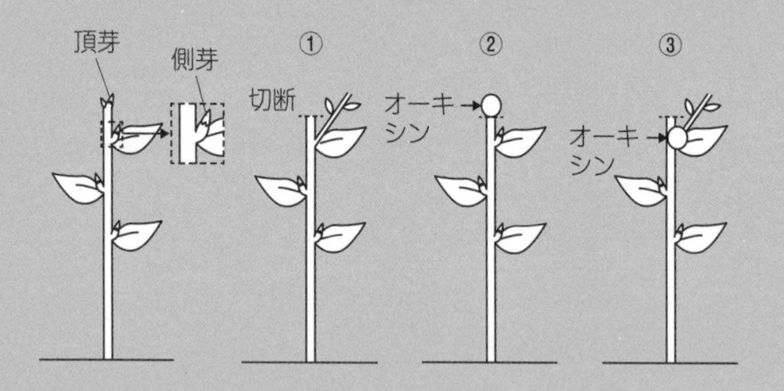

(1) ①，②から推測できることを簡潔に説明せよ。

(2) ②，③から推測できることを簡潔に説明せよ。

解くための材料

オーキシンは頂芽で合成され，下方へ極性移動する。

解き方

(1) ①で，頂芽を切り取ると側芽が成長したことから，頂芽で合成された物質が下方へ移動して，側芽の成長を抑制していることがわかります。

また，②で，頂芽の切り口にオーキシンを与えると側芽が成長しなかったことから，側芽の成長を抑制する物質はオーキシンであると推測できます。

側芽の成長を抑制している物質はオーキシンである。……答

(2) 頂芽を切り取った植物に対し，切り口にオーキシンを与えると側芽の成長は抑制されましたが（②），側芽にオーキシンを与えると側芽の成長は抑制されませんでした。つまり，オーキシンは側芽の部分で成長を抑制しているわけではないのです。

頂芽から下方へ極性移動するオーキシンが，別の情報に変換されて側芽へ伝わり，側芽の成長を間接的に抑制していると考えられます。

頂芽優勢において，オーキシンは，側芽ではなく茎の部分ではたらいている。……答

136 光屈性の実験

問題

観察&問題

暗所で育てたマカラスムギの幼葉鞘に対し，下の図の実験Aのように左側から光を照射すると，幼葉鞘は左側へ曲がった。

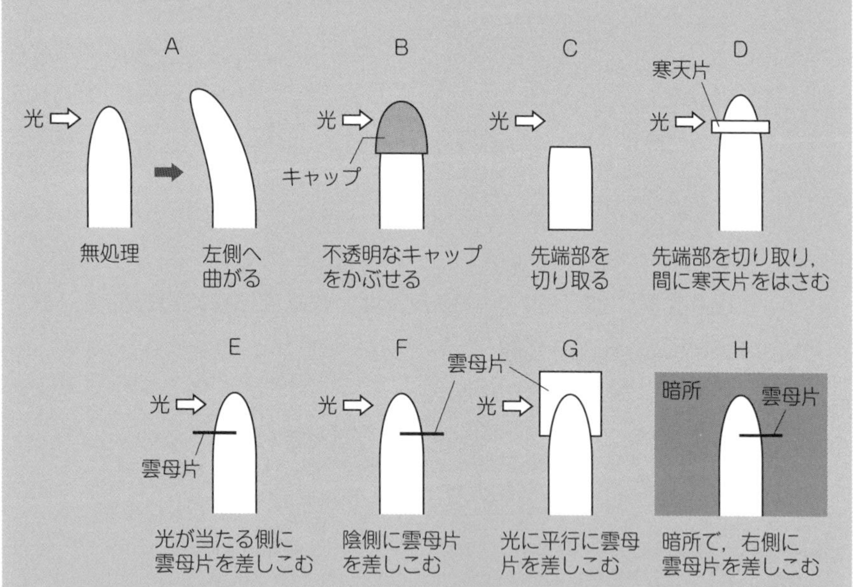

図の実験B～Hでは，幼葉鞘はどうなると考えられるか。最も適当なものを，それぞれ次の**ア**～**エ**から1つずつ選べ。

ア　まっすぐ伸びる。　**イ**　左側へ曲がる。
ウ　右側へ曲がる。　**エ**　ほとんど伸びない。

解くための材料

幼葉鞘の先端部ではオーキシンが合成される。オーキシンは，光の当たっている側から陰側へ移動し，その後，基部方向へ移動する。

まずは，光屈性のしくみを押さえておきましょう。幼葉鞘の先端部では，オーキシンが合成されます。幼葉鞘に光が当たると，オーキシンは光の当たっている側から陰側へ移動し，先端部でオーキシンの濃度分布に差が生じます。その濃度分布のままオーキシンは基部方向へ移動するため，伸長部では陰側で伸長成長が促進され，茎は光のほうへ屈曲します。

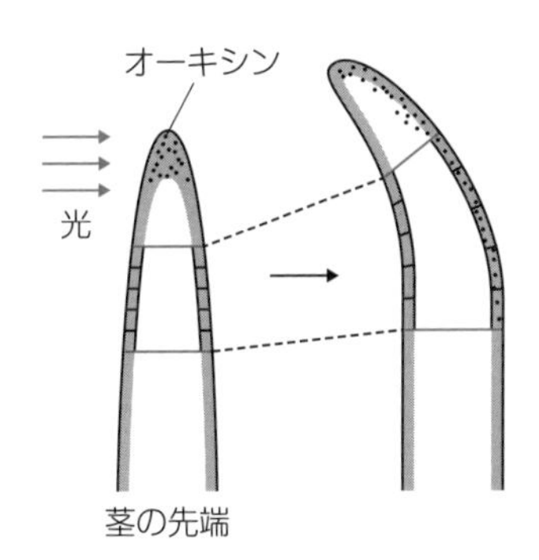

以上の知識をふまえて，実験B～Hについて考えましょう。オーキシンの濃度分布がどうなっているかがポイントです。

B　幼葉鞘の先端部に光が当たらないので，オーキシンの濃度分布に差が生じません。濃度分布が均一のままオーキシンは基部方向へ移動するので，幼葉鞘はまっすぐ伸びます（**ア**）。

C　オーキシンが合成される部分を切り取ってしまうので，オーキシンによる伸長成長が起こりません（**エ**）。

D　オーキシンは寒天片を通って下方へ移動するので，光のほうへ屈曲します（**イ**）。

E　オーキシン濃度は陰側で高くなり，その濃度分布のまま，オーキシンは基部方向へ移動します。このとき，光が当たる側に雲母片を差しこんでも，オーキシンの移動は妨げられません。オーキシンは陰側で伸長成長を促進し，幼葉鞘は光のほうへ屈曲します（**イ**）。

F　Eとは逆に，陰側に雲母片を差しこむと，オーキシンの移動が妨げられてしまいます。この結果，伸長部にオーキシンが移動しないので，伸長成長が起こりません（**エ**）。

G　光に平行に雲母片を差しこんでも，オーキシンの移動は妨げられません。オーキシンは陰側で伸長成長を促進し，幼葉鞘は光のほうへ屈曲します（**イ**）。

H　暗所では，オーキシンの濃度分布に差が生じません。濃度分布が均一のままオーキシンは基部方向へ移動しますが，右側では雲母片によりオーキシンの移動が妨げられます。この結果，左側のみ伸長成長が促進され，幼葉鞘は右側に屈曲します（**ウ**）。

B：**ア**，C：**エ**，D：**イ**，E：**イ**，F：**エ**，G：**イ**，H：**ウ**……答

137 気孔の開閉

問題

問 題

被子植物の葉には，2個の［ア］細胞に囲まれたすきまである気孔が存在している。気孔は，光合成に必要な二酸化炭素を取りこみ，副産物である酸素を放出し，根から吸い上げた水を葉に届ける［イ］を行うための必須の構造である。被子植物には，土壌中の水分量や光環境，二酸化炭素濃度によって，気孔を開閉するしくみが備わっている。土壌に十分な水分がある場合は，［ア］細胞に水が取りこまれる。水分が不足すると，植物ホルモンである［ウ］が合成され，葉内での［ウ］の濃度が高まる。［ア］細胞において，［ウ］のシグナルが受容・伝達されると，最終的に［ア］細胞から［エ］イオンが流出することにより，細胞内の［オ］圧が低下→細胞外への水の流出→細胞体積の減少と続き，気孔は閉鎖する。

(1) 文中の［ア］～［オ］に適当な語句を入れよ。

(2) 下線部に関して，気孔は光を受けると開口するが，開口を促進する光の色と，その光を受容する色素タンパク質名を答えよ。

（2018熊本大）

解くための材料

イのはたらきは，水が根から取りこまれ，道管内を葉まで移動するときの原動力となっている。

(1)　**気孔**は，2個の**孔辺細胞**（**ア**）に囲まれたすきまのことです。二酸化炭素の取りこみや酸素の放出は，気孔を通じて行われます。このとき，**蒸散**（**イ**）により水分が失われます。蒸散は，水を根から取りこみ，葉まで吸い上げるときの原動力にもなっています。植物は，まわりの環境に応じて気孔を開閉することで，二酸化炭素や水の出入りを調節しています。

葉に光が当たると，孔辺細胞内にK^+が流入し，細胞内の浸透圧が上昇し，水が流入します。この結果，膨圧が高くなり，細胞が膨らみます。孔辺細胞の細胞壁は，気孔側が厚くなっているため，細胞が膨らむと湾曲し，気孔が開きます。

乾燥状態になり水分が不足すると，葉で**アブシシン酸**（**ウ**）が合成されます。アブシシン酸は，孔辺細胞のカリウムチャネルを開き，細胞外へK^+（**エ**）を流出させます。すると，細胞内の浸透圧が低下し（**オ**），細胞外へ水が流出します。この結果，膨圧が低くなって，細胞の体積が減少し，気孔は閉鎖します。

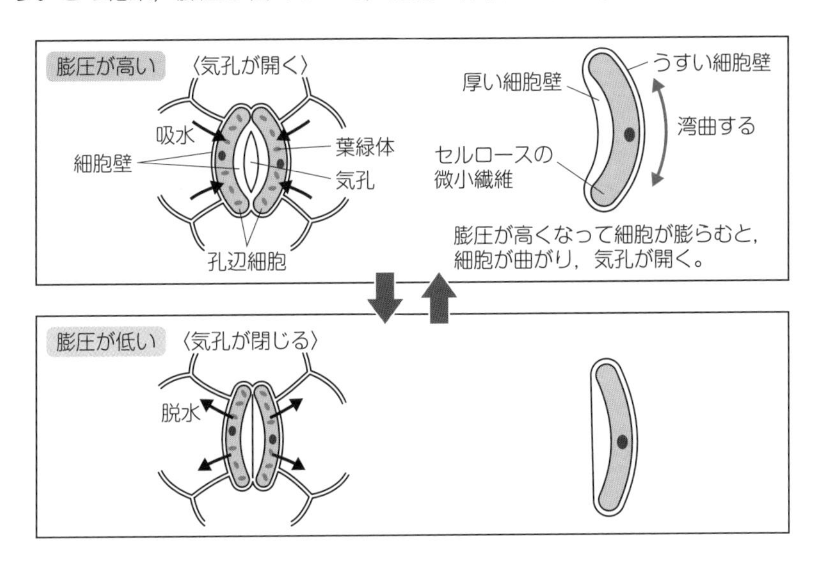

ア：孔辺（細胞），イ：蒸散，ウ：アブシシン酸，
エ：カリウム（イオン），オ：浸透（圧）……答

(2)　気孔の開口は，孔辺細胞の**フォトトロピン**が青色光を受容することで起こります。

光の色：**青色光**，色素タンパク質：**フォトトロピン**……

138 花芽形成の実験

問題

観察＆実験

ある植物aと植物bを図のⅠ～Ⅲに示すような24時間周期の日長条件で栽培し，花芽が形成されるかどうかを調べ，図の右側の結果を得た。次に，図のⅣとⅤの日長条件で栽培した。このとき，推定される花芽形成の結果 ア ～ エ をそれぞれ答えよ。なお，花芽形成ありを＋，花芽形成なしを－，Ⅰ～Ⅲの結果から推定できない場合を？で表すものとする。

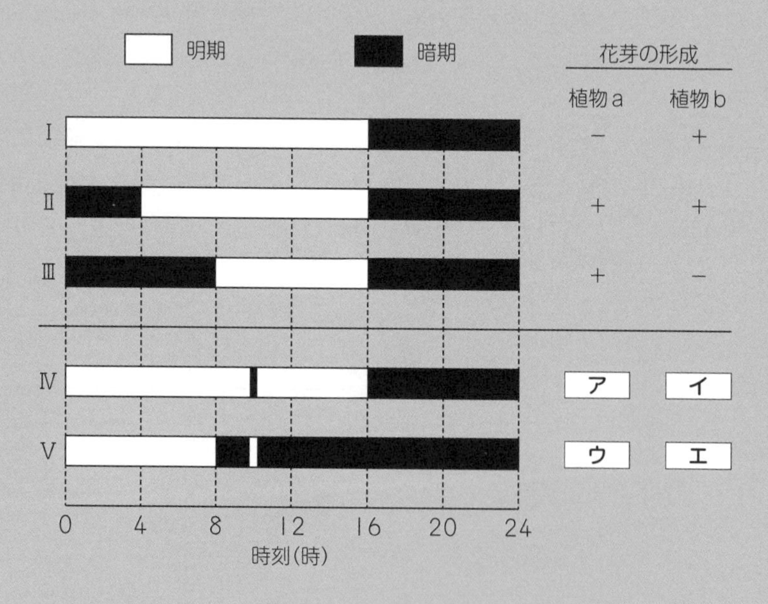

(2015センター試験追試)

解くための材料

花芽形成の有無は，暗期の長さによって決まる。

まずは，植物a，bが**長日植物**と**短日植物**のどちらであるか，また，**限界暗期**が何時間であるかを，Ⅰ～Ⅲの結果から判断しましょう。長日植物は日長が限界暗期以下になると，短日植物は日長が限界暗期以上になると花芽形成します。

植物a　暗期が8時間では－（Ⅰ），12時間では＋（Ⅱ）なので，暗期が長くなると花芽形成する短日植物であることがわかります。また，限界暗期は8～12時間の間であることがわかります。

植物b　暗期が12時間では＋（Ⅱ），16時間では－（Ⅲ）なので，暗期が短くなると花芽形成する長日植物であることがわかります。また，限界暗期は12～16時間の間であることがわかります。

ここで，Ⅳ，Ⅴについて見ていきましょう。

Ⅳ　この実験では，暗期の長さが8時間です。明期の途中に短い暗期があっても，花芽形成には影響しません。すなわち，Ⅰと同じ条件であるといえるので，植物aは－（**ア**），植物bは＋（**イ**）となると考えられます。

Ⅴ　暗期の途中で光照射を行うと，連続した暗期をそこで分割する効果があります。これを**光中断**といいます。この実験では，光中断によって暗期が分割されているので，暗期の長さは約14時間です。

植物aの場合，暗期の長さが12時間以上であれば花芽形成するので，＋となると考えられます（**ウ**）。

植物bの場合，暗期の長さが12時間以下のときは花芽形成し，16時間以上のときは花芽形成しないことしかわかっていないので，約14時間のときどうなるかは判断できません（**エ**）。

ア：－，**イ**：＋，**ウ**：＋，**エ**：？……**答**

139 花芽形成と光

問題

グラフ

右の図は，3種類の植物a～cについて，開花までに要する日数と1日の明期の時間の関係を示したものである。植物a～cは，日長との関係から，それぞれ何植物とよばれているか。

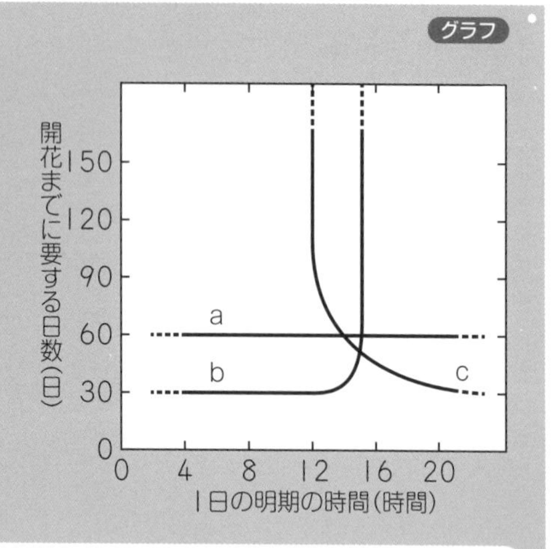

解くための材料

日長が一定以上になると花芽形成する植物を長日植物，一定以下になると花芽形成する植物を短日植物，日長とは無関係に，一定の大きさに生長すると花芽形成する植物を中性植物という。

解き方

グラフから，植物a～cがそれぞれ長日植物，短日植物，中性植物のいずれであるかを判断しましょう。

植物aは，日長に関係なく，開花までに要する日数が一定なので，中性植物です。

植物bは，1日の明期の時間が約15時間以下（暗期が約9時間以上）のとき開花するので，短日植物です。

植物cは，1日の明期の時間が約12時間以上（暗期が約12時間以下）のとき開花するので，長日植物です。

開花までに要する日数が無限に大きくなるときの暗期の長さが限界暗期だよ。

a：中性植物，b：短日植物，c：長日植物 ……

140 花芽形成のしくみ

問題　観察＆実験

短日植物のオナモミを用いて，下の図の実験を行った。

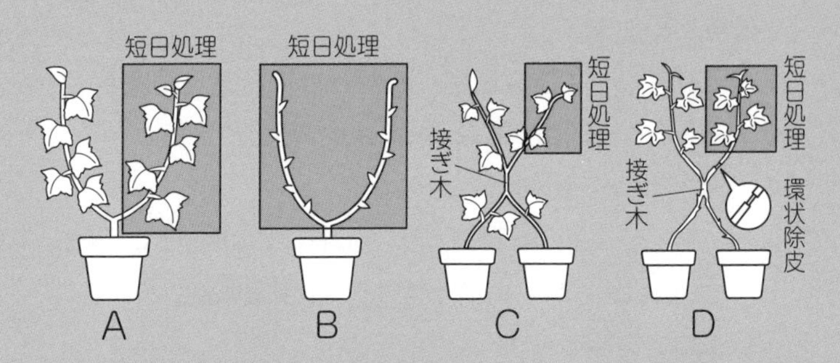

A～Dの結果として最も適当なものを，それぞれ次の**ア**～**エ**から１つずつ選べ。

ア　両方の枝で花芽が形成された。
イ　右側の枝だけで花芽が形成された。
ウ　左側の枝だけで花芽が形成された。
エ　両方の枝で花芽が形成されなかった。

解くための材料

フロリゲン（花成ホルモン）は，葉で合成され，師管を通って移動する。

解き方

A，B　片方の枝だけに短日処理を施した場合でも，フロリゲンは師管を通って他方の枝に移動するので，両方の枝で花芽が形成されます（Aは**ア**）。しかし，葉が１枚もない場合，フロリゲンが合成されないので花芽は形成されません（Bは**エ**）。

C，D　接ぎ木をしても師管がつながっているので，フロリゲンは他方の枝に移動できます（Cは**ア**）。しかし，環状除皮を施すと師管がはぎとられるので，フロリゲンは，その部分より下方には移動できません（Dは**イ**）。

A：**ア**，B：**エ**，C：**ア**，D：**イ**……答

まとめ

▶やくでは，花粉母細胞が減数分裂を行って**花粉四分子**となり，そのそれぞれが成熟して**花粉**となる。

▶花粉は，細胞質の少ない**雄原細胞**と細胞質の多い**花粉管細胞**からなる。

▶胚珠では，**胚のう母細胞**が減数分裂を行って**胚のう細胞**となり，3回の核分裂を経て，8個の核をもつ**胚のう**となる。

▶成熟した胚のうは，1個の**卵細胞**とその両側の2個の**助細胞**，卵細胞の反対側にある3個の**反足細胞**，胚のうの大部分を占める**中央細胞**からなる。

▶中央細胞は2個の**極核**をもつ。

■被子植物の配偶子形成

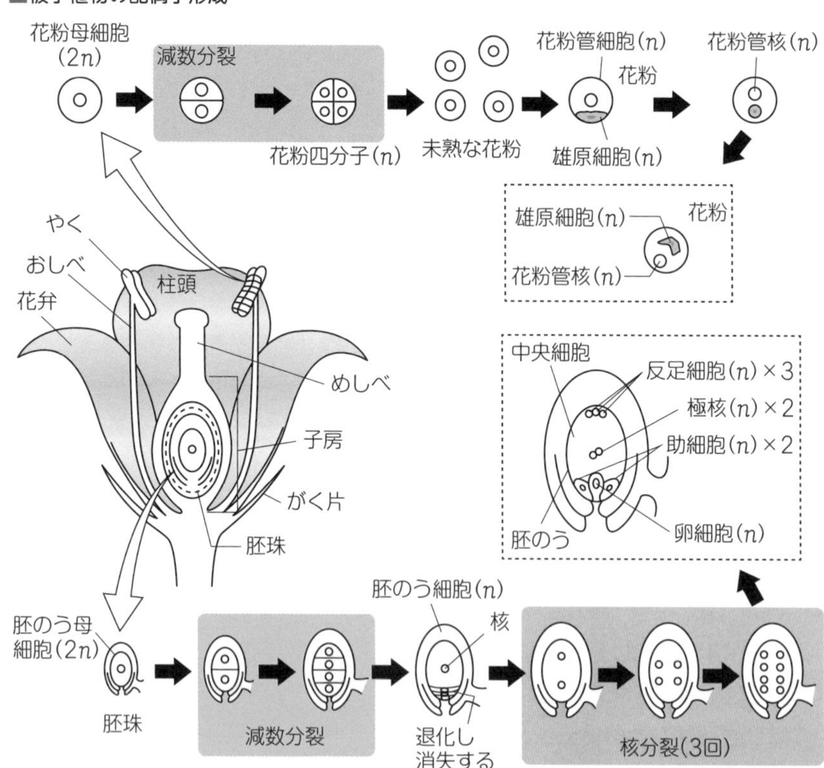

▶受粉すると，花粉管の中で雄原細胞が分裂して2個の**精細胞**が生じる。花粉管が伸びて胚のうに達すると，精細胞が胚のうの中に放出される。

▶精細胞の1個は卵細胞と受精し，**受精卵**となる。もう一方の精細胞は，中央細胞と融合し，将来**胚乳**(はいにゅう)をつくる。このような受精の様式を**重複受精**という。

■被子植物の重複受精

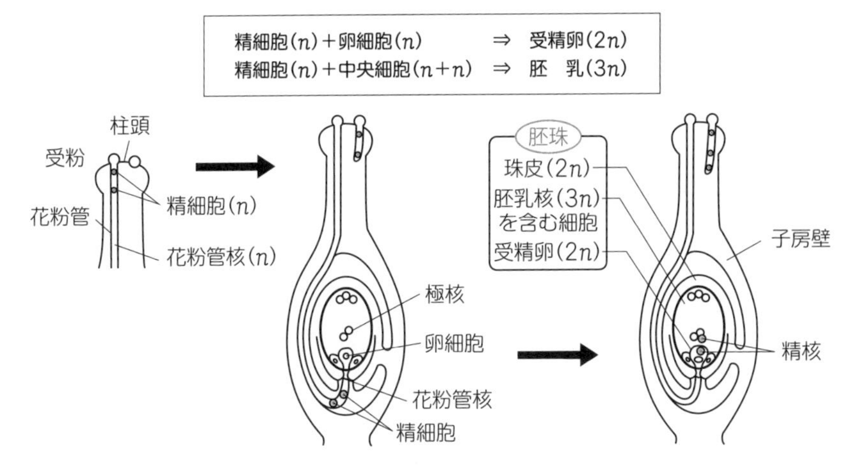

▶花の形成過程には，*A*，*B*，*C*とよばれる3つのクラスのホメオティック遺伝子がかかわっている。この形態分化のしくみを**ABCモデル**という。

▶*A*クラスの遺伝子が単独ではたらくと**がく片**がつくられる。

▶*A*，*B*クラスの遺伝子がともにはたらくと**花弁**がつくられる。

▶*B*，*C*クラスの遺伝子がともにはたらくと**おしべ**がつくられる。

▶*C*クラスの遺伝子が単独ではたらくと**めしべ**がつくられる。

■ABCモデル

がく片	花弁	おしべ	めしべ	おしべ	花弁	がく片
A	*A*+*B*	*B*+*C*	*C*	*B*+*C*	*A*+*B*	*A*

141 被子植物の配偶子形成と受精

問題

問題

右の図は，受粉した直後の被子植物のめしべの模式図である。

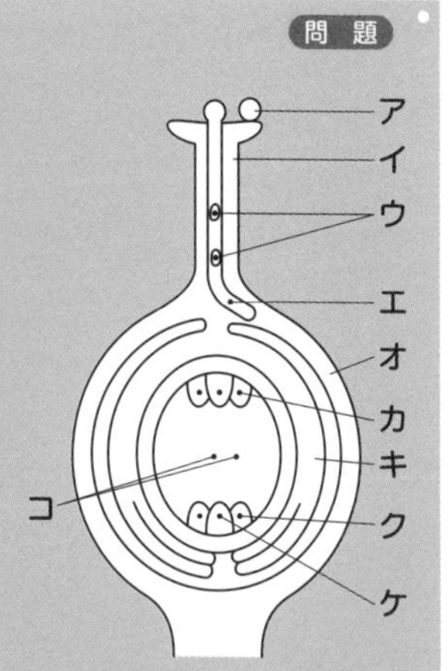

(1) 図中の**ア**～**コ**のうち，受精で合体する細胞または核の組み合わせをすべて答えよ。

(2) 胚のう母細胞から**カ**が形成されるまでに，核分裂は何回起こるか。

(3) イネの染色体数は$2n=24$，ダイズの染色体数は$2n=40$である。

(i) イネとダイズの種子では，それぞれ何という部分に栄養分が蓄えられるか。

(ii) (i)の部分の細胞の染色体数は，それぞれいくつか。

(iii) (i)の部分は，それぞれ図中の**ア**～**コ**のうちどの細胞から生じるか。

解くための材料

被子植物は重複受精を行う。
マメ科の植物は無胚乳種子，イネ科の植物は有胚乳種子をつくる。

解き方

アは花粉，**イ**は柱頭，**ウ**は精細胞，**エ**は花粉管核，**オ**は子房壁，**カ**は反足細胞，**キ**は珠皮，**ク**は助細胞，**ケ**は卵細胞，**コ**は中央細胞の極核です。

なお，珠皮が欠けている部分（珠孔）の内側にあるのが卵細胞で，その反対側にあるのが反足細胞です。

(1) 被子植物では，2個の精細胞（**ウ**）のうち，一方は卵細胞（**ケ**）と受精して受精卵をつくります。もう一方の精細胞は，中央細胞（**コ**）と融合し，将来胚乳をつくります。このような受精の様式を重複受精といいます。

ウとケ，ウとコ……答

(2) 胚のう母細胞は，減数分裂で2回の核分裂を行い，胚のう細胞になります。胚のう細胞は，核分裂を3回行って8個の核をもつ胚のうになります。そのうちの6個の核は，まわりが細胞膜で仕切られて細胞化します。

5回……答

(3)(i) 受精後，イネの胚乳は，種子が完成するまで発達し続け，栄養分を蓄えます。このように，胚乳に栄養分を蓄える種子を有胚乳種子といいます。有胚乳種子をもつ植物には，イネ科やカキノキ科などがあります。

一方，ダイズの胚乳は，それほど発達せず，やがて消滅してしまいます。そのかわり，子葉が発達して栄養分を蓄えます。このように，子葉に栄養分を蓄える種子を無胚乳種子といいます。無胚乳種子をもつ植物には，マメ科やアブラナ科，ブナ科などがあります。

イネ：**胚乳**，ダイズ：**子葉**……答

(ii) 胚乳は，精細胞（n）と中央細胞（$n+n$）が融合してできた細胞に由来するので，核相は$3n$です。イネの染色体数は$2n=24$なので，$3n=36$です。

一方，子葉は胚の一部です。胚は，精細胞（n）と卵細胞（n）が受精してできた受精卵が，細胞分裂することで形成されたものなので，核相は$2n$です。ダイズの染色体数は$2n=40$です。

イネの胚乳：**36**，ダイズの子葉：**40**……答

(iii) (ii)で説明したように，胚乳は中央細胞（**コ**），子葉は卵細胞（**ケ**）から生じたものです。

イネの胚乳：**コ**，ダイズの子葉：**ケ**……答

142 花粉管の伸長

問題

観察＆実験

花粉の発芽や花粉管の伸長に必要なエネルギー源について調べるため，ある植物の花粉を用いて実験を行った。

① 蒸留水および8%スクロース溶液を用いてつくった寒天培地に花粉をまいた。10分後，両培地の約半数に発芽がみられた。また，蒸留水の培地では，発芽した花粉管の多くは，先端が破れていた。

② 蒸留水（A），8%スクロース溶液（B），16%スクロース溶液（C）を用いてつくった寒天培地に花粉をまき，10分ごとに花粉管の長さを測定したところ，右の表のような結果が得られた。

時間（分）	A（μm）	B（μm）	C（μm）
10	293	210	45
20	407	474	80
30	456	710	115
40	456	875	176

(1) ①で花粉管が破れていたのはなぜか。浸透圧に着目して，理由を簡潔に説明せよ。

(2) ②でCがあまり伸長していない理由を簡潔に説明せよ。

(3) 花粉の発芽と花粉管の伸長には，それぞれ外部のエネルギー源が必要かどうか答えよ。

解くための材料

膜を隔てて濃度の異なる2種類の水溶液がある場合，濃度が均一になるように水は濃度の高いほうへ移動する。このとき膜にかかる圧力を浸透圧という。水溶液の濃度が高いほど，浸透圧は大きくなる。

(1)　細胞を蒸留水などの極端に浸透圧の低い水溶液（濃度の低い水溶液）に浸すと，細胞内へ多量の水が移動するので，細胞は破裂します。蒸留水の培地で花粉管の多くが破れていたのは，これが原因だと考えられます。

花粉管内よりも培地の浸透圧が低かったため。……

生体膜の性質は P90

(2)　(1)とは逆に，細胞を浸透圧の高い水溶液（濃度の高い水溶液）に浸すと，細胞内から細胞外へ水が移動するので，細胞は収縮します。濃度の高いスクロース溶液の培地で，花粉管があまり伸長していないのは，これが原因だと考えられます。

花粉管内よりも培地の浸透圧が高かったため。……

(3)　実験①では花粉の発芽，実験②では花粉管の伸長について調べています。スクロースは糖類の一種で，呼吸基質（すなわちエネルギー源）として用いられる物質です。そのため，蒸留水の培地よりもスクロース溶液の培地のほうが，発芽率や伸長量が大きければ，外部のエネルギー源が必要であると結論づけることができます。

それでは，それぞれの結果を見ていきましょう。

実験①：蒸留水の培地でも8%スクロース溶液の培地でも，約半数に発芽がみられました。結果に違いがみられなかったので，花粉の発芽には，外部のエネルギー源は不要であるといえます。

実験②：40分後の結果を見ると，蒸留水の培地（A）よりも8%スクロース溶液の培地（B）のほうが，花粉管が大きく伸長しています。よって，花粉管の伸長には，外部のエネルギー源が必要であるといえます。

花粉の発芽：**必要ない**，花粉管の伸長：**必要である**……答

143 花粉管の誘引

問題

観察＆実験

被子植物のトレニアの胚珠は下の図に示すように，胚のうの一部が裸出していて，卵細胞，助細胞および中央細胞の一部を顕微鏡で容易に観察できる。花粉管の誘引にかかわるのはどの細胞かを調べるため，未受精あるいは受精後の胚のうを含む胚珠を切り出して，卵細胞，助細胞または中央細胞のいずれかをレーザー光線で死滅させて観察したところ，下の表の結果が得られた。

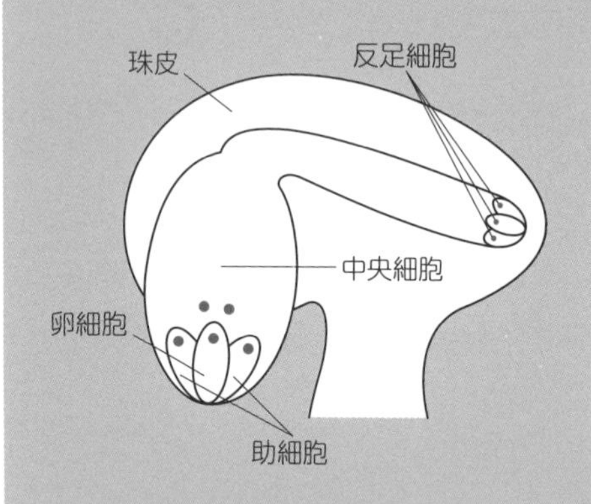

胚のうの種類	死滅させた細胞	花粉管の誘引
未受精の胚のう	なし	あり
	卵細胞	あり
	中央細胞	あり
	助細胞1個	あり
	助細胞2個	なし
受精後の胚のう	なし	なし

(1)　花粉管の誘引に必要な細胞は何と考えられるか。

(2)　誘引活性は，受精後に失われるか。それとも受精とは無関係に維持されるか。

（2015センター試験）

解くための材料

受粉後，花粉が発芽すると，花粉管は誘引物質に導かれて胚珠まで到達する。これにより精細胞は胚のうへ届けられる。

本実験は，胚のうのいずれかの細胞が花粉管を誘引しているという仮説のもとに行われたものです。

それぞれの細胞をレーザー光線で死滅させ，花粉管の誘引が起こるかどうかを見ています。このとき，もし花粉管の誘引が起こらなければ，死滅させた細胞は誘引に必要であったと考えられます。

(1) 表より，助細胞2個を死滅させると花粉管の誘引が起こらなかったことから，花粉管の誘引に必要な細胞は助細胞であると考えられます。

なお，助細胞1個を死滅させても花粉管が誘引されたのは，残りの1個の助細胞が誘引物質を分泌したからだと考えられます。

助細胞……答

(2) 表より，受精後の胚のうを用いた実験では，どの細胞も死滅させていないにもかかわらず，花粉管の誘引が起きていません。よって，誘引活性は受精後に失われたと考えられます。

受精後に失われる。……答

生物学では，細胞や遺伝子を壊すことで，そのはたらきを調べるという手法がよく用いられるよ！

ルアー

花粉管を誘引する物質は，東山哲也らによって発見され，ルアーと名づけられた。その後の研究で，ルアーとしてはたらく物質は，種によって異なっていることが明らかにされた。このことから，被子植物は，複数種の花粉が柱頭についても，特定の誘引物質を利用することで，同種の花粉管だけを誘引していると考えられる。

144 植物の器官形成

問題　思考探究

植物の花や葉は，茎頂分裂組織(けいちょうぶんれつそしき)から分化誘導されることが知られている。その茎頂分裂組織の大きさは，厳密に制御されている。*WUS*遺伝子には茎頂分裂組織を大きくする機能（アクセル）があり，*CLV3*遺伝子は*WUS*遺伝子発現領域を制限することで，茎頂分裂組織を小さくする機能（ブレーキ）がある。このアクセルとブレーキの組み合わせにより，適切な茎頂分裂組織のサイズが維持されており，*WUS*遺伝子や*CLV3*遺伝子が機能しない系統（それぞれ*wus*と*clv3*と表す）や，*CLV3*遺伝子を過剰に機能させた系統（*CLV3OX*と表す）では茎頂分裂組織のサイズが野生型のものと異なる形質を示すことが知られている。

次の**ア**～**オ**の各系統の茎頂分裂組織を示す模式図として最も適当なものを，それぞれ右の図の①～③から1つずつ選べ。

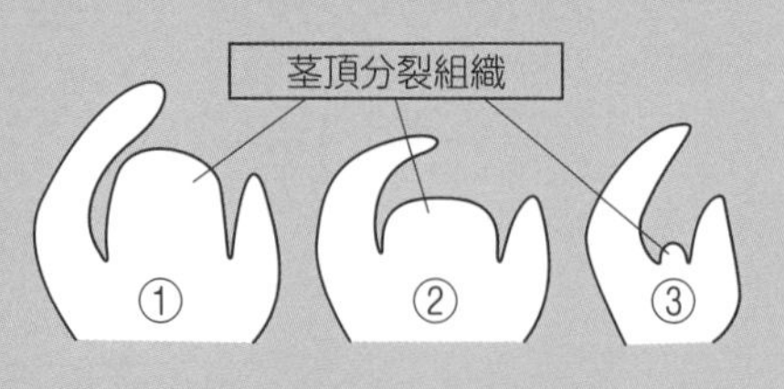

ア　野生型　**イ**　*wus*　**ウ**　*clv3*　**エ**　*CLV3OX*

オ　*WUS*遺伝子と*CLV3*遺伝子の両方が機能しない系統

（2017熊本大）

解くための材料

茎の先端の茎頂分裂組織から茎や葉，花がつくられる。

解き方

ア　野生型では，*WUS*遺伝子（アクセル）と*CLV3*遺伝子（ブレーキ）がバランスよくはたらくので，茎頂分裂組織は中間的な大きさになります（②）。

イ　*wus*では，*WUS*遺伝子がはたらかないので，茎頂分裂組織は成長しません。よって，小さい茎頂分裂組織となります（③）。

ウ　*clv3*では，*WUS*遺伝子だけがはたらくので，茎頂分裂組織は大きくなります（①）。

エ　*CLV3OX*では，*CLV3*遺伝子が過剰にはたらくので，茎頂分裂組織は小さくなります（③）。

オ　*WUS*遺伝子と*CLV3*遺伝子の両方が機能しない系統では，そもそも*WUS*遺伝子がはたらかないので，茎頂分裂組織は成長しません。よって，小さい茎頂分裂組織となります（③）。

ア：②，イ：③，ウ：①，エ：③，オ：③…… 

▼野生型

突然変異体に対して，突然変異が起きていない系統を**野生型**という。

! 根端分裂組織

根の先端には，細胞分裂がさかんに行われている**根端分裂組織**(こんたんぶんれつそしき)がある。

*WUS*遺伝子（アクセル）と*CLV3*遺伝子（ブレーキ）の関係は，車にたとえるとわかりやすいよ。

アクセルとブレーキがある車はちょうどよい速さ，アクセルがない車は進まない，ブレーキがない車はすごく速くなるね。

花芽形成のしくみは

! 花芽の分化

花を咲かせるのに適した時期になると，葉で花芽形成を促進する物質（**フロリゲン**）が合成される。この物質は，師管を通って茎頂分裂組織まで移動し，茎頂分裂組織の細胞内で花芽の分化に関係する一連の遺伝子の発現を促進する。

145 ABCモデル①

問題

問　題

シロイヌナズナの花は，がく，花弁，おしべ，およびめしべという4つの花器官から構成され，表1に示すように，茎頂で機能する遺伝子*A*～*C*の組み合わせによって，形成される花器官が決定される。遺伝子*A*，*B*，または*C*のいずれかが欠損し，花の形態が異常になったシロイヌナズナの突然変異体X～Zの花において形成される花器官を観察したところ，表2の結果が得られた。

表1

機能する遺伝子	形成される花器官
*A*のみ	がく片
*A*と*B*	花　弁
*B*と*C*	おしべ
*C*のみ	めしべ

表2

突然変異体	形成される花器官
X	がくと花弁のみ
Y	めしべとおしべのみ
Z	がくとめしべのみ

(1)　突然変異体X～Zのそれぞれで欠損している遺伝子を答えよ。

(2)　遺伝子*A*および*B*をともに欠損した突然変異体の花で形成される花器官は何か。

（2017センター試験追試）

解くための材料

遺伝子*A*と*C*は，互いにはたらきを抑制し合っている。

(1) 右の図は，表Ⅰを模式的に示したものです。

野生型

← 外側	*B*	*B*	内側 →
A	*A*	*C*	*C*
がく	花弁	おしべ	めしべ

この図からわかるように，形成される花器官から，その花で機能している遺伝子を特定することができます。

突然変異体Xでは，がくが形成されていることから遺伝子*A*が，花弁が形成されていることから遺伝子*A*と*B*が機能していることがわかります。よって，この変異体で欠損している遺伝子は*C*です。

突然変異体Yでは，めしべが形成されていることから遺伝子*C*が，おしべが形成されていることから遺伝子*B*と*C*が機能していることがわかります。よって，この変異体で欠損している遺伝子は*A*です。

突然変異体Zでは，がくが形成されていることから遺伝子*A*が，めしべが形成されていることから遺伝子*C*が機能していることがわかります。よって，この変異体で欠損している遺伝子は*B*です。

なお，それぞれの変異体の構造を模式的に示すと，下の図のようになります。

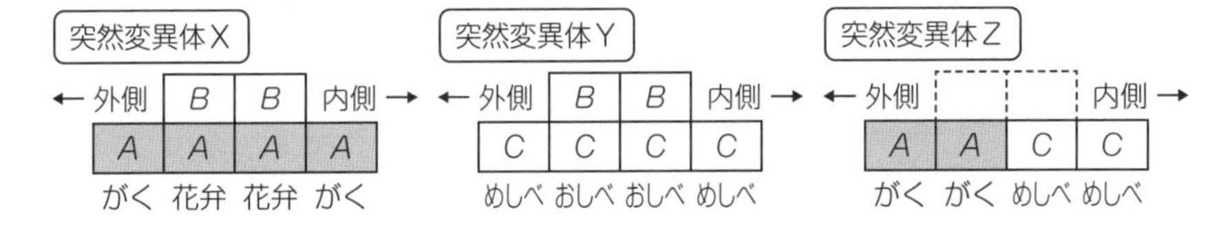

突然変異体X：**遺伝子*C***，突然変異体Y：**遺伝子*A***，
突然変異体Z：**遺伝子*B*** ……答

(2) 遺伝子*A*と*C*は，互いにはたらきを抑制し合っていて，一方が欠損すると，他方の遺伝子がすべての領域で発現するようになります。

よって，遺伝子*A*と*B*をともに欠損した突然変異体では，右の図のように，遺伝子*C*のみがすべての領域で発現します。その結果，めしべだけが形成されます。

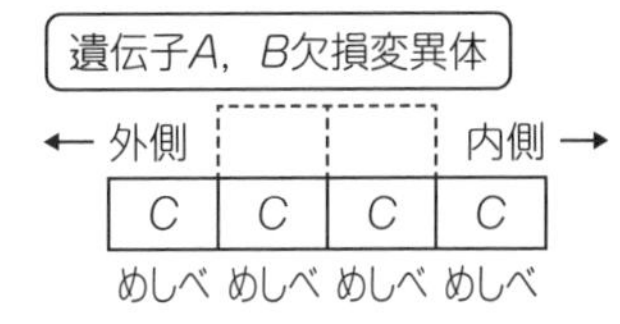

めしべ……答

146 ABCモデル②

問題

問 題

一般に，花は，図1のように同心円状の4つの領域1～4に分かれており，遺伝子A，B，Cのはたらきにより，領域1はがく，領域2は花弁，領域3はおしべ，領域4はめしべに分化する。

しかし，チューリップの花では，がくがなく，領域1にも花弁がつくられて，図2のように花弁が二重になる。遺伝子A～Cのうち，チューリップの花の領域1ではたらいていると考えられるものをすべて答えよ。

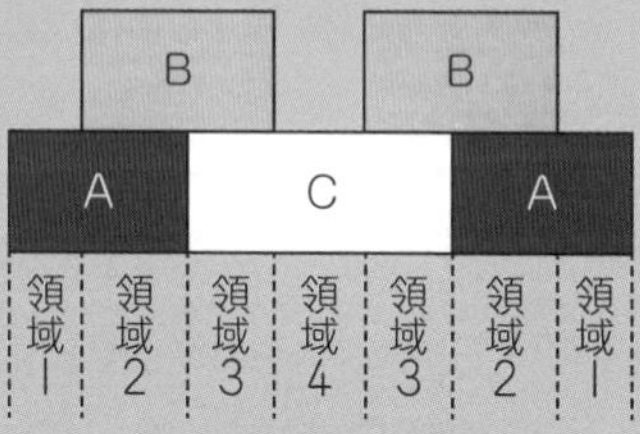

	B	B	B	B	B	B
A	A	C	C	C	A	A
領域1	領域2	領域3	領域4	領域3	領域2	領域1

図1

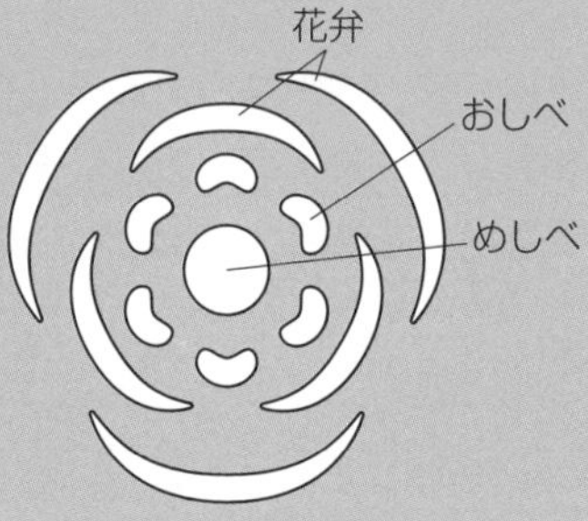

花弁
おしべ
めしべ

図2

解くための材料

遺伝子A，B，Cの組み合わせにより，形成される花器官が決まる。

解き方

一般には，領域2で遺伝子A，Bがともにはたらくことで，花弁が形成されます。

チューリップの花では，領域1にも花弁が形成されていることから，右の図のように，領域1でも遺伝子A，Bがともにはたらいていると考えられます。

チューリップ

←外側	B	B	B	内側→
A	A	C	C	
花弁	花弁	おしべ	めしべ	

遺伝子A，B……答

生態と環境

まとめ

▶ある一定地域に生息する同種の個体の集まりを**個体群**という。

■個体の分布様式

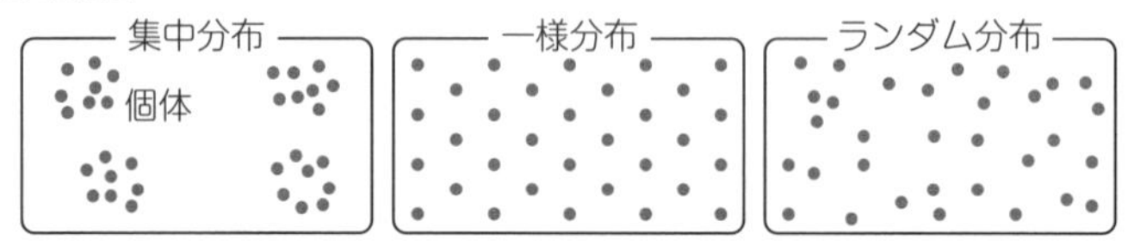

▶単位面積または単位体積当たりの個体数を**個体群密度**という。個体群密度が高くなると，**競争**（**種内競争**）が激しくなり，出生率が低下したり死亡率が上昇したりする。

▶個体数の調査法には，植物や動きの遅い動物などに適している**区画法**と，よく動く動物などに適している**標識再捕法**がある。

▶個体群の成長のようすをグラフで示したものを**成長曲線**という。

▶ある環境で生育できる最大の個体数を**環境収容力**という。

▶個体群密度の変化の影響を受けて，個体の発育や生理などが変化することを**密度効果**という。

■ハエの個体群の成長曲線

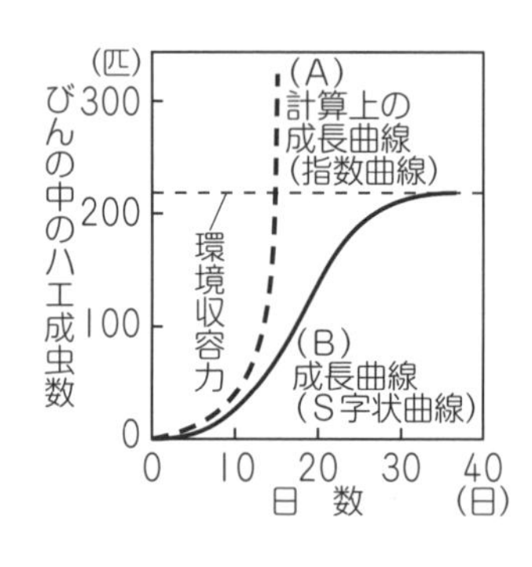

▶密度効果により，個体の形態や行動が著しく変化することを**相変異**という。

▶トノサマバッタは，低密度で生育すると，はねが短く後あしが長い**孤独相**になる。高密度で生育すると，はねが長く後あしが短い**群生相**になる。

▶植物では，単位面積当たりの個体群の質量は，種子をまいたときの密度に関係なく，最終的にほぼ一定になる。これを**最終収量一定の法則**という。

▶個体群における世代や年齢ごとの個体数分布を**齢構成**といい，それを図で示したものを**年齢ピラミッド**という。

▶生まれた子の数が，時間経過とともにどのように減っていくかを示した表を**生命表**といい，それをグラフで示したものを**生存曲線**という。

▶統一的な行動をとる同種の動物の集団を**群れ**という。

- 動物の1個体や1家族が一定の空間を占有し，同種の他個体を寄せつけない場合，この空間を**縄張り（テリトリー）**という。
- 動物の群れにおいて，親以外の個体も子育てに参加することを**共同繁殖**という。
- 子育てに参加する親以外の個体のことを**ヘルパー**という。
- ミツバチ，アリ，シロアリのように，高度に組織化された個体群を形成して生活している昆虫を**社会性昆虫**という。
- ある個体が一生の間に残した子のうち，生殖可能な年齢まで達した子の数を**適応度**という。2つの個体がどれだけ遺伝的に近縁かを示したものを**血縁度**という。
- 血縁関係にある他個体も考慮した場合の適応度を**包括適応度**（ほうかつてきおうど）という。

- 異種個体群どうしが，食物や生活空間などの共通の資源をめぐって争うことを**種間競争**という。種間競争によって一方の種が絶滅することを**競争的排除**という。
- 生物群集の中のある種が，食物連鎖（しょくもつれんさ），生活空間，活動時間などにおいて占める地位を**生態的地位（ニッチ）**という。
- 同じ生態的地位を占めている種を**生態的同位種**という。
- 2種の生物間の食う食われるの関係を**被食者－捕食者相互関係**（ひしょくしゃ－ほしょくしゃそうごかんけい）という。
- 異種の生物どうしが密接に結びついている場合，この関係を**共生**（きょうせい）という。

- ある一定地域に生息する個体群の集団をひとまとめにして**生物群集**という。
- 複数の生物種どうしが一連の鎖のようにつながった，食う食われるの関係を**食物連鎖**という。実際の生態系では，食う食われるの関係は一続きではなく，網の目状につながっている。これを**食物網**（しょくもつもう）という。
- 生態系のバランスを維持するのに重要な役割を果たしている生物種を**キーストーン種**という。
- ある一定の頻度で中規模なかく乱が起こると，生物群集内で多数の種が共存できるという考えを**中規模かく乱説**という。

147 個体群の分布

問題

問題

次の文の空欄の**ア**～**ウ**を埋めよ。

ある種の植食性動物が，えさが均一に散らばっている地面でえさを利用しているときの分布を考える。捕食者が比較的多い環境では，各個体が見張りの時間をできるだけ減らそうとするため，個体の分布は［ア］分布になる傾向がある。一方，捕食者が少ない環境では見張りの必要性は低い。そのような環境で植食性動物の個体群密度が高いと，個体間でのえさをめぐる争いを避けるため，［イ］分布に近づく傾向がある。ただし，捕食者が少ない環境でも植食性動物の個体群密度が低いと，見張りの必要性が低いだけでなく個体間の争いもほとんど生じないため，［ウ］分布になる傾向がある。

（2017センター試験追試）

解くための材料

個体の分布様式には，集中分布，一様分布，ランダム分布がある。

解き方

一般に，動物は群れをつくると，1個体が見張りに費やす時間を減らすことができます。よって，捕食者が多い環境では，集中分布になると考えられます。

互いに接触を避けるようにして行動する場合，個体どうしはできるだけ離れようとするので，個体間の距離が大きい分布，すなわち一様分布になると考えられます。群れをつくる必要も，互いに接触を避ける必要もない場合，それぞれの個体はランダムに行動するので，ランダム分布になると考えられます。

ア：集中（分布），イ：一様（分布），ウ：ランダム（分布） ……

148 区画法

問題

計算

$60m^2$の調査地に50cm四方の区画を8か所設置した。各区画のセイヨウタンポポの個体数を調べたところ，各区画の個体数はそれぞれ9，13，10，7，15，4，8，6であった。

(1) この調査地におけるセイヨウタンポポの個体群密度（個体/m^2）を求めよ。

(2) この調査地全体に生育するセイヨウタンポポの個体数を推定せよ。

解くための材料

$$個体群密度=\frac{個体群を構成する個体数}{生活する面積または体積}$$

解き方

(1) 本問のようにして個体群密度を求める方法を**区画法**といいます。

区画法では，1つの区画当たりの個体数の平均を求め，それを区画の面積で割ります。このとき，面積の単位を，求める個体群密度の単位に合わせてm^2とすることに注意しましょう。

$$\frac{9+13+10+7+15+4+8+6}{8}\times\frac{1}{0.5\times0.5}=36個体/m^2$$

36個体/m^2……答

(2) (1)より，$1m^2$当たりの個体数が36個体なので，$60m^2$の調査地全体に生育する個体数は，これを60倍すれば求められます。

$36個体/m^2\times60m^2=2160個$

2160個体と推定される。……答

149 標識再捕法①

問題

計算

$1500m^2$の池に生息するフナの個体群密度を調べるため，まず，80匹を捕獲し，背びれに標識をつけてからすべてを池に戻した。数日後，120匹を再捕獲したところ，そのなかに標識をつけた個体が16匹いた。この池に生息するフナの個体群密度を求めよ。ただし，フナは池全体を自由に移動し，調査期間中はフナの個体数は変化しないものとする。

解くための材料

$$全体の個体数＝最初に捕獲して標識した個体数\times\frac{再捕獲した個体数}{再捕獲した標識個体数}$$

解き方

本問のようにして個体群密度を求める方法を**標識再捕法**といいます。

まず，標識再捕法の式に数値を代入して全体の個体数を求めます。

$$80\times\frac{120}{16}=600個体$$

次に，全体の個体数（600個体）を池の面積（$1500m^2$）で割って個体群密度を求めます。

$$\frac{600個体}{1500m^2}=0.4個体/m^2$$

$0.4個体/m^2$……答

フナが池の一部に偏って生息していたり，調査期間中にフナの個体数が変化したりすると，正確な個体数が求められないよ。

150 標識再捕法②

問題

問 題

標識再捕法について説明した文として最も適当なものを，次の**ア**～**ウ**から1つ選べ。

ア　動物の行動に影響を与えない方法で標識をつけなければならない。

イ　最初の捕獲から2回目の捕獲までの期間は，できるだけ短くするとよい。

ウ　最初に捕獲する個体数と2回目に捕獲する個体数は，等しくする必要がある。

解くための材料

標識再捕法は，よく動く動物の個体数を求めるのに適した方法である。

解き方

標識再捕法は，次の式が成り立っていることを前提としています。

$$\frac{\text{最初に捕獲して標識した個体数}}{\text{全個体数}}=\frac{\text{再捕獲した標識個体数}}{\text{再捕獲した個体数}}$$

再捕獲するときに，標識個体のほうが捕獲しやすかったり捕獲しにくかったりすると，上記の式が成り立たないので，正確な個体数を推定できません。よって，動物の行動に影響を与えない方法で標識をつけなければなりません（**ア**は正しい）。

また，標識個体が十分に分散する前に2回目の捕獲を行うと，標識個体が多く捕獲されてしまいます。このため，最初の捕獲から2回目の捕獲までの期間は，十分な時間をとる必要があります（**イ**は誤り）。

上記の式に基づいて計算するので，最初に捕獲する個体数と2回目に捕獲する個体数は，等しくする必要はありません（**ウ**は誤り）。

151 成長曲線

問題

計算・グラフ

(1) 右の図は，ショウジョウバエの雌雄1対を飼育びんの中で飼育したときの個体数の変化を示したものである。30日目以降，個体数が増えていない理由を3つ答えよ。

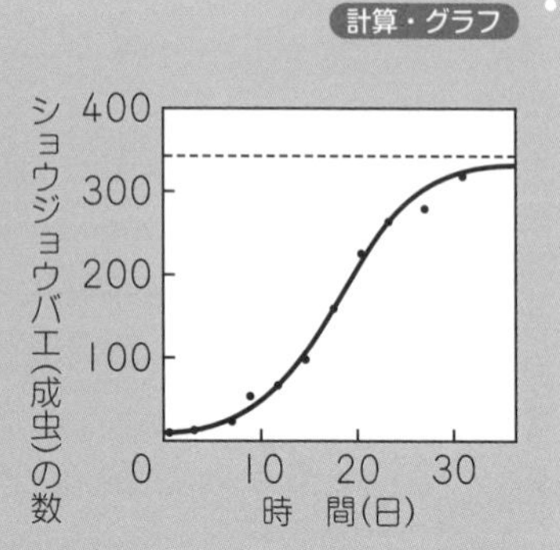

(2) ある細菌は，理想的な条件のもとでは，30分ごとに1回分裂を行う。1個体の細菌から増殖を始めたとすると，12時間後の細菌の数はどれだけになるか。

解くための材料

理想的な条件のもとでは，個体群は指数関数的に増加する。

解き方

(1) 個体群を構成する個体数の変化を表したグラフを**成長曲線**といいます。一般に，個体数は，はじめは急速に増加しますが，やがてほとんど増加しなくなります。このため成長曲線はS字状になります。これは，個体群密度が高くなると，生活空間や食物が不足し，さらに排出物が蓄積して環境が悪化するためです。

・生活空間が不足するから。　・食物が不足するから。
・排出物が蓄積するから。……答

(2) 個体数は，30分ごとに2倍に増加するので，30分後に$2=2^1$，60分後に$4=2^2$，90分後に$8=2^3$，……$30\times n$分後に2^nとなります。よって，12時間後，すなわち30×24分後の個体数は2^{24}です。

2^{24}……答

152 動物の密度効果

問題

問題

個体群密度が高い状態で育ったトノサマバッタの特徴として最も適当なものを，次の**ア**～**ウ**から1つ選べ。

ア　体長に比べて長いはねをもつ。

イ　長い後あしをもつ。

ウ　小さい卵を多く産む。

解くための材料

孤独相と比較すると，群生相の個体は移動力が大きく集合性が高い。

解き方

個体群密度が高く，えさが不足してくると，はねが長く，後あしが短く，少数の大きい卵を産む個体が現れます。このような型を群生相といいます。群生相の特徴は長距離移動に適しており，バッタはえさがある新天地を求めて移動しやすくなります。

一方，個体群密度が低く，えさが豊富にある場合，比較的はねが短く，後あしが長く，小さい卵を多く産む個体が現れます。このような型を孤独相といいます。孤独相の特徴は，草地での定住生活に適しています。

ア……答

153 植物の密度効果

問題

グラフ

密度効果は植物においても起こる。ある植物を一定面積の耕地に高密度条件と低密度条件で栽培した。それぞれの条件における平均個体重量と個体群重量はどのように変化すると予想されるか。種子をまいてからの平均個体重量の変化（個体の成長）と個体群重量の変化（個体群の成長）をそれぞれグラフで示した以下の**ア**～**エ**から最も適当なものを1つずつ選べ。

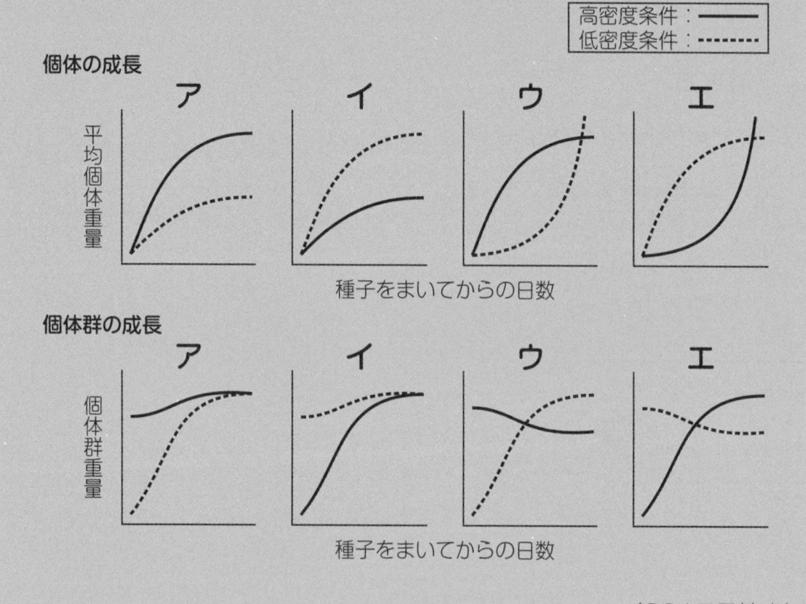

（2017長崎大）

解くための材料

植物では，単位面積当たりの個体群の質量は，種子をまいたときの密度に関係なく，最終的にほぼ一定になる。これを最終収量一定の法則という。

まずは，平均個体重量の変化について考えましょう。

一般に，植物の重量は，発芽後どんどん増えていきますが，ある重量になるとそれ以上は成長しなくなります。**ウ**の点線や**エ**の実線のように，時間が経つほど成長速度が大きくなることはありません。

また，高密度条件では，葉が重なり合うことなどにより，1つの個体が得られる光の量が少なくなるため，低密度条件と比べて，1個体当たりの重量は小さくなると考えられます。

よって，**イ**が適当です。

次に，個体群重量の変化について考えます。

上記で説明したように，個体群密度が高いほど，1個体当たりの重量は小さくなるため，一定面積における個体群全体の重量は，時間が経つと密度条件に関係なくほぼ一定になります。これを**最終収量一定の法則**といいます。**ウ**や**エ**は，最終的な個体群重量が，密度条件によって異なっているので，不適当です。

また，種子をまいた直後は，高密度条件のほうが低密度条件よりも個体群重量が大きいはずなので，**ア**が適当です。

平均個体重量の変化：**イ**，個体群重量の変化：**ア**……

同種や近縁種の樹木が高密度で成長すると，小さな個体は枯れ，残った個体が大きく成長する。これを**自己間引き**という。
自己間引きが起こらない森林では，どの個体も成長が一様に悪くなり，強風などを受けると，共倒れして森林全体が枯れてしまうことがある。

154 生命表①

問題

計算

下の表は，ナミアゲハ（チョウの一種）の雌成虫に卵を産ませて，その卵をミカンの葉に付着させて，その後の発育と個体数の変化を調べた結果をまとめた生命表である。

発育段階	はじめの生存数	期間内の死亡数	期間内の死亡率（%）
卵	960	580	**ア**
一齢幼虫	380	**イ**	55.0
二齢幼虫	171	86	50.3
三齢幼虫	**ウ**	55	**エ**
四齢幼虫	30	10	33.3
五齢幼虫	20	6	30
蛹	14	6	42.9
成　虫	8	8	100

(1) 表の**ア**～**エ**の空欄を埋めよ。

(2) 成虫期を除くと，死亡率が最も高い発育段階，および次いで死亡率が高い発育段階はいつか。

（2017香川大）

解くための材料

$$\frac{\text{期間内の死亡数}}{\text{はじめの生存数}} \times 100 = \text{期間内の死亡率（\%）}$$

(1) 期間内の死亡率とは，その発育段階で死亡する割合のことで，次の式で求められます。

$$\frac{\text{期間内の死亡数}}{\text{はじめの生存数}}\times 100 = \text{期間内の死亡率}\ (\%)$$

ア 期間内の死亡率の式に代入すると，

$$\frac{580}{960}\times 100 \fallingdotseq 60.4\%$$

イ 求める値をxとし，期間内の死亡率の式に代入すると，

$$\frac{x}{380}\times 100 = 55.0 \quad x = 209$$

← 一齢幼虫期のはじめの生存数380と二齢幼虫期のはじめの生存数171の差より，380－171＝209と求めることもできる。

ウ 三齢幼虫期のはじめの生存数とは，二齢幼虫期に死ななかった個体数のことです。すなわち，二齢幼虫期のはじめの生存数と期間内の死亡数の差から求めることができます。

$$171 - 86 = 85$$

← 三齢幼虫期の期間内の死亡数55と四齢幼虫期のはじめの生存数30の和より，55＋30＝85 と求めることもできる。

エ ウで求めた値と，表中から読み取った値を，期間内の死亡率の式に代入して求めます。

$$\frac{55}{85}\times 100 \fallingdotseq 64.7\%$$

ア：**60.4（%）**，イ：**209**，ウ：**85**，エ：**64.7（%）** ……

(2) (1)より，死亡率が最も高い発育段階は三齢幼虫，次いで死亡率が高い発育段階は卵であることがわかります。

死亡率が最も高い発育段階：**三齢幼虫**
次いで死亡率が高い発育段階：**卵** ……

期間内の死亡率の式を暗記するのではなく，生命表の意味をしっかり押さえておこう！

個体群と生物群集

155 生命表②

問題

グラフ

右の図は，生存曲線の3つのタイプを示したものである。次の**ア**～**オ**の動物は，それぞれ図のa～cのどのタイプに該当するか。

ア　マンボウ　　**イ**　ゾウ
ウ　ミツバチ　　**エ**　カキ
オ　シジュウカラ

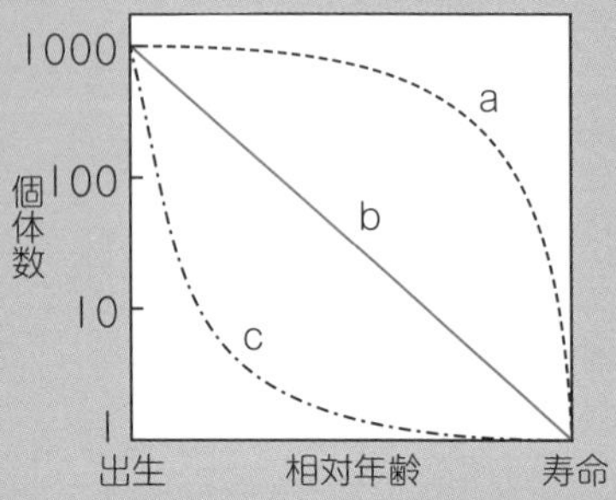

解くための材料

生存曲線は，晩死型，平均型，早死型の3つのタイプに大別される。

解き方

生命表をグラフで示したものを**生存曲線**といいます。生存曲線は，おもに晩死型，平均型，早死型の3つのタイプに大別されます。

aは，幼齢時に死亡する個体が少なく，多くが老齢期まで生きる晩死型です。これは，ゾウ（**イ**）などの哺乳類やミツバチ（**ウ**）などの社会性昆虫のように，親が子を手厚く保護する動物にみられます。1回の産子数（産卵数）が少ないのも晩死型の特徴の1つです。

bは，各時期の死亡率がほぼ一定の平均型です。これは，シジュウカラ（**オ**）などの小形の鳥類やトカゲなどのは虫類によくみられます。

cは，幼齢期に死亡する個体が非常に多い早死型です。これは，産卵数が非常に多く，親の保護がないマンボウ（**ア**）などの魚類やカキ（**エ**）などの水生無脊椎動物によくみられます。

ア：c，イ：a，ウ：a，エ：c，オ：b……**答**

156 生命表③

問題

問題

北海道などでは，サケ資源を維持するために放流事業が行われている。この事業では，ふ化直後ではなく，ある程度の大きさまで育てた幼魚を放流している。この理由を簡潔に説明せよ。

解くための材料

魚類は，幼齢時の死亡率が高い早死型であるものが多い。

解き方

サケなどの魚類は，非常に多くの卵を産みますが，親の保護がないため，多くは捕食などにより幼齢期のうちに死んでしまいます。しかし，ある程度まで育てば，捕食されにくくなり死亡率は低くなります。

このため，放流事業では，放流した個体の死亡率を低くするために，ある程度の大きさまで育てた幼魚を放流しています。

ふ化直後に放流しても多くは死んでしまうが，幼魚まで育ててから放流すると生きのびる可能性が高くなるため。……答

157 群れの最適な大きさ

問題

グラフ

群れをつくる動物の例として，ニホンザルが知られている。食物を人間が与えている「餌付け群」では，自然の群れ「野生群」に比べて群れの大きさが変化する。「野生群」の図と比較して，「餌付け群」の図として最も適当なものを，次の**ア**～**エ**から1つ選べ。ただし，毎日の餌付けは短時間で，残りの時間は野生状態で生活しているものとする。

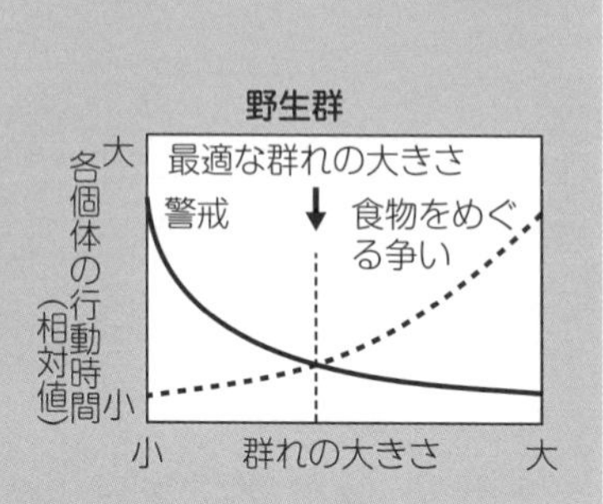

ア
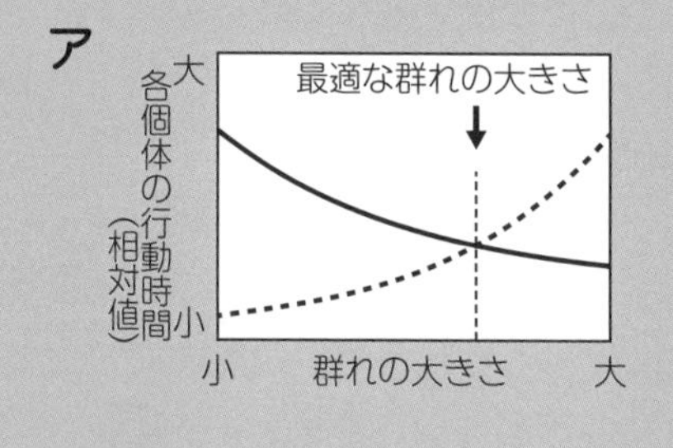

イ
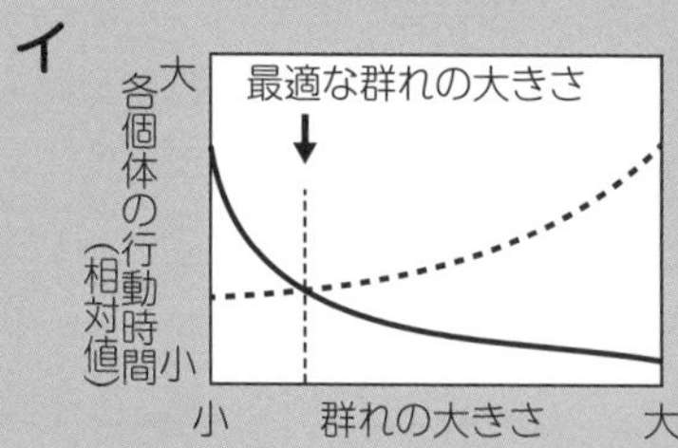

ウ
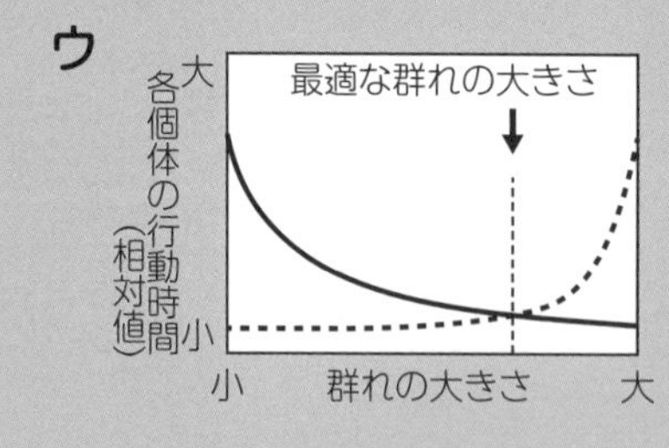

エ
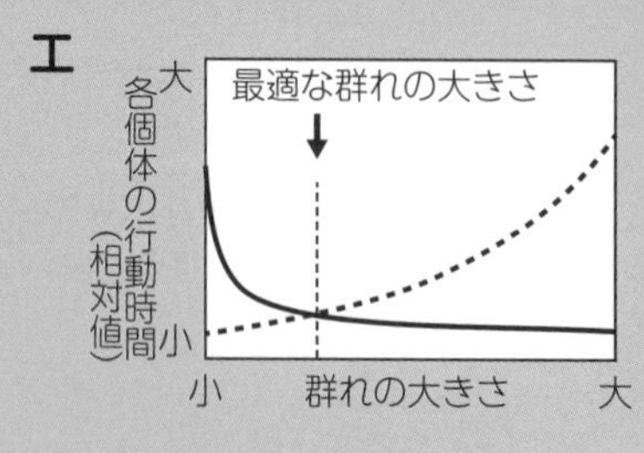

（2017同志社大）

解くための材料

群れの大きさは，警戒と食物をめぐる争いに費やす時間によって決まる。

一般に，下の図のように，群れが大きくなるほど，外敵を警戒する時間（a）は減少しますが，食物をめぐって争う時間（b）は増加します。時間は限られているため，（a）や（b）の時間が増加するほど，採食に使える時間（c）が減少してしまいます。

このため，（a）と（b）の和が最も小さくなるときの群れの大きさが，最適な群れの大きさとなります。

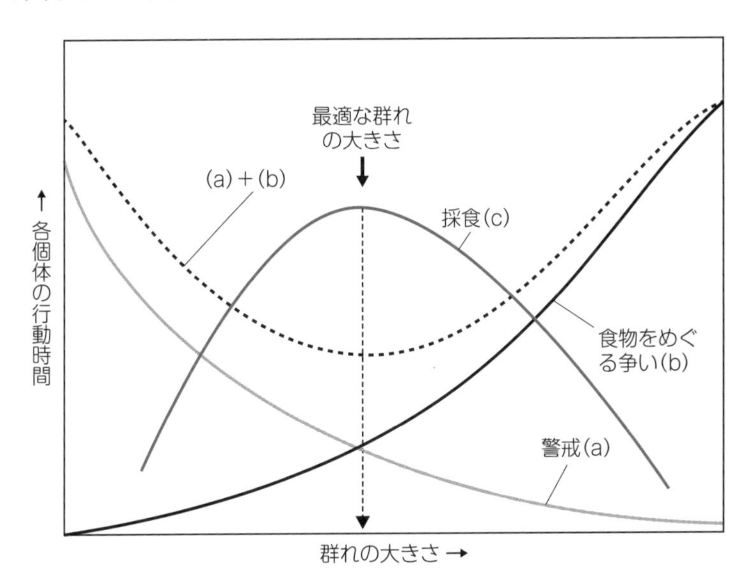

ニホンザルの「餌付け群」は，「野生群」よりも得られる食物が多いので，食物をめぐって争う時間は減少すると考えられます。一方，餌付け以外の条件は「野生群」と同じなので，警戒に費やす時間は変化しません。

よって，「餌付け群」のグラフは，食物をめぐって争う時間だけが減少している**ウ**のようになります。この結果，最適な群れの大きさは大きくなります。

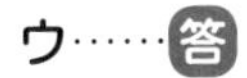

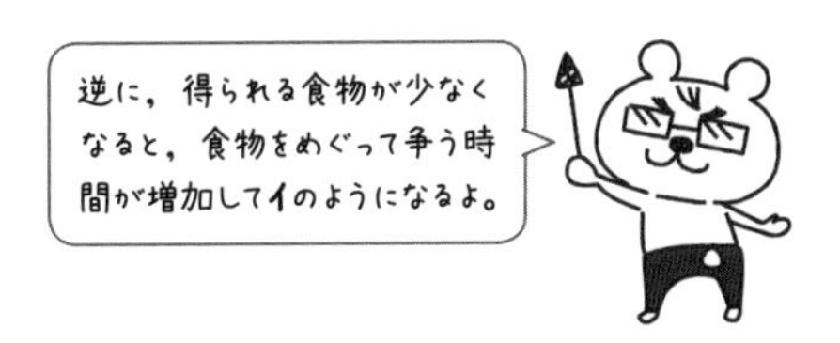

158 アユの縄張り

問題

グラフ・思考探究

群れアユと縄張りアユの個体数比は，個体群密度によって変化する。ある河川において，A年，B年，C年に群れアユと縄張りアユの割合と体長の分布を調査した。下の図は，その結果をまとめたものである。

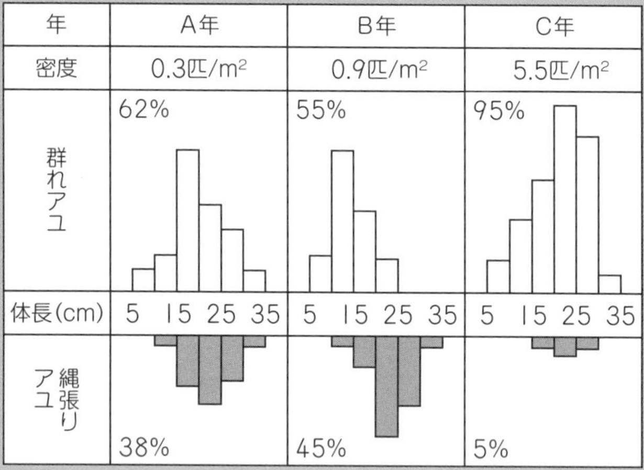

年	A年	B年	C年
密度	0.3匹/m^2	0.9匹/m^2	5.5匹/m^2
群れアユ	62%	55%	95%
体長(cm)	5 15 25 35	5 15 25 35	5 15 25 35
縄張りアユ	38%	45%	5%

(1)　C年の縄張りアユの割合が，A年やB年と比べて著しく少ない理由を簡潔に説明せよ。

(2)　A年とB年を比較すると，A年のほうが群れアユの体長が大きく，縄張りアユの割合が少ない。この理由を推測し，簡潔に説明せよ。

解くための材料

一般に，個体群密度が高いほど縄張りを維持するコストが大きくなる。

解き方

動物は，食物などの利益を確保するために縄張り（テリトリー）を形成します。縄張りがある程度の大きさのときは，得られる利益は縄張りが大きいほどふえていきます。しかし，採食できる量には限りがあるため，縄張りが大きくなっていくと，やがて得られる利益は頭打ちになります。

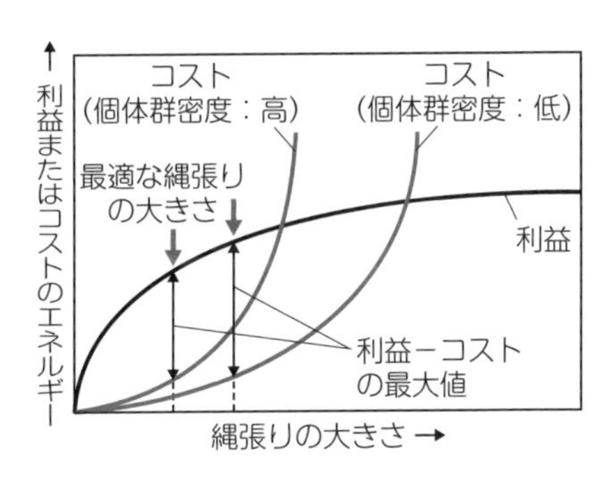

一方，縄張りを維持するためには，見回りをしたり，侵入者を追い払ったりしなければならず，縄張りが広いほど，そのコストは増えていきます。

このため，縄張りから得られる利益と，縄張りを維持するコストの差が最も大きくなるときが，最適な縄張りの大きさとなります。その差がマイナスになるときは，縄張りは成立しません。

(1) 上の図からわかるように，個体群密度が高いほど，縄張りへの侵入者の数も増えるので，種内競争が激しくなり，縄張りを維持するコストが大きくなります。

このため，個体群密度が高いC年では，縄張りを維持するのが難しく，縄張りアユの割合が少なくなったと考えられます。

縄張りをめぐる種内競争が激しくなったから。……答

(2) (1)と同様に，個体群密度に着目してA年とB年を比較すると，B年のほうが個体群密度が高いにもかかわらず，縄張りアユの割合が多いので，(1)の考え方と矛盾します。おそらくA年とB年の個体群密度は，そこまで大きな違いがないので，両者の違いをつくっている要因はほかにあるのでしょう。

そこで，縄張りの大きさを決めるもう1つの要因である利益に着目してみます。もし，河川に食物が少なかったら，縄張りアユが食物を占有して体長が大きくなるはずです。逆に，河川に食物が豊富にあったら，群れアユも縄張りアユも同じくらいの食物を得られるので，両者の体長は同じくらいになるはずです。この場合，縄張りを形成するメリットが大きくないので，縄張りアユの割合は少なくなると考えられます。つまり，A年は食物が豊富にあったために，群れアユの体長が大きくなり，縄張りアユの割合が少なくなったと考えられます。

河川に食物が豊富にあったから。……答

159 包括適応度

問題

計算

次の文の空欄**ア**～**オ**に当てはまる数を答えよ。
ミツバチの社会には，生殖を行う1匹の女王バチ（雌）と雄バチ，育児や採餌などを行うワーカー（雌）が存在する。右の図のように，女王バチが産んだ受精卵から育った個体は2倍体（$2n$）の雌になり，未受精卵から育った個体は半数体（n）の雄になる。

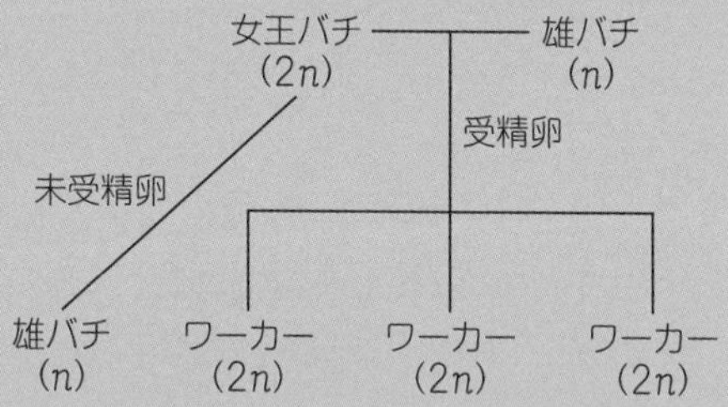

ワーカーは，自らは子を産まず，女王バチが産んだ妹を育てる。この行動は，2個体がともに同じ遺伝子をもつ確率（血縁度）により説明できる。
あるワーカーがもつ遺伝子Xに着目すると，それが母由来である確率は［ ア ］，父由来である確率は［ イ ］である。
すなわち，母娘の血縁度は［ ア ］である。
遺伝子Xが母由来である場合，遺伝子Xが母から妹に受け継がれている確率は［ ウ ］，遺伝子Xが父由来である場合，遺伝子Xが父から妹に受け継がれている確率は［ エ ］となる。よって，ワーカーと妹の血縁度は［ オ ］である。

解くための材料

2倍体の個体は，父由来と母由来の染色体をもち，子にはどちらかが受け継がれる。

ミツバチのワーカーは，自らは子を産まず，女王バチが産んだ妹を育てます。この行動は，**血縁度**という考え方を使うと説明することができます。血縁度とは，2個体がともに同じ遺伝子をもっている確率のことです。

ワーカーは2倍体（$2n$）なので，母由来の染色体と父由来の染色体をもっています。したがって，あるワーカーがもつ遺伝子Xに着目すると，それが母由来である確率は$\frac{1}{2}$（**ア**），父由来である確率も$\frac{1}{2}$（**イ**）です。つまり，母娘がともに遺伝子Xをもっている確率は$\frac{1}{2}$なので，母娘の血縁度は$\frac{1}{2}$（**ア**）となります。

染色体Xが母由来である場合，遺伝子Xが妹にも受け継がれている確率は$\frac{1}{2}$（**ウ**）です。一方，ハチの雄は半数体（n）なので，染色体を1組ずつしかもちません。娘には父がもつ染色体がすべて受け継がれるので，染色体Xが父由来である場合，染色体Xが妹にも受け継がれている確率は1（**エ**）です。

よって，ワーカーと妹がともに遺伝子Xをもつ確率，すなわちワーカーと妹の血縁度は，

$$\left(\frac{1}{2}\times\frac{1}{2}\right)+\left(\frac{1}{2}\times 1\right)=\frac{3}{4}\ (\text{オ})$$

↗遺伝子Xが母由来である確率　↖妹も遺伝子Xをもつ確率　↗遺伝子Xが父由来である確率　↖妹も遺伝子Xをもつ確率

このように，ワーカーと妹のほうが，母娘よりも血縁度が大きいので，ワーカーにとって，自分の子を育てるよりも妹を育てるほうが，自分と同じ遺伝子を多く残すことができるのです。

ア：$\frac{1}{2}$，**イ**：$\frac{1}{2}$，**ウ**：$\frac{1}{2}$，**エ**：1，**オ**：$\frac{3}{4}$……**答**

! 包括適応度

ある個体が一生の間に残した子のうち，生殖可能な年齢まで達した子の数を**適応度**という。動物が自分の子を育てる行動には，適応度を増大させる意味があると考えられている。しかし，自然界には，ミツバチのように，自分の子ではなく弟や妹を育てる動物がいる。この行動は，自分と血縁関係にある他個体の子を育てることで，自分の遺伝子をふやしていると説明できる。このように血縁関係にある他個体も考慮した場合の適応度を**包括適応度**という。

160 ゾウリムシの種間関係

問題

グラフ・思考探究

3種のゾウリムシX，Y，Zを培養する実験を行った。条件を同じにして，それぞれの種を単独で培養した場合と，2種を混合して培養した場合とについて，個体群の大きさの変化を調べたところ，下の図が得られた。X種とY種，X種とZ種の関係として最も適当なものを，それぞれ下の**ア**～**オ**から1つずつ選べ。

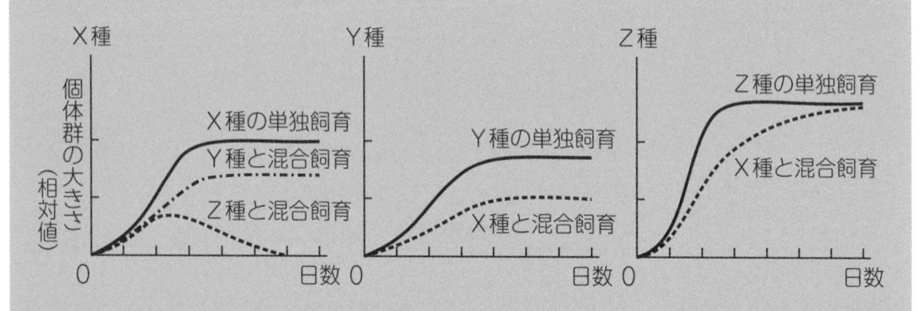

ア　2種は，互いに影響を与えない。
イ　2種は，必要な資源を微妙に変えることで共存する。
ウ　2種は，同じ資源をめぐって競争する。
エ　2種は，互いに利益を与え合う相利共生の関係にある。
オ　一方が他方を捕食する，捕食者－被食者相互関係にある。

解くための材料

要求する資源が似た異種個体群の間では，種間競争が起こる。

本問は，グラフから3種のゾウリムシX，Y，Zの関係を推測する問題です。単独飼育の場合と混合飼育の場合で，個体群の大きさの変化にどのような違いがあるか見てみましょう。

まずは，XとYについて考えます。この2種を混合飼育すると，どちらも単独飼育したときよりも個体群の大きさの上限値（**環境収容力**）が小さくなることから，互いに影響を与え合っていることがわかります。**ア**のように，互いに影響を与えない場合は，単独飼育と混合飼育で違いがみられないはずです（**ア**は誤り）。

さらに，どちらも絶滅していないことから，XとYは，必要な資源を微妙に変えることで共存していると考えられます（**イ**が正しい）。

なお，**エ**のように，互いに利益を与え合う存在であった場合，混合して培養すると，両種の環境収容力は，むしろ単独で培養したときよりも大きくなると考えられます（**エ**は誤り）。

一方，XとZを混合飼育すると，Xは個体数を減らし，やがて絶滅してしまいました。このとき，Zは，単独飼育した場合と比べて増加の速度が小さくなっていますが，環境収容力は単独飼育した場合と同じです。

このことから，XとZは同じ資源をめぐる競争関係にあり，やがてXが競争に敗れて排除されたと考えられます（**ウ**が正しい）。**オ**のように，2種が捕食者－被食者相互関係にある場合，被食者が絶滅すると，捕食者にとってのえさがなくなるので，捕食者の個体数も減少するはずです（**オ**は誤り）。

XとY：**イ**，XとZ：**ウ**……**答**

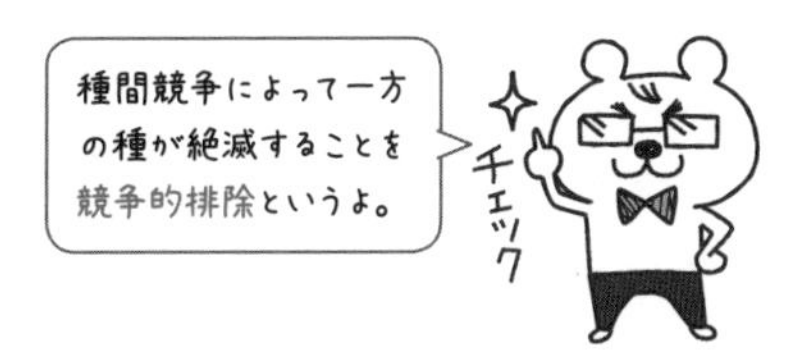

すみわけ

要求する資源が似た種どうしでも，利用する資源を少しずつ変えることで共存する場合がある。これを**すみわけ**という。すみわけを行う2種のゾウリムシを混合して培養した場合，どちらも絶滅することなく個体数が維持される。

161 被食者 - 捕食者相互関係

問題

グラフ・思考探究

被食者の個体数とそれを捕食する捕食者の個体数が，周期的な増減をくり返したり，ともに安定な密度に収束したりすることによる共存状態を示すことがある。被食者と捕食者の個体数変動の関係が図1のようになり，矢印の方向へ反時計回りに推移する場合，横軸に時間，縦軸に両種の個体数をとったグラフとして適当なものを図2の**ア**～**エ**から1つ選べ。なお，実線は種Pの，破線は種Qの個体数推移をそれぞれ示している。

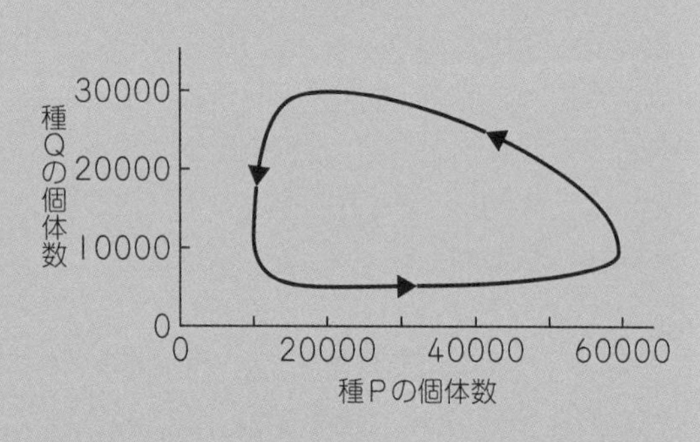

図1　周期的に変動する被食者と捕食者の個体数変動の関係

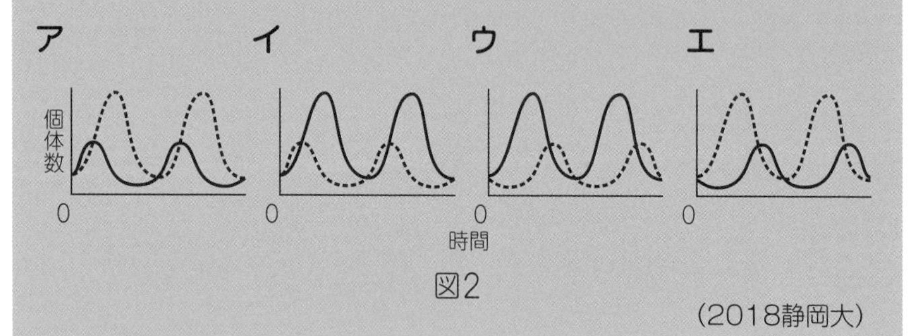

図2

(2018静岡大)

解くための材料

一般に，被食者が減ると捕食者は減り，捕食者が減ると被食者はふえる。

被食者と捕食者は，周期的に個体数の増減をくり返しながら共存することがあります。

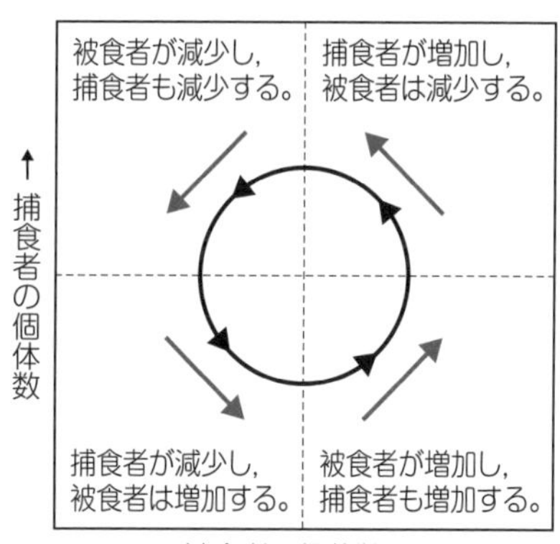

このような場合，右の図のように，被食者が増加すると捕食者も増加します。すると，捕食により被食者は減少し，それに続いて捕食者も減少します。さらに，捕食者が減少すると，被食者は再び増加するというように，個体数の変動がくり返されます。

このように，被食者の個体数を横軸に，捕食者の個体数を縦軸にとると，個体数は反時計回りに変動するので，図1の種Pは被食者，種Qは捕食者であることがわかります。

ここで，それぞれの最大個体数に着目しましょう。図1では，種Pの最大個体数は約60000，種Qの最大個体数は約30000となっています。このため，図2の**ア**～**エ**のうち，種Q（破線）のほうが最大個体数が大きい**ア**，**エ**は不適当であることがわかります。

次に，個体数の増減の順番について考えましょう。右上の図で見たように，被食者が増加すると捕食者も増加し，被食者が減少すると捕食者も減少するというように，つねに捕食者の増減は被食者の増減に遅れて起こります。よって，**イ**は不適当であり，**ウ**が適当であることがわかります。

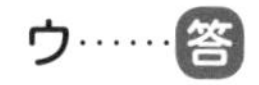

162 さまざまな種間関係

問題

問題

次の①～⑤に関係する語句として最も適当なものを，それぞれ下の**ア**～**オ**から1つずつ答えよ。

① 沖縄にマングースが持ちこまれると，ヤンバルクイナが激減した。

② コバンザメは，大形のサメに付着することで，移動に要するエネルギーを抑えている。

③ ヤドリギは，他種の樹木の幹や枝の中に根をはり，その樹木から水や無機物を得ている。

④ 根粒菌は，アンモニウムイオンをマメ科植物に供給し，マメ科植物から有機物を受け取っている。

⑤ 草丈が高いソバと草丈が低いヤエナリを混植すると，やがてヤエナリは光が不足して衰退した。

ア 相利共生　**イ** 片利共生　**ウ** 寄生
エ 種間競争　**オ** 被食者－捕食者相互関係

解くための材料

共生関係にある生物が，互いに利益を与え合っている場合を相利共生，一方は利益を受け，他方は利益も不利益も受けていない場合を片利共生という。また，一方は利益を受け，他方は不利益を受けている場合を寄生という。

自然界では，異種の生物どうしが互いにさまざまな関係をもって生活しています。種間関係には，どのようなものがあるか押さえておきましょう。

① マングースは肉食性の動物であり，1910年にハブやネズミを駆除するために沖縄に持ちこまれました。しかし，これらの駆除には効果がなく，固有種であるヤンバルクイナが捕食されるという問題が起きています。よって，マングースとヤンバルクイナの関係は，被食者－捕食者相互関係（**オ**）です。

② コバンザメは，大形のサメに付着することで利益を得ていますが，大形のサメは大きな不利益を受けていません。よって，両者の関係は片利共生（**イ**）であるといえます。

③ ヤドリギは，樹木から水や無機物を得ていますが，樹木は水や無機物を奪われているので，不利益を受けているといえます。よって，両者の関係は寄生（**ウ**）です。なお，寄生する側であるヤドリギを**寄生者**，寄生される側である樹木を**宿主**といいます。

④ 根粒菌はマメ科植物から有機物を得て，マメ科植物は根粒菌からアンモニウムイオンを得ているので，両者の関係は相利共生（**ア**）です。

⑤ ソバとヤエナリを混植すると，光をめぐる競争が起こり，その結果ヤエナリは衰退しました。このように，共通の資源をめぐって異種どうしが争うことを種間競争（**エ**）といいます。

①：**オ**，②：**イ**，③：**ウ**，④：**ア**，⑤：**エ**……答

相利共生と寄生

同じ種の組み合わせでも，環境によって，関係が変わることがある。例えば，植物の根に共生している菌根菌という菌類は，土壌から栄養塩を吸収して植物に供給し，植物から有機物を受け取っている。土壌中のリン濃度が低い場合，この関係は相利共生であるが，土壌中のリン濃度が高くなると，植物は自分でリンを吸収できるので，この関係は寄生に変化する。

163 かく乱

問題

グラフ

右の図は，あるサンゴ礁の複数の地点で調べた生きたサンゴの被度（岩をおおっている割合）とサンゴの種数の関係を示したグラフである。台風などの強い波でサンゴが岩からはがれやすいA斜面上の地点のデータは▲，波の被害を受けにくいB斜面上の地点のデータは●で示している。グラフの説明として適当なものを，下の**ア**～**エ**からすべて選べ。

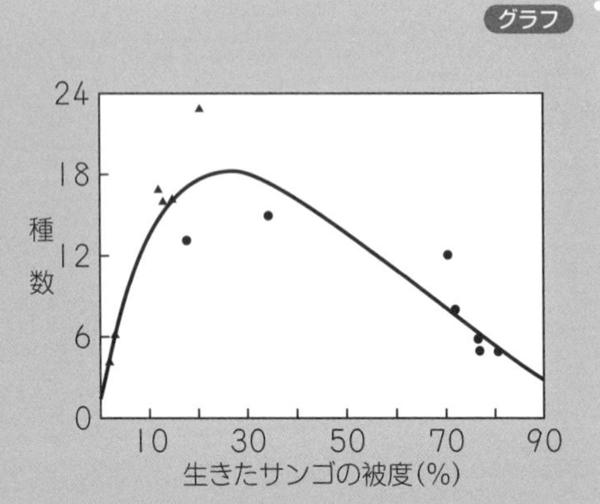

ア　波によるかく乱と生きたサンゴの被度には関連がない。

イ　波によるかく乱はサンゴの種数が多くなるためには不要である。

ウ　生きたサンゴの被度が高い地点では，種間競争に強い数種が生き残る。

エ　生きたサンゴの被度が20～30%の地点には，強い波に耐えられる種はいない。

（2017自治医科大）

解くための材料

台風や波などのように，生物群集に大きな影響を与える現象をかく乱という。

本問は，波によるかく乱の強さとサンゴの種数との関係を調べた調査を題材としています。グラフを見ながら，**ア**～**エ**について考えていきましょう。

ア　誤った記述です。かく乱が強いA斜面（▲）では，生きたサンゴの被度が0～20%と小さく，かく乱が弱いB斜面（●）では，生きたサンゴの被度が20～80%と大きくなっています。このため，かく乱と生きたサンゴの被度は関連しているといえます。

イ　誤った記述です。かく乱が弱いB斜面（●）でのサンゴの種数は，最大でも15種程度ですが，かく乱が強いA斜面（▲）でのサンゴの種数は，最大で24種近くとなっています。よって，かく乱はサンゴの種数が多くなるために必要であるといえます。

ウ　正しい記述です。生きたサンゴの被度が高い地点では，数種しか生存していません。これは，サンゴどうしが生活場所などをめぐって競争した結果，種間競争に強い種だけが生き残ったためと考えられます。

エ　誤った記述です。かく乱が強いA斜面（▲）でみられたサンゴは，強い波に耐えられるサンゴと考えられます。つまり，被度が20～30%の地点では，強い波に耐えられるサンゴが24種近く生存できるといえます。

以上のことをまとめると，次のようになります。

・サンゴの被度が小さい地点：波が強い地点であり，かく乱に強い数種しか生存できない。
・サンゴの被度が中程度の地点：波の強さが中程度であり，かく乱に強い種も種間競争に強い種も共存できるため，種数が多い。
・サンゴの被度が大きい地点：波が弱い地点であり，種間競争に強い数種しか生存できない。

ウ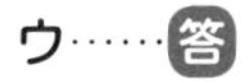

本問のグラフからわかるように，中規模なかく乱は，多数の種の共存を可能にするんだ。これを中規模かく乱説というよ。

まとめ

▶生物は，独立栄養生物である**生産者**と従属栄養生物である**消費者**に分けられる。

▶消費者のうち，有機物を無機物に分解する菌類・細菌を**分解者**という。

▶生産者が無機物から有機物を生産する過程のことを**物質生産**という。

▶植物群集の同化器官と非同化器官の空間的な分布を**生産構造**という。

▶植物群集を上から順に層別に分け，層ごとに同化器官と非同化器官の質量を測定することで生産構造を調べる方法を**層別刈取法**（そうべつかりとりほう）という。

▶層別刈取法によって得られた図を**生産構造図**という。

▶一定面積内の生産者が一定期間内に生産した有機物の総量を**総生産量**という。

▶栄養段階において，1つ前の段階のエネルギー量のうち，その段階でどれくらいが利用されるかを示した割合を**エネルギー効率**という。

■各栄養段階の有機物の収支

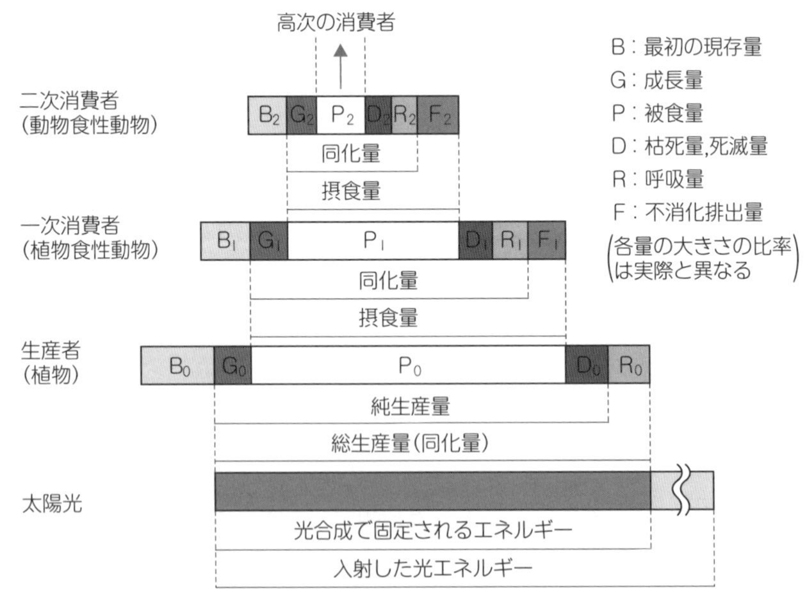

■炭素の循環

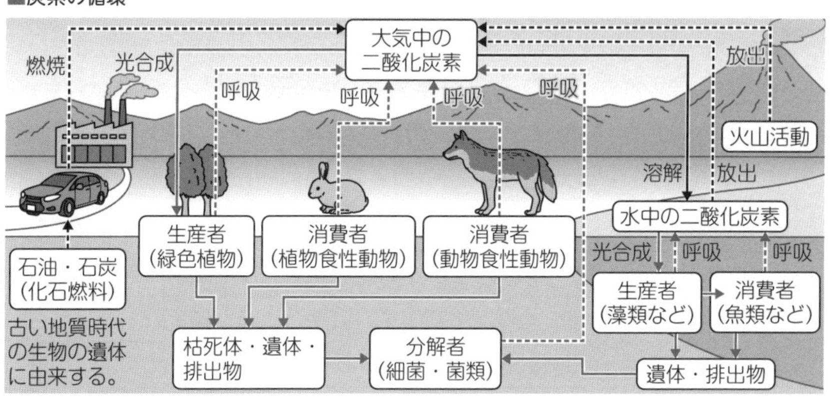

赤い矢印…生物の活動による炭素の移動
黒い矢印…非生物的作用による炭素の移動

▶体外から取り入れた無機窒素化合物をもとにして，タンパク質や核酸，ATPなどの有機窒素化合物を合成するはたらきを**窒素同化**という。

▶空気中の窒素を取りこみ，NH_4^+に還元して利用するはたらきを**窒素固定**といい，窒素固定を行う細菌を**窒素固定細菌**という。

■窒素の循環

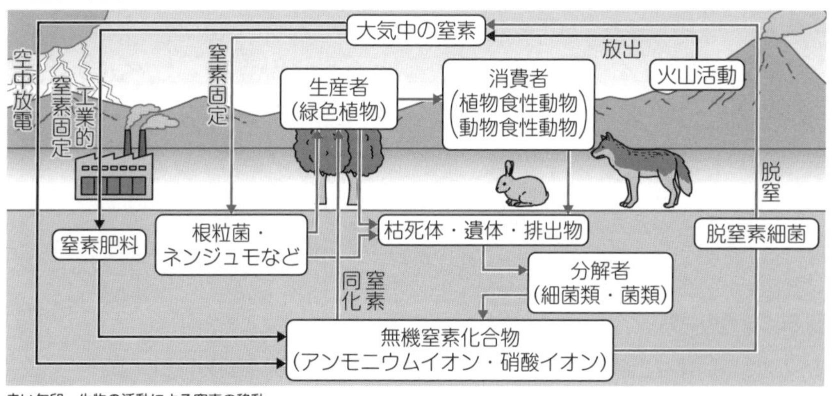

赤い矢印…生物の活動による窒素の移動
黒い矢印…非生物的作用による窒素の移動

164 層別刈取法と生産構造図

問題

問題

2つの植物群落A，Bは，一方が広葉型で他方はイネ科型である。A，Bそれぞれの生産構造について，層別刈取法により調べたところ，下の表の結果が得られた。考察として最も適当なものを，下の**ア**～**エ**から1つ選べ。

	草丈（cm）	140以上	140~120	120~100	100~80	80~60	60~40	40~20	20~0	計
A	同化器官の重さ（g）	23	114	229	411	395	195	0	0	1367
	非同化器官の重さ（g）	0	0	3	72	206	380	465	516	1642
	相対照度（%）	100	90	80	70	51	32	21	10	
B	同化器官の重さ（g）	3	114	310	156	30	0	0	0	613
	非同化器官の重さ（g）	2	14	118	176	250	328	438	608	1934
	相対照度（%）	100	85	49	24	19	14	11	7	

ア　AはBよりも同化器官が上層に集中しているのでイネ科型と考えられる。

イ　AはBよりも同化器官の割合が高いのでイネ科型と考えられる。

ウ　AはBに比べて，より下層まで光が届いているので広葉型と考えられる。

エ　Bの相対照度20%は，Bの植物の光補償点を下回っていると考えられる。

（2013金沢医科大）

解くための材料

広葉型は広い葉を上部に水平につけ，イネ科型は細長い葉を斜めにつける。

本問の表をもとにして生産構造図をかくと，下の図のようになります。

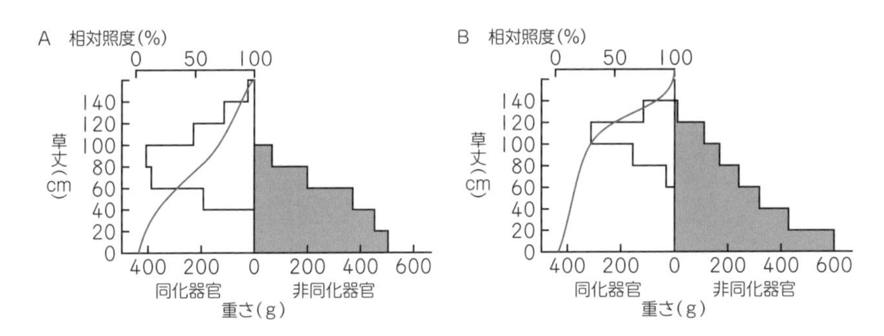

上の図より，Aは同化器官が比較的低い位置に多くついているのでイネ科型，Bは同化器官が比較的上層に集中しているので広葉型であることがわかります（**ア**は誤り）。

光がより下層まで届くのもイネ科型の特徴です。これは，イネ科型は，細長い葉が斜めについているからです。一方，広葉型では，上層の葉によって光がさえぎられるので，下層には光がほとんど届きません（**ウ**は誤り）。

また，イネ科型は同化器官の割合が比較的高く，広葉型は同化器官の割合が比較的低い傾向があります。これは，表の計の値から，それぞれの同化器官の割合を計算すると，

$$\text{Aの同化器官の割合} = \frac{1367}{1367+1642} \times 100 \fallingdotseq 45\%$$

$$\text{Bの同化器官の割合} = \frac{613}{613+1934} \times 100 \fallingdotseq 24\%$$

となることから確認できます（**イ**は正しい）。

光補償点を下回る環境下では，呼吸によるCO_2放出量が光合成によるCO_2吸収量を上回るので，植物は生育できません。すなわち，葉をつける環境として不適切であるといえます。

▼光補償点

見かけ上，CO_2の出入りがないときの光の強さ。

Bの80～60cmの層では，相対照度が19%となっていますが，葉がついています。よって，相対照度19%はBの光補償点より大きいと考えられます（**エ**は誤り）。

イ……

生態系の物質生産と物質循環

165 森林での物質生産

問題

問題

次の文のア・イに当てはまるものを，それぞれ選べ。

下の図は，森林が形成されはじめてから極相となるまでの森林の年齢と総生産量，総呼吸量，葉の呼吸量との関係を表したものである。ただし，被食量は無視できるほど小さいため，除いてある。幼齢林では，森林の成長とともに［ア 同化器官　非同化器官］の現存量が増えるため，総生産量が増加していくが，高齢林では総生産量がほぼ一定の値となることがわかる。このとき，純生産量はしだいに小さくなっていき，森林の総呼吸量の変化は，図中のグラフの［イ A　B　C］のようになる。

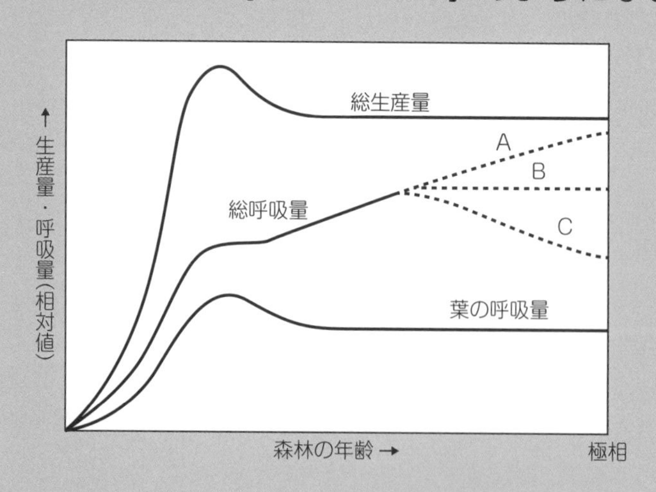

（2018獨協医科大）

解くための材料

総生産量と総呼吸量の差が純生産量となる。

総生産量は，一定面積内の生産者が一定期間内に生産した有機物の総量のことです。したがって，有機物を生産する器官である葉（同化器官）の現存量が増加すると，総生産量もそれにともなって増加します。ふつう，幼齢林では，森林の成長とともに葉が増加していくため，総生産量も増加していきます（**ア**は同化器官）。

なお，葉の呼吸量も，葉の現存量の増加にともなって増加します。総生産量と葉の呼吸量が同じように増減しているのは，このためです。

高齢林になると，葉の現存量はほぼ一定になり，総生産量もほぼ一定になります。しかし，根・幹・枝などの非同化器官は成長し続けるため，森林全体の総呼吸量は増加していきます（**イ**はA）。

このため，下の図のように，高齢林では，総生産量と総呼吸量の差である純生産量は，しだいに小さくなっていくのです。

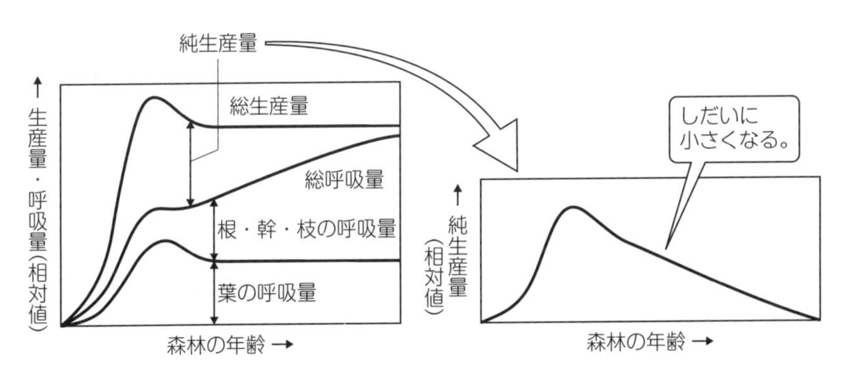

なお，純生産量から被食量と枯死量を引いたものが成長量です。森林では被食量は無視できるほど小さいので，枯死量が小さい幼齢林では純生産量の多くが成長量になりますが，枯死量の大きい高齢林では成長量が少なくなります。

ア：同化器官，イ：A……答

166 さまざまな生態系における物質生産

問題

計算

下の表は，地球上のさまざまな生態系の面積（km^2），現存量（kg/m^2）および純生産量（$kg/(m^2・年)$）の推定値を示している。

生態系	面積〔$10^6 km^2$〕	現存量（乾燥重量）〔kg/m^2〕	純生産量（乾燥重量）〔$kg/(m^2・年)$〕
森林	56.5	30	1.3
草原	24.0	3.1	0.63
荒原	50.0	0.36	0.05
農耕地	14.0	1.1	0.65
湿原	2.0	15	2.5
湖沼・河川	2.5	0.02	0.5
浅海域	28.6	0.1	0.46
外洋域	332.4	0.003	0.13
地球総計	510.0	3.61	0.32

(1) 草原と農耕地では純生産量がほぼ同じであるが，現存量に約3倍の差がある。その理由を簡潔に説明せよ。

(2) 現存量1kg当たりの年間の純生産量を森林と湖沼・河川について求め，小数第2位まで答えよ。

(3) 森林と湖沼・河川の現存量1kg当たりの純生産量の差は，生産者のどのような特徴の違いを反映しているか。

（2016奈良県立医科大）

解くための材料

森林では樹木，湖沼・河川では植物プランクトンがおもな生産者である。

(1) ふつう，草原などの自然界では，純生産量から被食量と枯死量を差し引いたものが成長量となり，現在の現存量にその成長量を加えたものが次の現存量になります。つまり，現存量を決める要因は，純生産量以外には，被食量と枯死量しかありません。

一方，農耕地では，ヒトによる作物の収穫が行われます。このため，純生産量から被食量と枯死量を差し引いたものから，さらに収穫された量を差し引いたものが次の現存量となるのです。

農耕地では，定期的に作物が収穫されるため，純生産量がほぼ等しい草原よりも現存量が低くなる。……答

(2) 「○○当たりの△△を求めよ」といわれた場合，△△の数を○○の数で割れば答えが求められます。

同様に，現存量1kg当たりの年間の純生産量だったら，純生産量（kg/(m^2・年)）を現存量（kg/m^2）で割れば求められます。

よって，森林は，$\dfrac{1.3}{30} \fallingdotseq 0.04$

湖沼・河川は，$\dfrac{0.5}{0.02} = 25.00$　となります。

森林：**0.04**，湖沼・河川：**25.00**……答

(3) (2)のように，森林での現存量1kg当たりの年間の純生産量は，湖沼・河川と比べて非常に低い値となります。これはなぜでしょうか。

森林でおもな生産者としてはたらいている樹木は，からだの多くが幹や枝などの非同化器官で占められています。一方，湖沼・河川でおもな生産者としてはたらいている植物プランクトンは，からだの大部分が同化器官です。

つまり，植物プランクトンのほうが，現存量に占める同化器官の重量の割合が高いために，純生産量も高いのです。

森林の樹木は，からだの多くが幹や枝などの非同化器官で占められているが，湖沼・河川の植物プランクトンは，からだの大部分が同化器官になっている。……答

167 エネルギー効率

問題

計 算

下の表は，ある湖沼におけるエネルギー量を示したものである。ただし，不消化排出量は考えないものとする。

	総生産量（同化量）	呼吸量	純生産量	被食量	枯死・死滅量	成長量	エネルギー効率（%）
太陽エネルギー	499262.4※	—	—	—	—	—	—
生産者	467.9	**ア**	369.6	62.2	11.8	**エ**	**カ**
一次消費者	62.2	18.5	43.7	**ウ**	1.3	**オ**	**キ**
二次消費者	13.0	7.6	**イ**	0.0	0.0	5.4	**ク**

単位J/（cm^2・年）

※入射光のエネルギー

(1)　表の**ア**～**ク**に当てはまる数値を，小数第1位まで答えよ。

(2)　エネルギー効率は，栄養段階が上がるにつれてどうなるか。

解くための材料

$$生産者のエネルギー効率（\%）= \frac{総生産量}{太陽の入射エネルギー量} \times 100$$

$$消費者のエネルギー効率（\%）= \frac{その栄養段階の同化量}{1つ前の栄養段階の同化量} \times 100$$

(1)**ア**　生産者の呼吸量をxとすると，純生産量＝総生産量－呼吸量より，

$369.6=467.9-x \qquad x=98.3$

イ　純生産量＝総生産量－呼吸量より，

$13.0-7.6=5.4$ ←── 成長量＝純生産量－(被食量＋枯死量)の式からも求められる。

ウ　一次消費者の被食量は，二次消費者の摂食量と等しくなります。また，本問では不消化排出量を考えないので，二次消費者の同化量とも等しくなります。

よって，表より，二次消費者の同化量は13.0なので，一次消費者の被食量も13.0です。

エ　成長量＝純生産量－(被食量＋枯死量) より，

$369.6-(62.2+11.8)=295.6$

オ　成長量＝純生産量－(被食量＋枯死量) より，

$43.7-(13.0+1.3)=29.4$

カ　生産者のエネルギー効率（%）＝$\dfrac{\text{総生産量}}{\text{太陽の入射エネルギー量}}\times100$より，

$\dfrac{467.9}{499262.4}\times100\fallingdotseq0.1\%$

キ　消費者のエネルギー効率（%）＝$\dfrac{\text{その栄養段階の同化量}}{\text{1つ前の栄養段階の同化量}}\times100$より，

$\dfrac{62.2}{467.9}\times100\fallingdotseq13.3\%$

ク　キと同様に，$\dfrac{13.0}{62.2}\times100\fallingdotseq20.9\%$

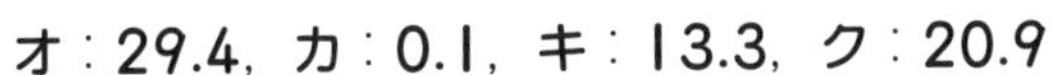

ア：98.3，イ：5.4，ウ：13.0，エ：295.6，
オ：29.4，カ：0.1，キ：13.3，ク：20.9 ……答

(2)　(1)より，エネルギー効率は，栄養段階が上がるにつれて大きくなっていることがわかります。

大きくなる。……答

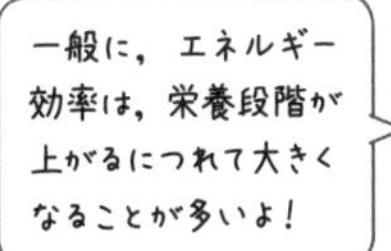

168 炭素の循環

問題

問 題

下の図は，生態系における炭素の循環を模式的に示したものである。a～ℓの矢印は，1年間に移動した炭素量を示している。

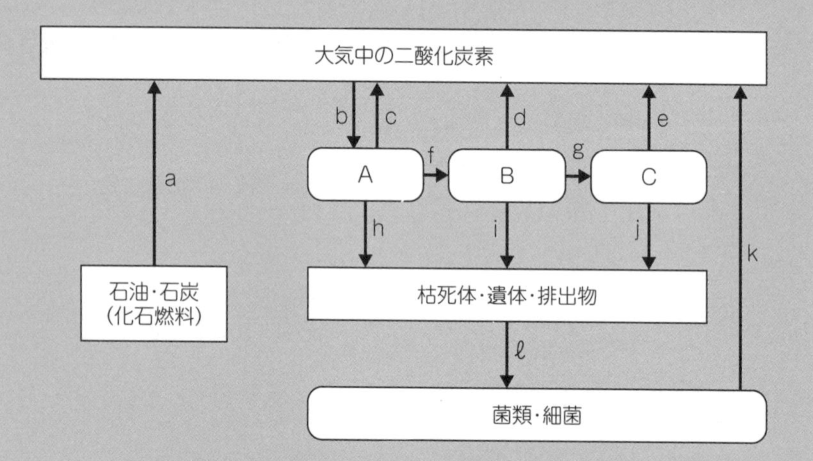

(1) 図中のA～Cに当てはまる生物として最も適当なものを，それぞれ次の**ア**～**ウ**から1つずつ選べ。

ア 植物食性動物　**イ** 動物食性動物　**ウ** 植物

(2) この生態系で，1年間に大気中に蓄積される炭素量を，例のようにa～ℓを使って表せ。(例：a+b−c)

解くための材料

大気中の二酸化炭素に含まれる炭素は，光合成によって有機物として生物に取りこまれ，呼吸によって再び二酸化炭素として大気中に戻される。

(1)　生態系では，炭素は下の図のように循環しています。

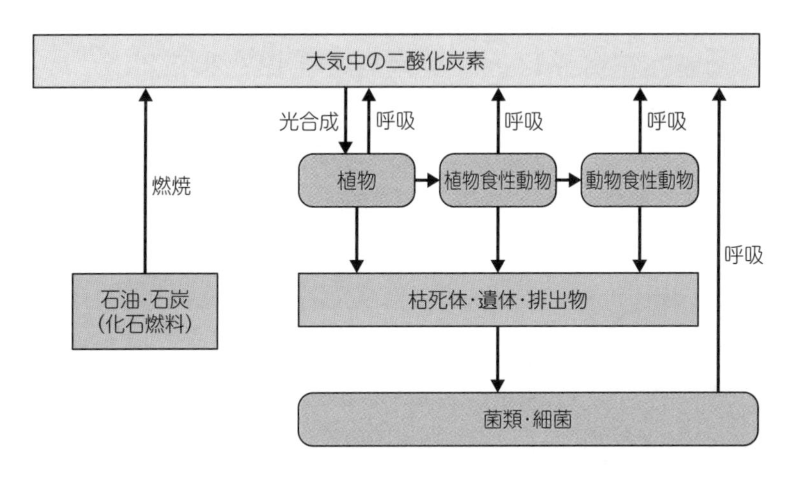

大気中の二酸化炭素に含まれる炭素は，光合成によって植物に取りこまれ，有機物に変えられます。この有機物の一部は，食物連鎖によって一次消費者，二次消費者，さらに高次の消費者へと移動していきます。

よって，Aには植物（**ウ**），Bには植物食性動物（**ア**），Cには動物食性動物（**イ**）が当てはまります。

A：ウ，B：ア，C：イ……答

(2)　図の中から，大気中への放出を表す矢印と，大気中からの取りこみを表す矢印を見つけましょう。

大気中への放出を表す矢印は，石油・石炭（化石燃料）の燃焼（a），および各生物の呼吸（c，d，e，k）です。一方，大気中からの取りこみを表す矢印は，植物の光合成（b）のみです。

よって，大気中に蓄積される炭素量は，次のように表せます。

$\{a+(c+d+e+k)\}-b=a+c+d+e+k-b$

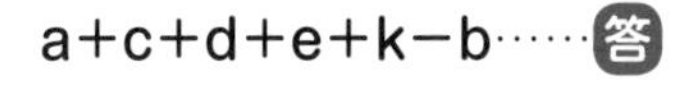

「大気中へ放出される炭素量」から「大気中から取りこまれる炭素量」を引けばいいんだね！

169 窒素の循環

問題

問 題

下の図は，生態系における窒素の循環を模式的に示したものである。

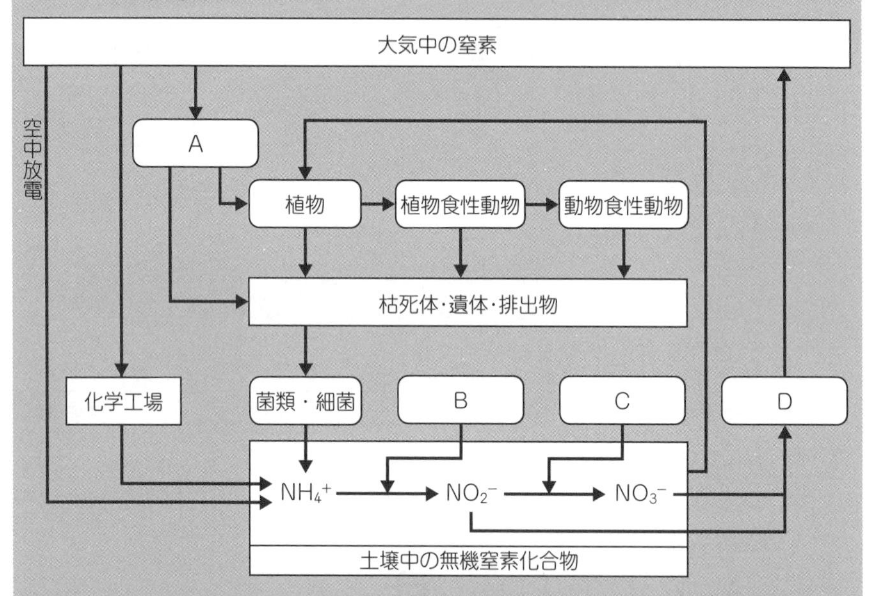

(1)　図中のA～Dに当てはまる細菌として最も適当なものを，それぞれ次の**ア**～**エ**から1つずつ選べ。

ア　脱窒素細菌　　**イ**　窒素固定細菌
ウ　硝酸菌　　**エ**　亜硝酸菌

(2)　図中のAの一種である根粒菌は，窒素の循環においてどのようなはたらきをしているか。「共生」という語を用いて簡潔に説明せよ。

解くための材料

窒素循環における生物と大気とのやりとりは，窒素固定細菌や脱窒素細菌によって行われている。

(1) 生態系では，窒素は下の図のように循環しています。

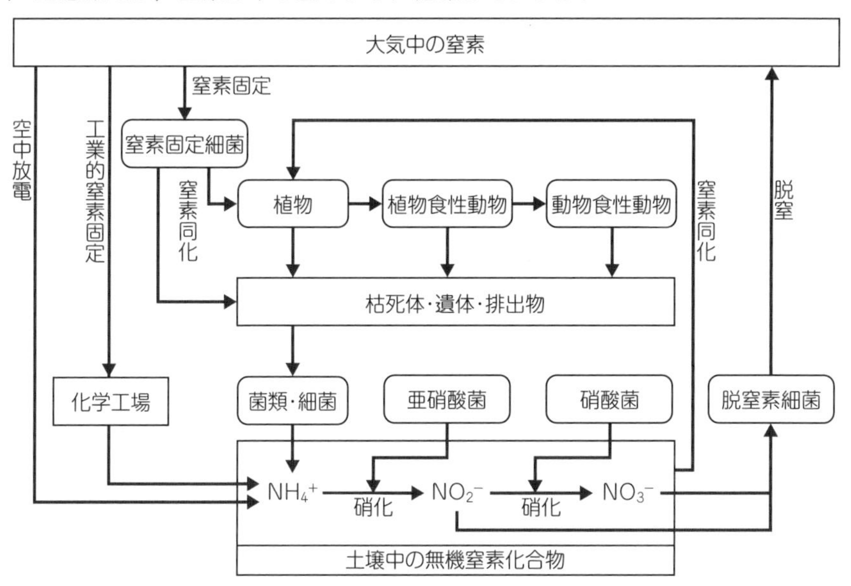

A　大気中に含まれる窒素は，窒素固定細菌によって体内に取りこまれてATPを用いてこれを還元してNH_4^+に変えます。このはたらきは**窒素固定**といいます。

B，C　枯死体や遺体，排出物に含まれる有機窒素化合物は，菌類や細菌のはたらきによってNH_4^+に分解されます。そして，このNH_4^+は**亜硝酸菌**によってNO_2^-に，さらにNO_2^-は**硝酸菌**によってNO_3^-に変えられます。これらの反応は**硝化**といいます。

D　土壌中に含まれる窒素化合物のほとんどは植物に利用されますが，一部は脱窒素細菌のはたらきによってN_2に変えられて大気中に戻ります。この反応は**脱窒**といいます。

A：**イ**，B：**エ**，C：**ウ**，D：**ア**……答

(2) 窒素固定細菌の一種である**根粒菌**は，マメ科植物（ダイズやゲンゲ，シロツメクサなど）と**共生**しています。

根粒菌の利点：マメ科植物から光合成産物の一部を受け取ることができる。

マメ科植物の利点：根粒菌からNH_4^+の一部を受け取ることができる。

マメ科植物などの根に共生し，産生したNH_4^+の一部を植物体に送るはたらきをしている。……答

まとめ

▶生物多様性のうち，個体群における遺伝子の多様性を**遺伝的多様性**という。

▶生物多様性のうち，生態系における生物種の多様性を**種多様性**という。

▶生物多様性のうち，多様な生態系が存在することを**生態系多様性**という。

▶大規模なかく乱が起こると生物多様性は失われるが，中規模なかく乱が起こると生物多様性が増す場合がある。

▶ある個体群の生息地に道路が通ったりすると，生息地が小さく**分断化**される。分断化によりできた小さな個体群を**局所個体群**という。

▶局所個体群がほかの個体群から隔離された状態になることを**孤立化**という。

■生息地の分断化と孤立化

▶近親交配が続くと，有害な対立遺伝子がホモ接合になることにより，生まれてくる子の生存率が低下する。これを**近交弱勢**（きんこうじゃくせい）という。

▶孤立化した局所個体群では，近交弱勢が起こり遺伝的多様性が減少する。その結果，環境の変化に対応できなくなり，さらに個体数が減少する。このようにして**絶滅の渦**（うず）に巻きこまれ，容易にはもとの個体数に戻せなくなる。

▶本来の生息場所から移されてきて定着した生物を**外来生物（外来種）**という。

▶従来からその地域に生息していた生物を**在来生物（在来種）**という。

▶人類が生態系から得ている食料や薬品の原料，景観などの恩恵を**生態系サービス**という。

170 生物多様性とその意味

問題

問題

生物多様性について説明した文として適当なものを，次のア～ウからすべて選べ。

ア 生態系多様性は，ある生態系に存在する生物種の豊富さと，それらが相対的に占める割合で評価される。

イ 遺伝的多様性が高い個体群は，環境の変化に対応できる個体がいる可能性が高いため絶滅しにくい。

ウ ある地域の生態系多様性が高い場合，その地域の種多様性も高くなる。

解くための材料

生物多様性には，遺伝的多様性，種多様性，生態系多様性の3つがある。

解き方

ア 誤った記述です。多様な生態系が存在することを生態系多様性といいます。ある生態系に存在する生物種の豊富さと，それらが相対的に占める割合によって評価されるのは種多様性です。

イ 正しい記述です。多様な遺伝子を含む個体群は，環境の変化が起こっても，それに対応して生き残る個体がいる可能性が高いです。

ウ 正しい記述です。ある地域に多様な生態系が存在すると，生態系ごとに生息する種が異なるので，種多様性は高くなります。

イ，ウ……答

171 生物多様性を減少させる要因①

問題

問題

生物多様性について説明した文として最も適当なものを，次の**ア**～**ウ**から1つ選べ。

ア 孤立化が進んだ局所個体群は，種内競争がゆるやかなので，絶滅しにくい。

イ 個体数が少なくなった局所個体群は，管理しやすいため，容易に回復させることができる。

ウ 適度なかく乱が起こることにより，生物多様性が高く維持される場合がある。

解くための材料

生息地の分断化によってできた小さな個体群を**局所個体群**という。

解き方

ア，イ 誤った記述です。個体数の少ない局所個体群が孤立化すると，**近交弱勢**が起こり遺伝的多様性が減少します。その結果，環境が変化してもそれに対応できる個体がいなくなり，さらに個体数が減少します。このようにして**絶滅の渦**に巻きこまれ，容易にはもとの個体数に戻せなくなります。

ウ 正しい記述です。一般に，中規模なかく乱が定期的に起こると種多様性が増すといわれています。これを**中規模かく乱説**といいます。

中規模なかく乱の例

極相林は，陰樹を中心として構成されているが，陽樹などもモザイク状に生育している。これは，台風などにより樹木が倒れ，その場所にギャップができ，陽樹が生育するからである。

172 生物多様性を減少させる要因②

問題

問題

生息地の縮小や分断化によって個体群の個体数が少なくなると，近親交配が多くなり，遺伝的に繁殖力や生存率が低い個体が生まれやすくなることがある。

(1) 近親交配によって，生まれてくる個体の繁殖力や生存率が低下する現象のことを何とよぶか。

(2) (1)の減少がなぜ起きるのか，簡潔に説明せよ。

（2018富山大）

解くための材料

血縁の近い個体どうしが交配することを近親交配という。

解き方

(1) 近親交配によって，生まれてくる個体の繁殖力や生存率が低下する現象を近交弱勢といいます。

近交弱勢……答

(2) もし，ある個体が有害な劣性対立遺伝子をもっていても，それがヘテロ接合であれば，表現型として現れないため生存率には影響がありません。そして，遺伝的に離れている個体どうしが交配する場合，2個体とも同じ有害な劣性対立遺伝子をもっている可能性は低いので，生まれてくる個体で表現型として現れる可能性も低いです。

しかし，血縁の近い個体どうしが交配する場合，2個体とも同じ有害な劣性対立遺伝子をもっている可能性が高いので，生まれてくる個体でその対立遺伝子がホモ接合となり，表現型として現れる可能性が高くなります。

生まれてくる個体で有害な劣性対立遺伝子がホモ接合になる可能性が高くなるため。……答

173 環境問題と生態系の復元

問題

問題

次の①～④に関係する語句を，それぞれ下の**ア**～**カ**から1つずつ選べ。

① 持続可能な世界を実現するための17の目標が2015年に国連総会で採択された。

② 河川からの水の供給や自然の美しい景観を楽しむなど，人間は生態系からさまざまな恩恵を受けている。

③ 農薬などによって，湖沼や海洋の沿岸の水中で無機塩類濃度が高くなること。

④ ハブを駆除する目的で沖縄に導入されたマングースが沖縄の生態系に大きな被害をもたらした。

ア 在来生物　**イ** 富栄養化　**ウ** 生態系サービス
エ SDGs　**オ** 外来生物　**カ** 生物多様性条約

解くための材料

従来からその地域に定着している**在来生物**（在来種）に対し，本来の生息場所から移された定着した生物を**外来生物**（外来種）という。

解き方

① 2015年に国連で採択された目標は**SDGs**（Sustainable Development Goals「**持続可能な開発目標**」）（**エ**）といいます。

② 人間が生態系から受けている食料や薬品の原料を得たり，景観を楽しむなど，人間が生態系から受けている恩恵は，まとめて**生態系サービス**（**ウ**）といいます。

③ 農薬や工場，家庭の排水には，無機塩類（窒素やリンなど）が含まれており，この無機塩類の濃度が高くなることを**富栄養化**（**イ**）といいます。

④ **外来生物**（**オ**）であるマングースは，アマミノクロウサギなど沖縄の固有種である在来生物を捕食し，それらの個体数を激減させました。

①：**エ**，②：**ウ**，③：**イ**，④：**オ**……**答**

遺伝暗号表

		2番目の塩基				
		U	C	A	G	
1番目の塩基	U	UUU UUC } フェニルアラニン UUA UUG } ロイシン	UCU UCC UCA UCG } セリン	UAU UAC } チロシン UAA UAG } （終止）	UGU UGC } システイン UGA （終止） UGG トリプトファン	U C A G
	C	CUU CUC CUA CUG } ロイシン	CCU CCC CCA CCG } プロリン	CAU CAC } ヒスチジン CAA CAG } グルタミン	CGU CGC CGA CGG } アルギニン	U C A G
	A	AUU AUC AUA } イソロイシン AUG メチオニン（開始）	ACU ACC ACA ACG } トレオニン	AAU AAC } アスパラギン AAA AAG } リシン	AGU AGC } セリン AGA AGG } アルギニン	U C A G
	G	GUU GUC GUA GUG } バリン	GCU GCC GCA GCG } アラニン	GAU GAC } アスパラギン酸 GAA GAG } グルタミン酸	GGU GGC GGA GGG } グリシン	U C A G
						3番目の塩基

遺伝暗号表の見方

- コドン1番目の塩基を左欄から，2番目の塩基を上欄から，3番目の塩基を右欄からそれぞれ選んで並べると，指定するコドンとなる。指定するコドンがGUAの場合，左欄からG，上欄からU，右欄からAとなり，バリンとなる。
- AUGはメチオニンを指定するコドンであると同時に，翻訳の開始を指定するコドンである。
- UAA，UAG，UGAはアミノ酸を指定せず，翻訳の停止を指定するコドンである。

用語さくいん

編集協力　(株) オルタナプロ
秋下幸恵
校正　(株) アポロ企画
(株) ダブルウイング
佐野美穂
イラスト　さとうさなえ
DTP　(株) ユニックス
デザイン　山口秀昭 (StudioFlavor)

高校生物の解き方をひとつひとつわかりやすく。改訂版